清华
电脑学堂

U0311018

网页设计与网站建设

（CC中文版）标准教程

□ 倪宝童 汤莉 等编著

清华大学出版社
北　京

内 容 简 介

本书深入讲解了使用 Dreamweaver、Photoshop 和 Flash 等软件设计网页界面，实现网页交互，制作网页动画，以及建设网站的相关知识。全书共分为 9 章，内容涉及网页设计基础知识、网页界面设计、网页动画设计、网页内容的制作以及代码的编写等，内容由浅及深、循序渐进，各章注重知识内容与案例之间的前后承接和上下关联。本书结构编排合理，实例丰富，可以作为高等院校相关专业和社会培训学校的网页制作教材，也可以作为网页设计初学者的自学参考。

图书在版编目（CIP）数据

网页设计与网站建设（CC 中文版）标准教程/倪宝童等编著. —北京：清华大学出版社，2016
（清华电脑学堂）

ISBN 978-7-302-41759-0

Ⅰ. ①网… Ⅱ. ①倪… Ⅲ. ①网页制作工具-教材 Ⅳ. ①TP393.092

中国版本图书馆 CIP 数据核字（2015）第 243363 号

责任编辑：冯志强
封面设计：吕单单
责任校对：胡伟民
责任印制：宋 林

出版发行：清华大学出版社
    网 址：http://www.tup.com.cn, http://www.wqbook.com
    地 址：北京清华大学学研大厦 A 座 邮 编：100084
    社 总 机：010-62770175 邮 购：010-62786544
    投稿与读者服务：010-62776969，c-service@tup.tsinghua.edu.cn
    质量反馈：010-62772015，zhiliang@tup.tsinghua.edu.cn
印 装 者：北京密云胶印厂
经 销：全国新华书店
开 本：185mm×260mm 印 张：20.5 字 数：515 千字
版 次：2016 年 1 月第 1 版 印 次：2016 年 1 月第 1 次印刷
印 数：1～3000
定 价：39.80 元

产品编号：058291-01

前　　言

随着计算机技术突飞猛进的发展，互联网这一紧密依托计算机技术的新兴事物走进了千家万户，越来越多的机构、个人开始建设网站，以互联网为平台推广自身的形象和产品，将其作为无界的面向全世界的窗口。

网站的建设离不开各种相关的专业技术，包括界面设计、动画设计以及交互开发等，这些技术本身都需要花费大量的时间来学习和使用。本书将以 Photoshop CC、Flash CC 以及 Dreamweaver CC 等最新版专业工具为基础，详细介绍网站建设所需要使用的各种专业技术。

本书主要内容：

全书共分为 9 章，通过大量的实例全面介绍了网页设计与网站建设过程中所需的各种专业技术，并阐述了用户实际开发中可能遇到的各种问题，各章内容概括如下。

第 1 章作为全书的开篇，介绍了一些网站建设的基础知识，如网站的构成、网站的开发标准和未来发展的趋势，以及网站的建设流程、网页界面设计以及配色的理论知识。

第 2 章以 Photoshop CC 为基础，介绍了在网页界面设计中常用的选区、图层等 Photoshop 功能，帮助读者学习和了解基本的 Photoshop 操作。

第 3 章进一步介绍了 Photoshop CC 强大的图像编辑功能，包括修改图像、处理色彩、处理文本、绘制图形和输出设计方案，实现完整的界面设计。

第 4 章以 Flash CC 为基础，介绍了创建动画、绘制矢量图形、编辑矢量图形、操作图形对象和矢量文本的基础知识，帮助读者了解 Flash 矢量图形的绘制方法。

第 5 章进一步介绍了 Flash CC 的交互动画制作功能，包括使用各种动画元件、应用滤镜、制作内插动画和复杂动画的方法，使读者在学习后能够掌握网页动画的制作方法。

第 6 章以 Dreamweaver CC 为基础，介绍了建立网站和网页的基本方法，以及处理网页文本、网页图像、超链接的基本网页制作技术。

第 7 章首先介绍了 HTML 5 结构语言的一些基本知识，其次依托 HTML 5 结构语言，介绍了以结构化的方式处理文本、列表、表格和多媒体内容的方法。

第 8 章首先简单介绍了 CSS 技术的基础知识以及 CSS 3.0 的新增功能。其次，统一介绍了 CSS 的选择器、选择方法，以及通过 Dreamweaver 来设计 CSS、应用样式以及实现过渡动画的方法。

第 9 章仍然以 Dreamweaver 的可视化技术为基础，介绍了表单以及各种网页交互控件的使用方法。

本书特色：

本书结合网页设计与制作用户的需求，详细介绍了网页设计与网站制作的各种具体应用知识，具有以下特色。

❑ **丰富实例**　本书每章以实例形式演示网页设计与网站制作的应用知识，便于读者模仿、学习操作，同时也方便教师组织授课。

❑ **思考与练习**　扩展联系测试读者对本章所介绍内容的掌握程度，上机练习理论结合实际，引导学生提高上机操作能力。

适合读者

本书定位于各大中专院校、职业学校以及各类培训学校之网页设计与网站制作教材，并可用于不同层次的网页设计爱好者、专业技术人员等作为自学参考用书。

除了封面署名人员之外，参与本书编写的人员还有李海庆、王咏梅、王黎、汤莉、倪宝童、赵俊昌、康显丽、方宁、郭晓俊、杨宁宁、王健、连彩霞、丁国庆、牛红惠、石磊、王慧、李卫平、张丽莉、王丹花、王超英、王新伟等。在本书编写过程中难免会有漏洞，欢迎读者通过清华大学出版社网站 www.tup.tsinghua.edu.cn 与我们联系，帮助我们改正提高。

目　　录

目录

V

第 1 章

网页设计基础

随着计算机网络技术的发展，以及各种智能化终端设备的普及，互联网真正地从科研机构走向了千家万户，成为普通人的日常生活必需品。网站和网页是构成互联网的基础，是一切互联网内容的载体。计算机技术的发展也体现在网站和网页在开发和设计上逐渐复杂化和多样化。

本章就将结合现代最新的 Web 前沿技术和设计理念，向读者介绍网站的构成、网站开发的技术标准、发展趋势，以及网站建设的流程、网页界面设计以及配色等理论知识，帮助读者快速了解网站建设与网页设计的基础知识。

本章学习要点：

➤ 网站的构成
➤ 网站开发技术标准
➤ 互联网发展趋势
➤ 网站建设的流程
➤ 网页界面设计理论
➤ 网页配色理论

1.1　网站建设初步

网站是一种建立在互联网上的基于 Web 浏览器解析的综合性软件系统。相比传统的桌面软件开发，网站的开发更加复杂，其需要开发者统合更多的资源，掌握多种编程语言和相关技术。

1.1.1　网站的构成

以开发的角度来分析网站这一综合性软件平台，其本身可以划分为两个主要的部分，即面向终端用户的网站前端，以及面向服务器和底层数据的网站后端。在实际的开发中，前端和后端分别承载了以下功能。

1．网站前端

网站前端是由 Web 浏览器解析，由终端用户下载到本地执行和解析的程序。在整个网站平台中，网站前端主要用于实现以下几种功能。

❏ **显示内容**

网站建设的目的即向终端用户展示信息内容，包括各种文本、图像、音频、视频和动画等。除此之外，还包括基于超文本技术的链接等，以实现信息内容之间的承接关系。

❏ **显示效果**

在提供显示内容时，网站还应支持为这些显示内容进行美化，提供各种样式效果等。如文本的尺寸、字体、前景色、背景色，图像的阴影、边框等。使用这些效果的目的是突出局部显示内容，或将显示内容以更加美观的方式展示给终端用户。

❏ **捕获交互**

网站与传统媒体相比，其本身具有强大的互动功能，这些互动功能就是通过捕获用户的操作，并提供相关的反馈来实现的。现代的网站支持捕获用户的鼠标操作、键盘操作、触屏操作甚至体感操作，通过这些丰富的交互操作帮助终端用户获得更佳的操作体验，以及更加便捷的信息获取方式等。

❏ **反馈数据**

用户对网站页面进行的任何操作都会产生数据，例如单击了某个按钮，输入了某些内容，以及选择了一些选项等。这些数据对网站的运维和用户交互响应往往具有重要的作用。网站前端的重要功能就是收集这些数据，然后通过表单提交或 Ajax 异步数据交互技术等将其传递给网站后端。

2．网站后端

网站后端是指网站平台中后台数据库、服务器端，用于存储数据和为前端提供显示的基础数据的功能模块。网站后端主要负责管理和维护，以及为网站前端功能模块提供网站的各种准确数据。网站后端通常用于实现以下几种功能。

❏ **账户及权限管理**

网站后端的使用和维护通常仅由网站的管理员以及各种其他分工的工作人员完成，因此为保障整个系统的安全运行，需要通过鉴权口令的方式为站点的各种操作角色加密，保障所有对网站的操作都是在符合管理规范的情况下进行，防止越权和非法提权操作。

❏ **站点内容管理**

网站后端的主要工作即维护为网站前端提供的各种信息数据，例如站点的新闻、产品、各种分类信息以及公示的公告等。这些内容的管理模块即站点内容管理模块。

❏ **数据库管理**

数据库是一种用来存储、操作和管理数据的工具软件。绝大多数网站都需要采用数据库来管理各种数据信息，以通过动态来更新站点的内容。网站后端用来操作数据库的模块即数据库管理模块。

3．网站项目的协作

传统的网站项目开发更加注重的是后端程序的稳定性和安全性，开发的重心始终在后端编程语言（如 PHP、Java、C#等）和数据库系统（如 MySQL、SQL Server、Oracle 等），这类网站在开发上往往由后端工程师结合设计师协作，往往在前端开发方面更加注重界面的美观，对用户交互体验的重视程度不足。

现代的网站项目更加注重用户交互体验，相比传统的网站，其开发的重心逐渐由后端转移至前端，加大了对前端界面和交互脚本的开发力度，逐步重视起各种实现前端效果和响应的编程语言。

这类网站相比传统网站，需要专门的前端开发者来解决前端的内容显示以及用户界面交互问题，从而形成了界面设计师、前端工程师和后端工程师三方面协作的局面。本书在内容上就重点介绍前端工程师所需的各种专业知识与相关技术。

1.1.2 网站前端开发标准

网站前端是网站系统中面向终端用户的界面，在开发网站前端时，开发者需要结合多种标准化的技术标准，包括网站前端结构标准、样式标准以及行为标准等。

1．网页结构标准

网页结构标准用于展示网站前端的内容，目前广泛被支持的结构标准主要包括 XHTML 结构语言与 HTML 5 结构语言等。

（1）XHTML 结构语言

XHTML（eXtensible HyperText Markup Language，可扩展的超文本标记语言）是基于传统的 HTML 发展而来，并以 XML（eXtensible Markup Language，可扩展的标记语言）的严格规范重新订制的结构语言。

在 2000 年 1 月 26 日，XHTML 语言正式被 W3C（World Wide Web Consortium，国际万维网协会，一个非政府的万维网标准制订和推广组织）发布和提交给 ISO（International Organization for Standardization，国际标准化组织），成为网页设计的国际标准化开发语言，替代了早期的 HTML 3.2 和 HTML 4.0。

XHTML 语言的特点是严谨和具有严格的结构与书写格式，因此在被各种设备和软件解析时更加高效和便捷。同时，XHTML 还具有较强的扩展性，可以为各种不同类型的终端设备所支持。同时，XHTML 在绝大多数语法和标记的使用上都能够兼容传统的 HTML，因此一经推出立即为业界所接受，并被迅速大范围应用。

（2）HTML 5 结构语言

HTML 5 结构语言是一种基于 XML 和 HTML 4 衍生而来的全新结构化语言。相比传统的 XHTML，HTML 5 最大的特点就是采用了全语义化的设计，通过大量新增的语义化标记来规范页面内容，防止 XHTML 存在的 DIV 布局包打天下的问题。这样的设计，可以让开发者更方便地对文档内的内容进行分类处理，也可以帮助搜索引擎更快地检索页面的内容。

HTML 5 结构语言于 2006 年立项，由 W3C 和 WHATWG（Web Hypertext Application Technology Working Group，Web 超文本技术工作小组）共同开发完成。作为 XHTML 1.0 的未来代替者，HTML 5 目前已完成大部分草案，其部分功能已为一些较新的 Web 浏览器所支持。HTML 5 的草案设计基于以下原则。

❑ **减少对外部插件的需求**　HTML 5 内置了许多交互功能，提供了 Cavas 标记来实现矢量图形绘制，并计划在 Web 浏览器中内置视频音频的编解码工具，从而减少对第三方插件（例如 Flash、Silver Light 等）的依赖，希望未来通过纯净的 Web 浏览器就能实现功能。

❑ **取代脚本的标记**　HTML 5 提供了多种之前必须由脚本语言实现的功能，以减少前端开发者的负担，增强 Web 页的交互性。

❑ **独立于设备以外**　HTML 5 本身与设备无关，即不需要根据播放 Web 页的设备来单独编写新的 Web 页。一个 HTML 5 的页面可适应绝大多数设备（XHTML 为了适应手持设备，专门开发了一个 XHTML Mobile 语言）。

❑ **仍然基于 DOM**　为提高兼容性，并适应过去旧有版本的 JavaScript、CSS，在 HTML 5 中仍然基于 DOM 设计，因此，旧有的 DOM 对象、方法和属性在 HTML 5 中仍然可以使用，此处还降低了开发者的学习曲线。

2．网页样式标准

早期的 Web 应用是通过 HTML 不完善的表现描述功能实现 Web 元素的样式变换的。由于 HTML 功能的局限性，一些 Web 浏览器的开发者发明了各种样式表现语言来对 Web 元素进行增强描述，使得样式描述语言越来越混乱。

1994 年，同在欧洲原子能研究组工作的哈康•列（Håkon Wium Lie）、蒂姆•伯纳斯-李爵士（Sir Tim Berners-Lee）以及罗伯特•卡里奥（Robert Cailliau）结合之前已经被使用的各种样式语言，共同研究和发明了一种全新的样式描述语言 CSS（Cascading Style Sheets，层叠样式表），通过选择器-样式代码的键值对方式来描述 Web 页面的各种元素。

1995 年，哈康•列对外正式发布了 CSS 样式表语言，并和 W3C 进行了讨论，对 CSS 样式表语言进行了修订，使其更加符合 Web 语言的特性。

1996 年，CSS 样式表语言的第一版正式完成，并于当年 12 月发布，被称作 CSS 1.0。该语言推出后，并未被广泛采用。世界上第一款完全支持 CSS 1.0 的 Web 浏览器是 2000 年微软公司开发的运行于 Macintosh 系统的 Internet Explorer 5.0。随后，随着 Internet Explorer 版本的升级和市场份额的逐渐扩大，CSS 1.0 才被得以广泛使用。

W3C 在 1998 年 5 月发布了更新的 CSS 2.1 规范，修改了 CSS 1.0 的一些错误和不被支持的内容，并增加了一些已经被多种 Web 浏览器添加的扩展内容，但是时至今日，尚未有任何一款 Web 浏览器完全支持所有 CSS 2.1 的内容（虽然 CSS 2.1 是当前的事实标准）。

CSS 的更新版本 CSS3.0 于 1999 年开始制订，但由于其发展方向不断被修改和订正，直到 2011 年 6 月，其才为 W3C 的 CSS 发展小组发布，成为公开的 Web 开发标准。最新的 Web 浏览器已经开始逐步支持 CSS 3.0 的各种功能。当前绝大多数最新版本的 Web 浏览器都已经能够正确地显示绝大多数由 CSS 3.0 开发的各种网站的界面效果。

3. 网页行为标准

早期的 Web 应用通过 HTML 的表单元素来实现与用户的交互和简单的行为。随着用户交互的日趋复杂，各种 Web 浏览器都采用了基于自身而设计的脚本语言来实现更加复杂的 Web 行为，例如 Netscape Navigator 浏览器采用的是 Netscape 公司和 Sun 公司开发的 JavaScript，而 Internet Explorer 则采用的是微软公司开发的 VBScript 脚本语言。

这些不同的脚本语言的采用，直接导致了 Web 应用的兼容性灾难，采用不同脚本的 Web 应用仅能获得某一种 Web 浏览器的支持，在另一种 Web 浏览器中则完全无法使用。基于此，开发者们必须选择一种脚本，或花费大量时间和精力学习和使用多种脚本才能实现完全兼容。

1996 年 8 月，为了使 Web 浏览器获得更强的兼容性，微软公司为其 Internet Explorer 浏览器引入了 JScript 脚本语言，这种脚本语言在语法和解析方面实际上与 Netscape 公司和 Sun 公司开发的 JavaScript 语言基本一致，可以被看作是 JavaScript 脚本语言的微软版本。JScript 脚本语言的诞生，真正使 IE 浏览器能够同时兼容多种脚本，这一举措获得了极大的成功，同时也推动了标准化的 Web 脚本语言的诞生。

1996 年 11 月，Netscape 公司正式将 JavaScript 脚本语言提交给当时的 ECMA 国际，希望将该脚本语言正式申请为国际化标准。ECMA 国际于 1997 年 6 月正式采纳该脚本语言，并制订基于 ECMA-262 的国际标准，从此，JavaScript 正式取代了其他脚本语言，成为 Web 开发的标准化语言，几乎所有 Web 浏览器厂商都围绕 ECMA-262 标准开发了基于自身软件的 JavaScript 子集，以与 ECMA 官方标准接轨。ECMA-262 标准迄今为止发展出了 6 个主要的版本，其特点如表 1-1 所示。

表 1-1　ECMA-262 发展而来的版本

版　本	发 布 时 间	特　　点
第 1 版	1997 年 6 月	初始版本
第 2 版	1998 年 6 月	格式修正，使其符合 ISO/IEC16262 国际标准
第 3 版	1999 年 12 月	增加正则表达式、语法作用域链处理、新的控制指令、异常处理，错误定义以及数据输出格式化等改进
第 4 版	未发布	该版本被放弃，其部分功能被引入第 5 版，其中部分用于 XML 的读写功能被一些厂商使用，称为 E4X
第 5 版	2009 年 12 月	新增严格模式 strict mode，更彻底的错误检查机制、对第 3 版更加细化、增加部分新功能如 getters、setters，支持 JSON 对象和更完整的反射
第 5.1 版	2011 年 6 月	完全参照 ISO/IEC16262:2011 国际标准制订语法和格式

除以上 5 个 ECMA 版本外，第 6 版和第 7 版正在紧张制订中。未来的 ECMAScript 脚本将增加更多新的概念及语言特性。

1.1.3　互联网发展趋势

传统的 Web 已经发展了 20 余年，在这期间，Web 技术本身经历了三次大的技术和理念革命，包括以动态交互 Web 页为标志的 Web 应用程序革命；以 Web 2.0 技术为标志的多元化信息发布来源革命；以及以 Adobe、Microsoft、Apple 和 Google 等互联网公司为主导的、以富媒体应用的出现为标志的富媒体革命。

未来的 Web 将走向何方一直是业界和学者的重要研究方向。从目前趋势来看，未来的 Web 将具有以下发展趋势：

1．便携化

随着现代人类生活节奏的不断加快，智能手机、平板电脑等手持设备的不断普及，用户花费在地铁、公交等交通工具上的时间不断增加，而花费在家庭娱乐上的时间不断减少，因此传统的家庭用户使用台式计算机上网的方式将不再成为 Web 为用户的主流服务方式。

未来的 Web 将更加便携，用户可以通过随身的智能手机和平板电脑等手持智能设备浏览 Web，使用 Web 提供的各种服务。因此，在未来 Web 的开发中，除了需要考虑普通台式机、工作站的用户，还需要多考虑各种手持设备用户，针对手持设备的特点进行设计。

2．智能化

早期的传统 Web 页往往只能展示静态的内容，或由数据库系统查询所得的简单动态内容。然而随着用户体验的要求逐渐增高，用户对 Web 交互性和智能性的要求越来越高。越来越多的现代 Web 页采用 JavaScript、Flash 等交互技术来提高 Web 页的交互性，建立富交互性的 Web 页。

在 AJAX 技术出现后，更多的 Web 开发者通过这一技术来实现丰富的交互行为，反馈用户的操作，使 Web 页更加智能化。未来的 Web 将比如今的 Web 更加智能化，因此在未来开发 Web 页时，应充分考虑所有用户交互操作，针对性地编写响应操作的代码。

3．娱乐化

传统的 Web 页往往只能展示简单的静态文档，提供各种学术性、技术性的信息，这也是 Web 最初设计的初衷。然而随着 Web 技术的发展，以及可访问 Web 页的设备的普及，越来越多普通的用户来使用 Web。未来的 Web 将不再仅用于学术和技术，而是逐步走向开放，走向富资源化、富媒体化，为普通人服务，向普通用户提供多媒体的交互娱乐体验。

1.2 网站建设的流程

在互联网发展的初期，绝大多数网站都是由后端程序员来开发，其开发流程与传统的桌面应用程序十分类似，都是先确定网站的需求和功能，然后再决定数据库结构以及后端应用程序的架构。最终，将编写程序的代码和数据库中的内容呈献到用户界面（在网站中，用户界面就是网页）中。

网站的用户界面——网页必须依赖用户计算机中的 Web 浏览器来解析的。由于早期的 Web 浏览器功能较弱，因此网站的开发者在开发用户界面上更加注重贴图的美观，而不注重用户交互性和便捷性。网页的最主要功能也随之被限制为显示内容。

随着现代互联网技术的发展以及计算机软件技术日新月异的变化，如今的 Web 浏览器已经从过去简单的内容展示平台逐渐演变为重要的互联网入口，越来越多全新的技术被应用到 Web 浏览器中，例如异步数据通信、矢量图形绘制、硬件加速、三维图形接口等新技术都在不断增强 Web 浏览器的功能。这些新技术的应用将网站建设的重心转移到了用户交互体验上来，现代网站的建设，已经完全脱离了传统桌面应用程序开发的桎梏，以全新的流程凸显了互联网开发的特色。

典型的网站项目是一项涵盖营销学、平面艺术、编程与数据库开发、计算机网络应用等多个领域的综合系统工程，其主要包括网站的前期策划、中期制作和后期维护三个阶段。

1.2.1　前期策划

在进行商业项目运作时，首先应有一个合理的策划流程，对市场进行调研、分析，并为商业项目进行各种资源整理工作。网站建设也不外如此，其可分为三个阶段。

1．前期调研

在建立网站之前，首先应通过各种调查活动，确定网站的整体规划，并对网站所要展示的内容进行基本的归纳。网站策划的调查活动应围绕三个主要方面进行，即用户需求调查、竞争对手情况调查以及企业自身情况调查，分别针对三个不同的对象进行资料收集。

2．内容策划

在调查活动完成后，企业还需要对调查的结果进行数据整合与分析，整理所获得的数据，将数据转换为实际的结果，从而定位网站的内容、划分网站的栏目等。同时，还应根据企业自身的技术状况，确定网站所使用的技术方案。

网站的栏目结构划分，标准应尽量符合大多数人理解的习惯。例如，一个典型的企业网站栏目，通常包括企业的简介、新闻、产品，用户的反馈，以及联系方式等。产品栏目还可以再划分更多的子栏目。

在确定网站所使用的技术方案时，应根据企业自身的运营情况和技术能力进行选择。切记符合企业自身情况的技术才是最合适的技术。

3．资源搜集

在确定了网站的内容后，即可针对这些内容需求来搜集网站需要共享发布的资源，其包括但不仅包括各种文本、图像、动画、声音和视频等，将其分门别类整理以备使用。

除了搜集外部的资源外，原创性的网站还需要根据实际的需求自行制作或购买一些必要的资源。例如图书类网站，需要采购图书的内容版权，音视频类网站需要采购音视频类资源的内容版权等。

资源的搜集并非一个简单的过程，如果开发者希望网站能够拥有持久的生命力，则应不断地搜集、制作和采购新的资源，不断将新的资源提供给用户。

1.2.2　中期制作

网站制作工作是网站建设的核心。承接网站策划的结果，综合资源整理获取的素材，进行网页的界面设计、前端开发和后端开发，除此之外，还需要对开发的程序进行各种测试，保障程序能够在用户客户端正常地执行。网站的中期制作主要分为界面设计、前端开发和后端开发三个步骤，其中前两个步骤所使用的技术正是本书所需要向读者介绍的内容。

1. 界面设计

网站通过用户界面来向用户提供服务，用户界面设计的优劣直接影响终端用户对网站的印象和体验。

界面设计又可以分为原型设计、界面美化、交互设计等三个步骤。其中，原型设计用于定义网站的页面包含哪些元素，这些元素应显示哪些内容，最终形成网站界面的原型设计图。原型设计通常使用的软件有微软公司开发的 Visio，以及 Axure 公司开发的 Axure RP 等。

界面美化是指对原型设计图中的各种元素以及整个界面的背景增加皮肤、特效、边框、背景等设计效果，使其能够更加美观。界面美化常用的软件包括 Adobe 公司出品的 Fireworks 和 Photoshop 等。

交互设计用于确定界面元素在与用户交互过程中的响应方式以及响应效果，决定网站的用户界面如何为用户服务。在进行交互设计时，开发者可以借助微软公司的 Excel 等电子表格工具枚举出所有需要交互的元素，然后依次定义交互元素所需要实现的交互效果。

2. 前端开发

在完成界面设计之后，即可着手界面设计的应用化，即将设计完成的界面原型图、效果设计图、交互设计图实现为具体的代码。前端开发通常也需要三个步骤，即页面结构的开发、样式的开发以及交互的开发。

页面结构的开发需要使用到 XHTML、HTML 5 等结构语言（具体选择哪种结构语言应根据目标客户的 Web 浏览器类型来决定）来定义网页文档的整体结构以及需要显示的内容数据。

页面样式的开发需要使用 CSS 样式表来针对 XHTML 或 HTML 5 结构编写选择器，并定义指定 Web 元素的背景、边框、内容等实际显示效果。

页面交互的开发是整个前端开发的核心，其需要通过 JavaScript 来编写各种实时响应或事件触发的脚本，定义每个脚本需要执行的业务功能。一些激进的开发项目甚至完全使用 JavaScript 来控制整个项目的业务流，处理很多传统项目必须依赖后端程序实现的功能。

3. 后端开发

网站的运营以及为用户进行各种服务，依赖于一个运行稳定、高效的后端程序，以及一个结构合理的数据库系统。

后端程序开发的工作，就是根据前台界面的需求，通过程序代码动态地提供各种服务信息。除此之外，还应提供一个简洁的管理界面，为后期网站的维护打下基础。

后端程序开发技术发展十分迅速，企业在建设网站时，往往具有多种技术方案可供选择。例如 Windows Server 操作系统+SQL Server 数据库+ASP.NET 技术，或 Linux 操作系统+MySQL 数据库+PHP 技术等。

常用的后端程序开发语言主要包括 VBScript、C#、Java、Perl、PHP 等 5 种。其中，VBScript 脚本语言主要用于微软公司 Windows 服务器系统的 ASP 后端程序；C#语言主要用于微软公司 Windows 服务器系统的 ASP.NET 后端程序；Java 可用于多种服务器操作系统的 JSP 后端程序；Perl 可用于多种服务器操作系统的 CGI 以及 fast CGI（CGI 的改编版本）后端程序；PHP 可用于多种服务器操作系统的 PHP 后端程序中。

1.2.3　后期维护

在完成网站的前台界面设计和后台程序开发后，还应对网站进行测试、发布和维护等工作，进一步完善网站的内容。

1．网站测试

严格的网站测试可以尽可能地避免网站在运营时出现种种问题。与网站的开发类似，网站的测试也必须根据实际的开发类型和开发项目来指定测试的计划。通常情况下，现代的网站开发测试分为前端测试和后端测试。

（1）前端测试

前端测试主要测试网站面向用户端的各种功能，其需要解决的是网站页面的显示问题，通常情况下包含以下几个项目。

- ❏ **界面测试**　界面测试需要解决的是界面内容和效果的显示问题，如界面的内容是否正常显示、超链接是否有效，以及界面效果是否与设计图的设计效果一致等。借助界面测试，可以验证前端开发中的 XHTML、HTML 以及 CSS 等代码。
- ❏ **交互测试**　交互测试需要解决的是界面中各种交互元素在触发交互事件之后是否能够及时响应，响应的效果是否符合交互设计的预期，响应的输出结果是否正确等。借助交互测试，可以验证前端开发中的 JavaScript 代码。
- ❏ **兼容性测试**　兼容性测试是指在完成单一 Web 浏览器解析平台的界面测试和交互测试之后，在常用的各种 Web 浏览器平台下进一步进行界面测试和交互测试。在选择兼容性测试平台时需要做到有针对性，即针对实际的用户群体调研来决定所选的兼容性测试平台。

（2）后端测试

后端测试主要需要解决网站的后端应用程序以及数据库的各种运行问题，因此其侧重点与前端测试完全不同。前端测试侧重点在于用户的交互体验，而后端测试的侧重点则更多地在于网站系统运行的效率、稳定性以及安全性等方面。关于后端测试在此将不再赘述。

2．网站发布

在完成测试后，开发者即可通过 FTP、SFTP 或 SSH 等文件传输方式，将制作完成的网站上传到服务器中，并开通服务器的网络，使其能够进行各种对外服务。网站的发布还包括网站的宣传和推广等工作。使用各种搜索引擎优化工具对网站的内容进行优化，可以提高网站被用户检索的几率，提高网站的访问量。

3．网站维护

网站的维护是一项长期而艰巨的工作，包括对服务器的软件、硬件维护，系统升级，数据库优化和更新网站内容等。

1.3 网页界面设计

网页界面设计是由计算机软件界面设计衍生而来的一个新生学科，其设计的优劣直接影响了网站用户的体验，在进行网页界面设计之前，开发者首先应了解网页界面的原理以及界面的各种设计风格。

1.3.1 什么是用户界面

用户界面（User Interface，UI），及其英文缩 UI 就是目前设计行业非常流行的术语，是各种系统与终端用户之间发生交互的层面，是直接面向用户的界面。研究用户界面，就是研究如何与用户接触，以最简洁、最美观的内容提供给用户。

用户界面不仅仅是单纯的平面图像和声音，而是一个运作体系，是用户与设备交互的系统。用户界面的系统主要由三个部分组成，即输入接口、交互处理程序和输出接口。这三个部分紧密结合而不可分割，其工作的模式如图 1-1 所示。

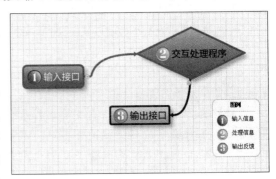

图 1-1 用户界面的工作模式

1．输入接口

输入接口是指接受用户发出信息的设备或软件。其作用是通过各种方式采集用户输入的信息。以计算机系统为例，输入接口就是平常使用的各种键盘、鼠标、手写板、触摸屏、视频头以及话筒等设备。

用户输入的信息往往是多种多样的，可以是简单的键盘或鼠标输入的电信号，也可以是包括声音、视频的多媒体数据。任何一种与用户进行交互的设备或软件，都必须依靠各种输入接口采集用户的输入，才能进行下一步的交互处理工作。

输入接口追求的是便捷使用和采集准确，为用户提供一个简洁、快速上手的输入接口，可以提高用户对系统的认同度，提高用户输入信息的效率，从而提高系统的工作效率。

2．交互处理程序

交互处理程序是系统中对用户输入的信息进行处理的架构部分，是将收集的用户输入信息转换为反馈结果的程序。绝大多数的机械、计算机软件中，都存在有对信息进行处理的程序或方式。例如，在使用计算器时，按下数字，则计算器的芯片就会对数字进行运算。这个运算的程序，就是计算器的处理程序。

交互处理程序是用户界面系统中十分重要的组成部分，也是整个用户界面系统中的灵魂。没有了交互处理程序，则用户界面系统也就不再是系统，而只能成为静态的图片。

3．输出接口

输出接口也是用户界面系统中的重要组成部分，是整个用户界面交互体系中最后的阶段。其作用是将交互处理程序处理的反馈结果传输给用户，完成整个用户交互的行为。

以家庭影院的用户界面系统为例，当系统查找到用户点播的影片后，将影片的视频和声音传送给显示设备和音响，然后让用户看到和听到影片的内容。这些显示设备和音响就是输出信息的接口。

1.3.2 用户界面的设计原则

用户界面直接影响产品的使用价值，对于用户而言，用户界面就是其对产品的几乎所有了解。因此，用户界面的设计看似简单，但却必须符合用户的实际需求，根据用户的多种情况进行具体的分析。在大多数情况下，用户对界面的要求都需要符合以下几点。

1．易用性

在任何一个系统中，客户都希望花费最少的时间、精力和金钱，完成最多的任务或获得最多的服务。能单击一次鼠标就完成的操作，用户绝不会愿意通过单击两次鼠标完成。界面设计的优化过程，就是查找为用户提供最简单便捷，最易用服务方式的过程。只有易用的系统才是好系统。用户无法使用的功能等于没有的功能。

用户为何要访问网页？因为需要网页提供的服务。任何网页设计者都不应该有强迫用户做一些操作才能获得服务的思维方式，而应正确地引导用户，让用户自行选择。任何无意义的操作，对用户使用网站服务的积极性都是一种损害。

例如，摆在用户面前有两个提供类似服务的网站，其中一个用户只需要单击两次鼠标即可得到需要的服务，而另一个则需要用户填写冗长的注册信息，等待验证，进行若干项与服务完全没有关系的操作，则很明显用户会选择单击两次鼠标得到的服务。

选择最易用的方式，才能有助于降低网站开发运行的成本、减少被用户拒绝使用的风险、提高用户体验，从而促使用户使用网站的服务。

2．用户角度

在任何网页界面开发的工作中，都必须从用户的角度来考虑和解决问题，必须想用户所想，急用户所急。设计网页界面时，需要了解用户并不是专业人员，也不具备相关的专业知识。因此在网页界面中要尽量使用通俗易懂的语言，以及各种易于理解的符号。

用户可理解的语言和符号是一个宽泛的概念，是广泛应用于各种软件界面或网页界面的各种语言和符号的规范。例如，在绝大多数网页中，都以小屋的图标作为网站的首页标志，以放大镜的图标作为网页中搜索引擎的标志，以钥匙和锁表示密码等。

使用统一而符合用户角度思维方式的语言和符号，可以使用户更容易理解网页各部分元素的含义，提高用户使用这些功能的效率。例如，垃圾箱的图标表示回收站。因此，在网页界面中，删除各种信息可以使用垃圾箱的图标表示，绝大多数用户都可以理解图标的含义。而如果使用一个粉碎机的小图标，就很容易使用户误解为打印机，从而影响用户使用。

3. 负担最小化

在网页界面设计中，需要遵循用户负担最小化的原则，即保障用户在完成某一项服务时，使用最少的操作，记忆最少的内容，投入最少的精力。此时，就需要界面设计者对网页界面进行优化，去除一些影响用户操作使用的元素。在优化界面元素时，需要遵循如下一些定律。

（1）7±2 定律

7±2 定律是一项广泛适用于各种分类学的定律。人类大脑处理和记忆信息的能力是有限的。美国的心理学家乔治•米勒（George A. Miller）经过多年研究发现，人类在短期记忆中一般只能够记住 5～9 个事物。

因此，网页的界面设计师在设计各种网页元素内容时，应合理地控制各种元素的子项目数量，以防止过多的子元素数量给用户的记忆力造成较大的负担。

7±2 定律比较典型的应用主要在网页的导航条和选项卡菜单中。其表现为，少于 5 个项目的导航按钮或选项卡的菜单往往使用户在使用时有意犹未尽的感觉；而超过 9 个导航按钮或选项卡的菜单则往往会使用户在使用时必须反复查找按钮或菜单内容，才能正确得到结果；如果网站的导航按钮或选项卡的菜单项目只有 5～9 个，则用户会很容易记起每一个项目的具体位置，方便地访问这些项目内容。

（2）2 秒定律

2 秒定律是一种限制网页访问时间的定律。其意义在于，要求网页的设计者在设计网页界面时尽量使网页的体积更小，运行速度更快，防止用户在屏幕前等待太长的时间，例如打开网页，以及在网页中单击链接后，跳转到下一个网页所需的时间。

2 秒定律中的 2 秒并非强调只允许等待 2 秒，而是作为一种理想化的状态，以对网页界面设计师进行的要求。具体到界面设计工作中，就是在将网页的界面设计图转换为网页图形时，应尽量对图形图像进行优化，将其转换为体积较小的 GIF 或 JPG 等格式的图像，而非体积较大的 BMP 或 PNG 格式图像。在可以使用单色背景或渐变背景时，尽量少使用图像背景，尽量以较少数量的图片插入网页中，以降低浏览器对服务器的请求次数，提高页面访问的速度。

除此之外，还可以通过一些小的技巧，提高用户对网页的认同。例如，对每个按钮和链接添加交互事件，设计鼠标滑过或单击时的效果，让用户感觉到进行任何操作时，网页系统都可以很快地反应，防止用户产生"这个按钮点上去没有反应"或"这个链接点上去没有反应"的抱怨。

同时，还应经常验证链接的有效性，防止坏链接、死链接的出现，尽量少使用空链接，而应专门建立一个类似"尚在添加内容，敬请期待"的页面，将尚未添加页面的链接转到此页面中，告诉用户，这里很快就有新的内容出现。

总而言之，2 秒定律的核心就是在保证可用性的基础上，用户等待的时间越少，则用户体验就越好。

（3）3 次单击定律

3 次单击定律是普遍适用于网页界面设计的定律，该定律认为，用户在访问网页时，如果在 3 次单击后仍然无法找到相关的信息或得到网页的服务，就会停止使用这个网站。

3 次单击定律并非单纯地强调用户单击页面的次数，而是要求界面设计师在界面设计中明确网站导航、逻辑架构和站点的层次结构，让用户了解他们现在在做什么，已经做过什么，将要做什么，以及做这些事情对他们有什么用处。如果确实能够让用户感觉到继续操作下去可以得到更多有用的东西，那么单击 5 次、10 次甚至 30 次，用户都会毫不犹豫地进行下去。

3 次单击定律主要应用于网页的内容结构设计中，要求界面设计师在任何情况下都不应人为地为用户访问网页内容制造障碍，而应为用户访问这些内容提供最简便的接口。同时，在用户进行操作之前，应尽量告诉用户这一步操作对他们来说有多重要。

4．界面一致

在设计一个网页界面时，应保持界面中各种元素都有统一的风格，通过精心设计的各种界面元素提高用户访问的效率，防止用户因适应不同风格的界面而浪费精力。

设计网页界面不能过于标新立异，不应在同一个网站的各种页面中使用迥然不同的界面元素。例如，在某一个页面中使用圆角矩形的 3D 风格提交按钮，而在另一个页面中则使用矩形单色风格的提交按钮。这种界面上的差异首先会给用户一个页面设计粗糙，不专业的感觉。其次，也会使用户感到困惑，使一些对计算机不太熟悉的用户感到无所适从。

设计网页界面需要充分利用用户对已经浏览的页面的熟悉程度，用统一风格的界面引导用户，使用户完成各项应用，为用户营造出一种对网页精心制作，十分专业的感觉。

1.3.3　网页用户界面的元素

网页的用户界面是由各种界面元素组成的，每一种界面元素都将承担网页的部分功能。典型的网页用户界面通常包括页头（Header）、导航栏（Navigator）、各种条幅（Banner）、侧栏（Aside）、文章区域（Article）以及页脚（Footer）等。

1．页头（Header）

页头顾名思义，其通常位于整个网页界面最顶端，用于展示网页界面中最基本的描述信息。典型的页头包含网站的 Logo、名称、页面的名称以及一些功能性的元素，如站内搜索框、登录信息等。例如，清华大学官方网站的页头就显示了清华大学的校徽、名称以及切换语言的按钮和搜索框等，如图 1-2 所示。

当然，页头的位置也并非一成不变，一些特殊的网站设计方案有可能也会将页头放置在导航栏的下方，或和导航栏合并在一起，形成一个整体。例如，LiveSino 博客网站就采用了页头与导航合并的设计，如图 1-3 所示。

图 1-2　清华大学官方网站的页头

图 1-3　LiveSino 网站的页头

2．导航栏（Navigator）

导航栏是网站整体功能与终端用户的桥梁，其作用类似文档中的目录和索引，可为终端用户提供一些简单便捷的入口，帮助终端用户快速访问网站对应的功能页面。在传统的网页界面中，导航栏通常会被放置到页头的下方，如图 1-4 所示。

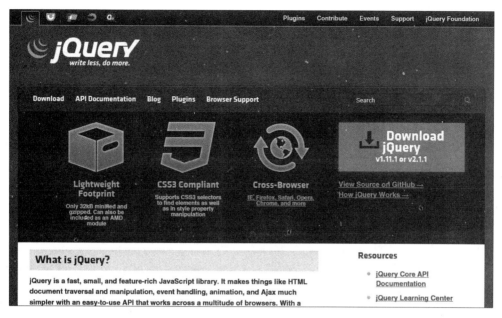

图 1-4   位于页头下方的导航栏

通常情况下，导航栏的设计以横列为主，其包含的导航按钮应以 3～7 个为宜。如果切实需要放置更多的导航内容，则可以将其分类整理，以下拉菜单的方式来实现，如图 1-5 所示。

图 1-5   下拉菜单导航

3. 条幅（Banner）

条幅主要用于存放广告、产品介绍、企业形象推广等相关的大幅图像内容。早期的条幅通常用于搜索引擎的广告推广且受限于计算机硬件设备（大多数计算机屏幕都采用

800px×600px 作为标准分辨率），其尺寸、文件大小、文件规范以及在页面中的位置等都具有严格的规定，属于广告行业内通行的标准，如表 1-2 所示。

表1-2　广告行业条幅广告的标准

类　型	尺　寸	文　件	页　面　位　置
中尺寸横幅	468px×60px	gif:14K/swf:16K	页面顶部
按钮	170px×60px/120px×60px	gif:6K/swf:8K	—
通栏	770px×100px	gif:20K/swf:25K	—
小幅动画	200px×150px	swf:25K	—
画中画	360px×300px	gif:20K/swf:25K	—
浮动框	80px×80px	gif/swf<8K	页面右侧
全屏收缩广告	750px×550px	gif:20K	覆盖整页
擎天柱	130px×200px	gif:15K/swf:17K	—

随着计算机技术的发展，现代计算机屏幕日趋多样化（大量宽屏显示设备的普及），同时界面设计理论的发展和设计理念的不断革新，现代的网页界面设计对条幅的规范更加灵活，允许设计者通过实际的设计效果需求来决定条幅的尺寸和位置。

同时，由于宽带技术的普及和网络传输速度的提升，现代的网页条幅也很少再受限于过去苛刻的文件大小限制，逐步趋向于高分辨率、高清晰度和复杂化。

例如，现代的企业网站通常会将若干同样尺寸的条幅以脚本的方式制作成轮播动画，通过高清晰的图像来改善整个网页界面的外观，如图 1-6 所示。

图1-6　大尺寸轮播条幅

4．侧栏（Aside）

早期的 Web 站点受限于显示设备的分辨率，多以 800px×600px 的低分辨率显示器为目标来设计，由于显示器的像素宽度有限，这类通常以流式布局来设计，整个页面的元素以从上到下的顺序依次排列。

随着较高分辨率（1024px×768px 甚至更高）的普屏显示器和宽屏显示设备的逐渐普及，现代的 Web 站点呈献了多列化的设计，即在主内容栏侧面会增加若干侧栏，以侧栏来辅助导航，或显示页面内的相关信息，通过这些辅助的侧栏来使网页界面更加丰满。

在不同类型的网站中，侧栏的作用是有所区别的。例如，在新闻类网站中，侧栏通常会显示专题文章，或最具备热度的新闻条目，或者新闻的热度评论信息等，如图 1-7 所示。

图 1-7　新闻网站的专题栏

在电子商务类网站中，侧栏则往往注重于对商品的筛选，辅助导航实现产品的精确分类，如图 1-8 所示。

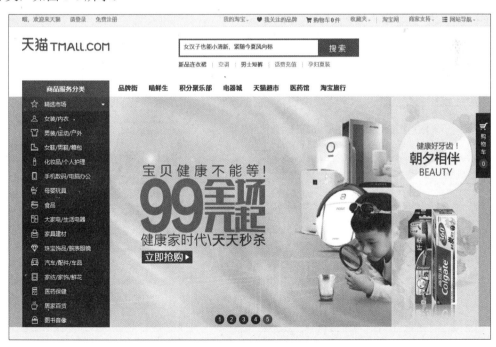

图 1-8　电子商务网站的导航栏

5．文章区域（Article）

文章区域是页面中主要呈献网站内容的界面元素，在不同类型的网页中，文章区域承载这迥然的功能。在网站的首页，文章区域通常会概述网站的主要功能，如新闻列表、产品列表、重点突出的企业信息、各种功能和链接等，如图1-9所示。

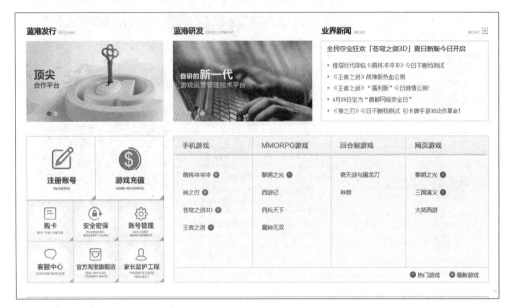

图1-9　企业首页的文章区域

在新闻网页中，文章区域主要用于呈献新闻的内容，包括新闻中的文本、图像、视频等，如图1-10所示。

图1-10　新闻文章区域

在产品网页中，文章区域主要用于呈献产品的各种信息介绍，以及产品的图像展示、简介和参数等，如图 1-11 所示。

图 1-11　产品文章区域

6．页脚（Footer）

页脚与页头相对应，也是绝大多数网页的重要组成部分，其会包含简介类导航、版权声明等相关信息。页脚元素通常会位于页面的底部，如图 1-12 所示。

图 1-12　页脚元素

1.3.4 网页界面设计风格

最初的互联网主要用于学术交流，分享技术文档、论文和专著等，其采用的结构语言 HTML 本身也是由学术论文所用的 SGML 结构语言发展而来。这段时期的网页通常以纯粹的文字和超链接构成。例如，世界上第一个万维网网页，其本身就包含了若干文本和超链接，如图 1-13 所示。

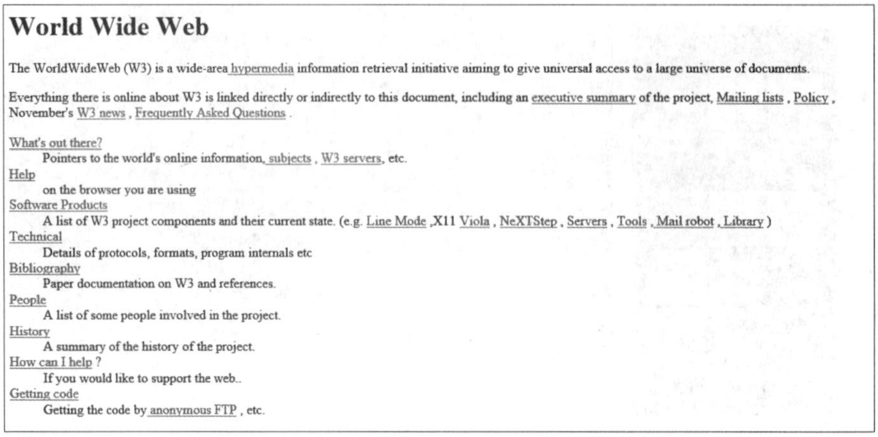

World Wide Web
The WorldWideWeb (W3) is a wide-area hypermedia information retrieval initiative aiming to give universal access to a large universe of documents.
Everything there is online about W3 is linked directly or indirectly to this document, including an executive summary of the project, Mailing lists , Policy , November's W3 news , Frequently Asked Questions .
What's out there?
Pointers to the world's online information, subjects , W3 servers, etc.
Help
on the browser you are using
Software Products
A list of W3 project components and their current state. (e.g. Line Mode ,X11 Viola , NeXTStep , Servers , Tools , Mail robot , Library)
Technical
Details of protocols, formats, program internals etc
Bibliography
Paper documentation on W3 and references.
People
A list of some people involved in the project.
History
A summary of the history of the project.
How can I help ?
If you would like to support the web..
Getting code
Getting the code by anonymous FTP , etc.

图 1-13 世界上第一个万维网网页

早期的 HTML 网页由于所承载的媒体限制，对多媒体内容支持是有限的，因此早期的 Web 设计主要工作就是对这些文本内容进行排版。

随着 HTML 语言版本的不断发展，在 1993 年初制订的正式的 HTML1.0 国际标准草案时，开始支持插入式的图像，此时，HTML 技术才正式地成为一种多媒体的载体。之后，逐渐有网站开始采用图像技术来增强网页的表现能力，如图 1-14 所示。

Welcome to Microsoft's World Wide Web Server!
Where do you want to go today?
If your browser doesn't support images, we have a text menu as well.
Microsoft
Knowledge Base
Send us your feeback
Windows News
Back Office & Windows NT Workstation
What's New
gopher.microsoft.com
ftp.microsoft.com
Microsoft techNet
Developer Network Offramp
Microsoft TV
Microsoft Sales Information
Windows Socket
Employment Opportunities
Facts about the server
The Microsoft Network
WWW.MICROSOFT.COM is running Microsoft's Windows NT Server 3.5 and EMWAC's HTTPS

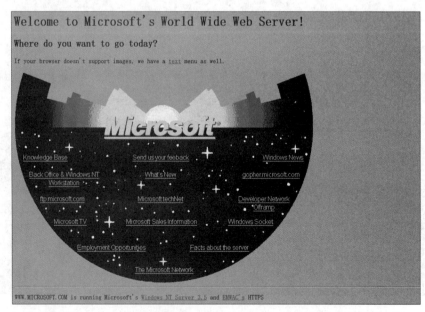

图 1-14 早期微软的官方网站

这些应用了多媒体技术的网站真正体现了网站的设计优先原则，也使得网页制作真正成为了艺术设计的一个门类，由此引发了网页设计的三种主要风格的产生，即拼接式风格、"拟物化"风格和"扁平化"风格。

1. 拼接式网页设计

随着多媒体技术的发展，Web 浏览器的功能日趋完善，网页可以包含的内容也逐渐丰富，早期的逐渐借助表格、背景色、插图等功能实现了更加丰富的界面效果，如采用 HTML 代码拼接出整个界面，或以大量背景图像来拼接内容。

此时的网页通常谈不上什么美观，但比纯粹的文本内容已经有较大的改观，例如，本世纪初期的微软公司官方网站，就采用了大量背景图像和背景色拼接而成的整体效果，如图 1-15 所示。

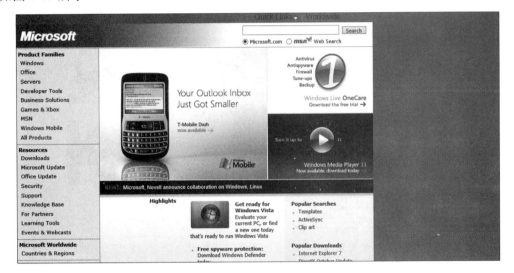

图 1-15　本世纪初期的微软公司网站

这种拼接效果的网站在 20 世纪末至本世纪初的时代曾经非常流行，其设计风格影响了互联网诞生初期至本世纪初的十余年时间几乎所有网站和网页的设计。

在这十余年时间里，无数的网站都采用此类拼接设计方案，绝大多数的网站设计师都使用 Fireworks、Photoshop 等图像设计软件来制作整体的网站设计方案，并采用切片技术来将网站的设计方案转换为由 HTML 表格和简单的 CSS 样式表、碎片化的背景图等元素组成的页面。一时间，具备"切图"能力成为网站设计师是否称职的标准。

这种设计风格的问题在于，其过于注重繁碎的表格拼接来呈献页面的效果，复杂的表格 HTML 代码直接影响了网站的维护性，从而限制了网站界面更新的效率。基于此种理由，在越来越多的网站开发者开始借助 Fireworks 和 Photoshop 等工具手工裁切设计方案，或整体切片后以图像结合 XHTML、CSS 等技术来重构网站。

用 XHTML 和 CSS 等网站技术开发方案重构网站在一定程度上也影响了网站界面设计的风格，很多网站开始尝试采用更加灵活的方法来设计网站的界面。

2. "拟物化"网页设计

随着苹果公司的划时代产品 iPhone 发布，一种全新的设计理念被提出，即"拟物化"

的设计理念。

"拟物化"的设计理念，指在界面设计中模拟各种实际物理材质的表面纹理、图案、光影和投影等，使网站界面更加富于实体化。典型的"拟物化"设计网站如苹果公司的苹果商店，其采用了具有三维立体感的导航，所有产品图标都以真实的产品图形来表现，如图1-16所示。

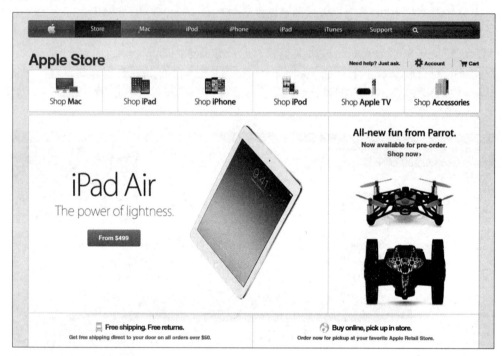

图1-16 "拟物化"的苹果商城

"拟物化"的设计方案一推出，即受到了网页界面设计者们的推崇，一时间，"拟物化"的网站设计方案如雨后春笋般诞生，越来越多的网站界面开始以这种方式来设计。

"拟物化"设计方案相比传统的拼接网页，其更适合采用模块化的 XHTML 和 CSS 技术来解决网页界面元素的显示和定义问题，因此相比传统的设计方案其维护性更好，也更加美观。

3..."扁平化"网页设计

"拟物化"设计方案虽然解决了网页界面模块化的问题，但是其本身仍存在一些问题。这主要是因为"拟物化"的网页界面设计方案需要大量的高清晰度图像来作为网页界面元素的背景和图标，需要耗费相当多的系统资源。

在传统 PC 上，"拟物化"的网页界面元素所消耗的资源尚可由强大的 PC 硬件设备提供，但是在手持设备上，使用"拟物化"的网页界面元素，很可能会导致手持设备的能量和流量消耗过高。同时，"拟物化"设计的网页由于其背景图像尺寸的限制，也很难满足多种类型屏幕的尺寸变化需求。

基于此种理由，微软公司首先在 2006 年推出了基于"扁平化"设计的 Zune 手持播放器系统，采用"扁平化"的设计来实现系统的用户界面。在三年后，微软还推出了完全依托扁平化设计的 Windows Phone 手机系统，最终推出了基于"扁平化"设计的 Modern UI 设计语言，并将其应用到了 Windows 8 操作系统中。

所谓"扁平化"设计，就是摒弃一切装饰效果，诸如阴影，透视，纹理，渐变等，将"拟物化"设计中的各种修饰元素全部清除，仅保留干净利落的界面核心内容，通过多彩的"瓷贴"来表现设计的效果。

微软公司在过去的数年中，已经全面将"扁平化"设计这一理念应用到了其所有产品线的界面设计中，包括移动操作系统、手机操作系统、办公软件以及所有其下属网站等。如今，"扁平化"设计的理念已经逐渐为广大设计师接受，甚至最初提出"拟物化"设计的苹果公司也开始着手对下属产品的"扁平化"设计。典型地应用了"扁平化"设计的网站如微软公司的 MSDN 开发者站点等，如图 1-17 所示。

图 1-17　MSDN 官方网站

"扁平化"设计的网页界面可以与最新的 HTML 5 和 CSS 3 等先进的 Web 开发技术结合，开发出消耗系统资源更少，更加精简而节省流量的网站系统，未来"扁平化"设计即将成为网页设计的主流风格。

1.4　网页配色

网页设计是一种特殊的视觉设计，它对色彩的依赖性很高，色彩在网页上是"看得见"的视觉元素，它是人们视觉最敏感的东西，也是网站风格设计的决定性因素之一。

1.4.1　色彩的基础概念

色彩是网站最重要的一个部分，在学习如何为网站进行色彩搭配之前，首先要来认识颜色。

1. 色彩与视觉原理

色彩的变化是变幻莫测的,这是因为物体本身除了其自身的颜色外,有时也会因为周围的颜色,以及光源的颜色而所有改变。

(1)光与色

光在物理学上是电磁波的一部分,其波长为700～400nm,在此范围称为可视光线。当把光线引入三棱镜时,光线被分离为红、橙、黄、绿、青、蓝、紫,因而得出的自然光是七色光的混合。这种现象称作光的分解或光谱,七色光谱的颜色分布是按光的波长排列的,如图1-18所示,可以看出红色的波长最长,紫色的波长最短。

光是以波动的形式进行直线传播的,具有波长和振幅两个因素。不同的波长长短产生色相差别。不同的振幅强弱大小产生同一色相的明暗差别。光在传播时有直射、反射、透射、漫射、折射等多种形式。

光直射时直接传入人眼,视觉感受到的是光源色。当光源照射物体时,光从物体表面反射出来,人眼感受到的是物体表面色彩。当光照射时,如遇玻璃之类的透明物体,人眼看到的是透过物体的穿透色,光在传播过程中,受到物体的干涉时,则产生漫射,对物体的表面色有一定影响。如通过不同物体时产生方向变化,称为折射,反映至人眼的色光与物体色相同。

(2)物体色

自然界的物体五花八门、变化万千,它们本身虽然大都不会发光,但都具有选择性地吸收、反射、透射色光的特性。当然,任何物体对色光不可能全部吸收或反射,因此,实际上不存在绝对的黑色或白色。

物体对色光的吸收、反射或透射能力,很受物体表面肌理状态的影响。但是,物体对色光的吸收与反射能力虽是固定不变的,而物体的表面色却会随着光源色的不同而改变,有时甚至失去其原有的色相感觉。所谓的物体"固有色",实际上不过是常光下人们对此的习惯而已。例如在闪烁、强烈的各色霓虹灯光下,所有建筑几乎失去了原有本色而显得奇异莫测,如图1-19所示。

400nm　500nm　600nm　700nm

◐ 图1-18　可见光与光谱

◐ 图1-19　夜晚的城市

2. 色彩的三要素

自然界的色彩虽然各不相同,但任何有彩色的色彩都具有色相、亮度、饱和度这三个基本属性,也称为色彩的三要素。

（1）色相

色相指色彩的相貌，是区别色彩种类的名称。是根据该色光波长划分的，只要色彩的波长相同，色相就相同，只有波长不同才产生色相的差别。红、橙、黄、绿、蓝、紫等都代表一类具体的色相，它们之间的差别就属于色相差别。当用户称呼其中某一色的名称时，就会有一个特定的色彩印象，这就是色相的概念。正是由于色彩具有这种具体相貌特征，用户才能感受到一个五彩缤纷的世界。如果说亮度是色彩隐秘的骨骼，色相就很像色彩外表华美的肌肤。色相体现着色彩外向的性格，是色彩的灵魂，如图 1-20 所示。

图 1-20 色相

如果把光谱的红、橙黄、绿、蓝、紫诸色带首尾相连，制作一个圆环，在红和紫之间插入半幅，构成环形的色相关系，便称为色相环。在六种基本色相各色中间加插一个中间色，其首尾色相按光谱顺序为：红、橙红、橙、黄、黄绿、绿、青绿、蓝绿、蓝、蓝紫、紫、红紫，构成十二基本色相，这十二色相的彩调变化，在光谱色感上是均匀的。如果再进一步找出其中间色，便可以得到二十四个色相，如图 1-21 所示。

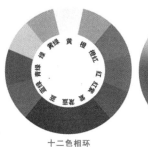

十二色相环　　　　二十四色相环

图 1-21 色相环

（2）饱和度

饱和度是指色彩的纯净程度。可见光辐射，有波长相当单一的，有波长相当混杂的，也有处在两者之间的，黑、白、灰等无彩色就是波长最为混杂，纯度、色相感消失造成的。光谱中红、橙、黄、绿、蓝、紫等色光都是最纯的高纯度的色光。

饱和度取决于该色中含色成分和消色成分（黑、白、灰）的比例，含色成分越大，饱和度越大；消色成分越大，饱和度越小，也就是说，向任何一种色彩中加入黑、白、灰都会降低它的饱和度，加的越多就降的越低。

例如，当在蓝色中混入了白色时，虽然仍具有蓝色相的特征，但它的鲜艳度降低了，亮度提高了，成为淡蓝色；当混入黑色时，鲜艳度降低了，亮度变暗了，成为暗蓝色；当混入与蓝色亮度相似的中性灰时，它的亮度没有改变，饱和度降低了，成为灰蓝色。采用这种方法有十分明显的效果，就是从纯色加灰渐变为无饱和度灰色的色彩饱和度序列，如图 1-22 所示。

黑白网页与彩色网页之间存在着非常
大的差异。大多数情况下黑白网页给浏览
者的视觉冲击力不如彩色网页效果强烈，
同时对作品网页的风格也有一些局限性。
而色彩的选择不仅仅决定了作品的风格，
同时也使得作品更加饱满、富有魅力，如
图 1-23 所示。

图 1-22 不同的饱和度

图 1-23 彩色与灰色网页

（3）亮度

亮度是色彩赖于形成空间感与色彩体量感的主要依据，起着"骨架"的作用。在无
彩色中，亮度最高的色为白色，亮度最低
的色为黑色，中间存在一个从亮到暗的灰
色系列，如图 1-24 所示。

亮度在三要素中具有较强的独立性，
它可以不带任何色相的特征而通过黑白灰
的关系单独呈现出来。

色相与饱和度则必须依赖一定的明暗
才能显现，色彩一旦发生，明暗关系就会
同时出现，在用户进行一幅素描的过程中，
需要把对象的有彩色关系抽象为明暗色
调，这就需要有对明暗的敏锐判断力。用

图 1-24 不同亮度

户可以把这种抽象出来的亮度关系看作色彩的骨骼，它是色彩结构的关键，如图 1-25
所示。

3. 色彩的混合

客观世界中的事物绚丽多彩，调色板上色彩变化无限，但如果将其归纳分类，基本上就是两大类：一类是原色，即红、黄、蓝；另一类就是混合色。而使用间色再调配混合的颜色，称为复色。从理论上讲，所有的间色、复色都是由三原色调和而成。

在网页的色彩布局时，原色是强烈的，混合色较温和，复色在明度上和纯度上较弱，各类间色与复色的补充组合，形成丰富多彩的画面效果。

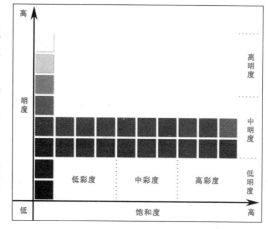

图1-25 亮度与饱和度之间的关系

（1）原色理论

所谓三原色，就是指这三种色中的任意一色都不能由另外两种原色混合产生，而其他颜色可以由这三原色按照一定的比例混合出来，色彩学上将这三个独立的颜色称为三原色。

（2）混色理论

将两种或多种色彩互相混合，造成与原有色不同的新色彩称为色彩的混合。它们可归纳成加色法混合、减色法混合、空间混合等三种类型。

加色法混合是指色光混合，也称第一混合，当不同的色光同时照射在一起时，能产生另外一种新的色光，并随着不同色混合量的增加，混色光的明度会逐渐提高将红（橙）、绿、蓝（紫）三种色光分别作适当比例的混合，可以得到其他不同的色光，如图1-26所示。

反之，其他色光无法混合出这三种色光来，故称为色光的三原色，它们相加后可得出白光。

减色法混合即色料混合，也称第二混合。在光源不变的情况下，两种或多种色料混合后所产生的新色料，其反射光相当于白光减去各种色料的吸收光，反射能力会降低。故与加色法混合相反，混合后的色料色彩不但色相发生变化，而且明度和纯度都会降低。所以混合的颜色种类越多，色彩就越暗越混浊，最后近似于黑灰的状态，如图1-27所示。

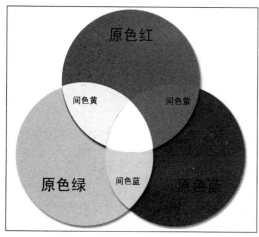

图1-26 加色法混合

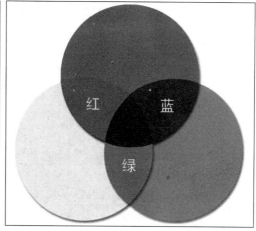

图1-27 减色法混合

空间混合法亦称中性混合、第三混合。将两种或多种颜色穿插、并置在一起，于一定的视觉空间之外，能在人眼中造成混合的效果，故称空间混合。其实颜色本身并没有真正混合，它们不是发光体，而只是反射光的混合。因此，与减色法相比，只是增加了一定的光刺激值，其明度等于参加混合色光的明度平均值，既不减也不加。

由于它实际比减色法混合明度显然要高，因此色彩效果显得丰富、响亮，有一种空间的颤动感，表现自然、物体的光感，更为闪耀。

1.4.2　色彩的模式

简单地讲，颜色模式是一种用来确定显示和打印电子图像色彩的模型，即一副电子图像用什么样的方式在计算机中显示或者打印输出。Photoshop 中包含了多种颜色模式，每种模式的图像描述和重现色彩的原理及所能显示的颜色数量各不相同。常见的有如下四种模式。

1. RGB 颜色模式

RGB 色彩模式是工业界的一种颜色标准，是通过对红（Red）、绿（Green）、蓝（Blue）三个颜色通道的变化以及它们相互之间的叠加来得到各式各样的颜色的，RGB 即是代表红、绿、蓝三个通道的颜色，这个标准几乎包括了人类视力所能感知的所有颜色，是目前运用最广的颜色系统之一，如图 1-28 所示。

图 1-28　RGB 色彩模式分析图

RGB 色彩模式中，每两种颜色的等量，或者非等量相加所产生的颜色如表 1-3 所示。

表 1-3　每两种不同量度相加所产生的颜色

混 合 公 式	色　板
RGB 两原色等量混合公式：	
R（红）＋G（绿）生成 Y（黄）（R＝G） G（绿）＋B（蓝）生成 C（青）（G＝B） B（蓝）＋R（红）生成 M（洋红）（B＝R）	
RGB 两原色非等量混合公式：	
R（红）＋G（绿↓减弱）生成 Y→R（黄偏红） 红与绿合成黄色，当绿色减弱时黄偏红	
R（红↓减弱）＋G（绿）生成 Y→G（黄偏绿） 红与绿合成黄色，当红色减弱时黄偏绿	
G（绿）＋B（蓝↓减弱）生成 C→G（青偏绿） 绿与蓝合成青色，当蓝色减弱时青偏绿	

混 合 公 式	色 板
RGB 两原色非等量混合公式：	
G（绿↓减弱）＋B（蓝）生成 CB（青偏蓝） 绿和蓝合成青色，当绿色减弱时青偏蓝	◆
B（蓝）＋R（红↓减弱）生成 MB（品红偏蓝） 蓝和红合成品红，当红色减弱时品红偏蓝	◆
B（蓝↓减弱）＋R（红）生成 MR（品红偏红） 蓝和红合成品红，当蓝色减弱时品红偏红	◆

对 RGB 三基色各进行 8 位编码，这三种基色中的每一种都有一个从 0（黑）~255（白色）的亮度值范围。当不同亮度的基色混合后，便会产生 256×256×256 种颜色，约为 1670 万种，这就是用户常听说的"真彩色"。电视机和计算机的显示器都是基于 RGB 颜色模式来创建其颜色的。

2．CMYK 颜色模式

CMYK 颜色模式是一种印刷模式。其中四个字母分别指青（Cyan）、洋红（Magenta）、黄（Yellow）、黑（Black），在印刷中代表四种颜色的油墨。CMYK 基于减色模式，由光线照到有不同比例 C、M、Y、K 油墨的纸上，部分光谱被吸收后，反射到人眼的光产生颜色。在混合成色时，随着 C、M、Y、K 四种成分的增多，反射到人眼的光会越来越少，光线的亮度会越来越低，如图 1-29 所示。

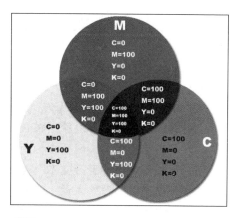
图 1-29 　CMYK 颜色模式分析图

3．HSB 颜色模式

色相（Hue）、饱和度（Saturation）和亮度（Brightness）也许更适合人们的习惯，它不是将色彩数字化成不同的数值，而是基于人对颜色的感觉，让人觉得更加直观一些。其中色相（Hue）是基于从某个物体反射回的光波，或者是透射过某个物体的光波；饱和度（Saturation），经常也称作 chroma，是某种颜色中所含灰色的数量多少，含灰色越多，饱和度越小；亮度（Brightness）是对一个颜色中光的强度的衡量。明亮度越大，则色彩越鲜艳，如图 1-30 所示。

在 HSB 模式中，所有的颜色都用色相、饱和度、亮度三个特性来描述。它可由底与底对接的两个圆锥体形象的立体模型来表示。其中轴向表

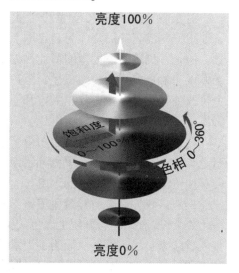
图 1-30 　HSB 颜色模式分析图

示亮度，自上而下由白变黑；径向表示色饱和度，自内向外逐渐变高；而圆周方向，则表示色调的变化，形成色环。

4．LAB 颜色模式

Lab 色彩模式是以数学方式来表示颜色，所以不依赖于特定的设备，这样确保输出设备经校正后所代表的颜色能保持其一致性。其中 L 指的是亮度；a 是由绿至红；b 是由蓝至黄，如图 1-31 所示。

图 1-31 Lab 色彩模式分析图

●--1.4.3 色调与搭配

一般情况下，访问者的浏览器 Netscape Navigator 和 Internet Explorer 选择了网页的文本和背景的颜色，让所有的网页都显示这样的颜色。但是，网页的设计者经常为了视觉效果而选择了自定义颜色。自定义颜色是一些为背景和文本选取的颜色，它们不影响图片或者图片背景的颜色，图片一般都以它们自身的颜色显示。自定义颜色可以为下列网页元素独自分配颜色：

- ❑ **背景** 网页的整个背景区域可以是一种纯粹的自定义颜色。背景色总是在网页的文本或者图片的后面。
- ❑ **普通文本** 网页中除了链接之外的所有文本。
- ❑ **超级链接文本** 网页中的所有文本链接。
- ❑ **已被访问过的链接文本** 访问者已经在浏览器中使用过的链接。访问过的文本链接以不同的颜色显示。
- ❑ **当前链接文本** 当一个链接被访问者单击的瞬间，它转换了颜色以表明它已经被激活了。

对于制作网页的初学者可能更习惯于使用一些漂亮的图片作为自己网页的背景，但是，浏览一下大型的商业网站，你会发现它们更多运用的是白色、蓝色、黄色等，使得网页显得典雅、大方和温馨，如图 1-32 所示。

在上面的网页中，主要由白色背景和蓝色、黄色、粉红色以及黑色笔触组成，能够加快浏览者打开网页的速度。

一般来说，网页的背景色应该柔和一些、素一些、淡一些，再配上深色的文字，使人看起来自然、舒畅。而为了追求醒目的视觉效果，可以为标题使用较深的颜色。常用网页背景颜色列表如表 1-4 所示。

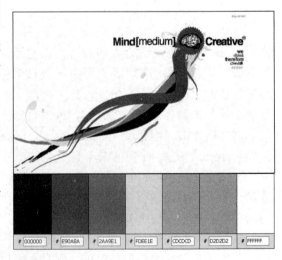

图 1-32 色彩简单的网页

表 1-4　网页背景颜色与文字色彩搭配

颜色图标	颜色十六进制值	文字色彩搭配
	#F1FAFA	做正文的背景色好，淡雅
	#E8FFE8	做标题的背景色较好
	#E8E8FF	做正文的背景色较好，文字颜色配黑色
	#8080C0	上配黄色白色文字较好
	#E8D098	上配浅蓝色或蓝色文字较好
	#EFEFDA	上配浅蓝色或红色文字较好
	#F2F1D7	配黑色文字素雅，如果是红色则显得醒目
	#336699	配白色文字好看些
	#6699CC	配白色文字好看些，可以做标题
	#66CCCC	配白色文字好看些，可以做标题
	#B45B3E	配白色文字好看些，可以做标题
	#479AC7	配白色文字好看些，可以做标题
	#00B271	配白色文字好看些，可以做标题
	#FBFBEA	配黑色文字比较好看，一般作为正文
	#D5F3F4	配黑色文字比较好看，一般作为正文
	#D7FFF0	配黑色文字比较好看，一般作为正文
	#F0DAD2	配黑色文字比较好看，一般作为正文
	#DDF3FF	配黑色文字比较好看，一般作为正文

此表只是起一个抛砖引玉的作用，读者可以发挥想象力，搭配出更有新意、更醒目的颜色，使网页更具有吸引力。

1.4.4　色彩推移

色彩推移是按照一定规律有秩序地排列、组合色彩的一种方式。为了使画面丰富多彩、变化有序，网页设计师通常采用色相推移、明度推移、纯度推移、综合推移等推移方式组合网页色彩。

1. 色相推移

选择一组色彩，按色相环的顺序，由冷到暖或者由暖到冷进行排列、组合。可以选用纯色系或者灰色系进行色相推移，实现多种颜色渐变的网页效果，如图 1-33 所示。

2. 明度推移

选择一组色彩，按明度等差级数的顺

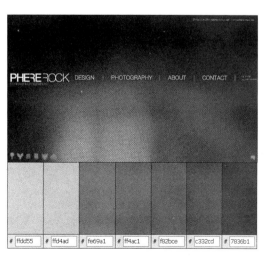

图 1-33　黄色－洋红－紫色渐变

序，由浅到深或者由深到浅进行排列、组合
的一种明度渐变组合。一般都选用单色系列
组合。也可以选用两组色彩的明度系列按
明度等差级数的顺序交叉组合，如图 1-34
所示。

3. 纯度推移

选择一组色彩，按纯度等差级数或者比
差级数的顺序，由纯色到灰色或者由灰色到
纯色进行排列组合，如图 1-35 所示。

4. 综合推移

选择一组或者多组色彩按色相、明度、

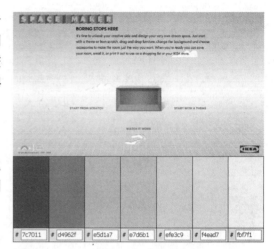

图 1-34　浅褐色到白色渐变

纯度推移进行综合排列、组合的渐变形式，由于色彩三要素的同时加入，其效果当然要
比单项推移复杂、丰富得多，如图 1-36 所示。

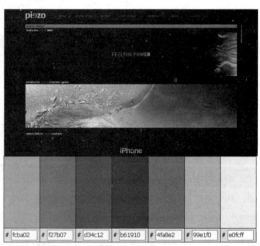

图 1-35　蓝绿色纯度网页效果　　图 1-36　色相与明度推移效果

1.5　思考与练习

一、填空题

1．网站前端的主要功能是_____、
_____、_____和_____。

2．互联网的发展趋势是_____、
_____和_____。

3．网站建设的前期策划包括_____、
_____和_____。

4．网站开发完成后，需要进行_____、
_____和_____等方面的前端测试。

5．取代"拼接式"网页设计风格的是
_____设计风格。

6．所谓"扁平化"设计，就是摒弃一切_____，诸如阴影，透视，纹理，渐变等，将"拟物化"设计中的各种修饰元素全部清除，仅保留干净利落的_____内容，通过多彩的_____来表现设计的效果。

7．RGB 色彩模式是工业界的一种颜色标准，是通过对_____、_____、_____三个颜色通道的变化以及它们相互之间的叠加来得到各式各样的颜色。

二、选择题

1．以开发的角度来分析网站这一综合性软件平台，其本身可以划分为两个主要的部分，即面向_____的网站前端，以及面向服务器和底层数据的网站后端。

A．开发者　　　B．设计者
C．终端用户　　D．界面

2．XHTML 是基于传统的_____发展而来，并以 XML 的严格规范重新订制的结构语言。

A．SGML　　　B．XAML
C．WAML　　　D．HTML

3．以下哪一种元素不属于网页用户界面的元素？_____

A．页头　　　　B．广告
C．页脚　　　　D．导航

4．中尺寸的横幅 Banner，宽度为_____像素。

A．1024　　　　B．768
C．1001　　　　D．468

5．微软推出了基于"扁平化"设计的_____设计语言，并将其应用到了 Windows 8 操作系统中。

A．Modern UI

B．Metro UI

C．Flat UI

D．Quantum Paper

6．色彩的三要素不包括_____。

A．色相　　　　　B．饱和度

C．热度　　　　　D．亮度

7．电视机和计算机的显示器都是基于_____来创建其颜色的。

A．RGB 颜色模式

B．CMYK 颜色模式

C．HSB 颜色模式

D．LAB 颜色模式

三、简答题

1．简述网站项目都由哪些模块构成，开发网站需要应用到哪些标准？

2．未来的互联网都有哪些发展趋势？

3．网站的前期策划都需要进行哪些工作？

4．什么是用户界面？用户界面都包含哪些内容？其设计原则包括什么？

5．网页界面设计都有哪些风格？

6．简述色彩推移的几种方法。

第 2 章

设计网页元素

在网站项目进入中期制作阶段之后，开发者首先需要设计网页界面的原型，然后再根据网页界面原型来实现整体效果的设计工作，形成网站的界面设计效果方案。目前行业内使用最普遍的界面效果设计工具是 Adobe 公司开发的 Photoshop，通过其强大的图像处理和图形绘制功能，结合切片、输出等工具，为网页界面设计者提供了广泛的技术支持。

本章将介绍 Photoshop 的基本操作，包括界面、设计方案的修改和编辑、选区工具和图层技术，帮助网页设计者了解初步的界面元素设计方法。

本章学习要点：

➢ 了解 Photoshop 基本界面
➢ 掌握创建和修改设计方案各种属性的方法
➢ 掌握图像选区的操作
➢ 掌握图层的处理方法

2.1　Photoshop 使用基础

Photoshop 是一种提供基本图形绘制以及强大的图像处理功能的行业软件，它不仅应用于网页设计领域，在广告行业、印刷出版行业、摄影行业等与图像处理相关的行业也有着广泛的应用，是业界最专业的图像处理软件。

2.1.1　Photoshop 简介

Photoshop，简称"PS"，它提供了大量笔刷、滤镜等工具，通过与数位板的紧密结合，帮助行业用户绘制和处理以像素构成的位图图像，同时也提供了较强的矢量图形绘制工具，以满足界面设计师等特殊行业用户的需求。

早期的计算机显示器受限于硬件性能，只支持黑白双色，因此只能提供命令行界面和一些简单的矢量图形，不支持显示灰度色彩，更谈不上显示彩色的图形与图像。Photoshop 系列软件的设计师托马斯·诺尔（Thomas Knoll）在 1987 年为了完成其博士论文，编写了一个简单的可以处理和显示黑白色和灰度的图像处理软件 Display，并与其兄弟约翰·诺尔（John Knoll）不断对这一软件进行改进，提升软件性能和增强软件的功能。这一软件就是今天 Photoshop 的原型。

1988 年，诺尔两兄弟在完成了软件的一次较大幅度的改进之后，听取用户的意见将其更名为 Photoshop，并向当时 Adobe 公司的艺术总监罗素·布朗（Russell Brown）展示了软件的功能，引起了 Adobe 公司极大的兴趣。同年 9 月，Adobe 公司决定收购这一软件并将诺尔兄弟纳入麾下。1989 年 4 月，Adobe 正式与诺尔兄弟签订协议，将 Photoshop 整体收购，承担未来产品的研发和改进。至此，Photoshop 正式成为 Adobe 软件家族的一员。

Photoshop 软件本身采用 C++编写，早期的 Photoshop 并不支持 Windows 这一当前最流行的操作系统平台，仅支持苹果公司的 Macintosh OS 系统。在 1991 年 6 月发布的 Photoshop 2.0 开始支持矢量路径的绘制；1992 年 1 月，Photoshop 2.5 版本开始支持 Windows 操作系统，并拓展到 IRIX、Solaris 等类 Unix 操作系统平台；1994 年发布的 Photoshop 3.0 正式支持了图层技术（虽然还很不完善，例如无法修改已经创建的图层，也不支持矢量图层技术，矢量图形只能以位图的方式存储在图层中），使其本身愈加专业化。

自 1996 年的 Photoshop 4.0 发布之后，Adobe 取消了对 IRIX、Solaris 等类 Unix 操作系统的支持，并对早期的图层技术进行大幅革新，支持对图层的二次编辑以及矢量图层技术等。自 1998 年发布的 Photoshop 5.0 开始，Adobe 公司为该软件提供了中文支持，增强了历史记录功能和色彩管理功能，以满足各种行业的打印和印刷需求。绝大多数国内的 Photoshop 用户都是以该版本开始了解和学习这一软件的。

由于越来越多的网页设计师开始使用 Photoshop 来设计网页的界面效果图，很多用户对 Photoshop 图像切片功能的呼声越来越高，在 1999 年发布的 Photoshop 5.5 正式集成了 ImageReady 软件工具，允许设计者像使用 Fireworks 一样来将 Photoshop 设计方案直接输出为包含图像资源的网页。这一经典版本迅速得到大量用户的赞誉，真正使 Photoshop 成为经典的行业专业软件。

随着计算机技术的发展，今天的 Photoshop 不断拓展功能和增强性能，并不断与全新的硬件设备结合，越来越多的用户投入大量精力来学习这一软件，并将其应用到实际的生产环境中。

2.1.2　Photoshop CC 基本界面

作为最新版本的 Photoshop 软件，Photoshop CC 采用了全新的界面体系，以与 Adobe 系列软件的界面设计风格保持一致。同时，Photoshop CC 与老旧的版本相比，其增强了用户界面的自定义性能，其主体界面如图 2-1 所示。

在 Photoshop 主体界面中，主要分为 6 个功能区域，包括 1-标题菜单栏、2-工具选项栏、3-工具箱栏、4-图像内容区、5-压缩面板栏和 6-展开面板栏等。

图 2-1 Photoshop CC 主体界面

1. 标题菜单栏

为尽量节省界面空间，Photoshop 将传统应用程序的标题栏和菜单栏合并为【标题菜单栏】，并完整地整合了这两个区域的功能，在标题菜单栏中，最左侧是 Photoshop 的软件图标，然后是 11 个菜单按钮，如表 2-1 所示。

表 2-1 标题菜单栏中的菜单按钮

菜单按钮	作 用
文件	用于文件级别的各种操作，包括设计方案的打开、关闭以及资源的导入和导出等功能
编辑	提供对当前所选内容的复制、剪切、粘贴以及 Photoshop 本身的自定义设置功能
图像	设置当前设计方案的各种属性，包括色彩属性、尺寸属性等
图层	提供图层的各种编辑操作，包括新建、复制、粘贴等，也可以操作图层的各种蒙版
文字	提供矢量文本的各种设置和修改操作
选择	提供选区的各种设置和修改操作
滤镜	提供滤镜库以及各种滤镜的快捷应用方式
3D	提供三维图层的相关操作以及三维建模等功能选项
视图	提供设计方案的查看选项，包括缩放、标尺、参考线等工具
窗口	提供工作区方案的切换以及各种面板的显示和隐藏开关
帮助	提供软件的帮助信息和技术支持

2. 工具选项栏

【工具选项栏】的作用是根据用户当前选择的操作工具，显示该操作工具对应的进阶操作选项。在通常情况下，当某个 Photoshop 的工具处于激活状态时，【工具选项栏】

的左侧都会显示该工具可以进行的设置或操作的状态。例如，当选中了【移动工具】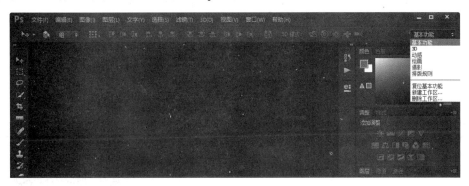之后，【工具选项栏】就会显示移动工具的各种设置，包括移动的模式（是以组的方式移动还是以图层的方式移动）和排列选项等，如图 2-2 所示。

图 2-2 【移动工具】的工具选项栏

【工具选项栏】还有一个作用就是在右侧提供工作区方案的选项，显示当前 Photoshop 内包含的系统预置工作区方案和用户自定义的工作区方案等。用户可以单击该下拉菜单，选择对应的工作区方案，改变 Photoshop 软件的工作区布局，如图 2-3 所示。

图 2-3 选择工作区方案

3．工具箱

【工具箱】的作用是提供 Photoshop 图形绘制和图像设计所必须使用的各种工具按钮。每一种工具按钮都代表着 Photoshop 中的一种基本功能，如图 2-4 所示。

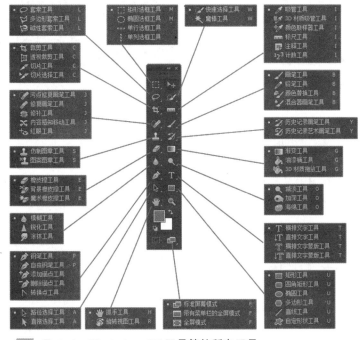

图 2-4 **Photoshop CC 工具箱的所有工具**

在图 2-4 中，展示了 Photoshop【工具箱】中每一个工具按钮以及该按钮对应的选项菜单，每一个选项菜单包含若干个按钮。早期的 Photoshop【工具箱】往往只包含少量的工具，随着 Photoshop 版本的提升和功能的增强，【工具箱】中的工具按钮也逐渐增加。在 Photoshop CC 版本中，共提供了 72 种工具按钮。出于篇幅的考虑，在此将不一一赘述。

4．图像内容区

【图像内容区】的作用是显示当前 Photoshop 正在编辑的图像预览图，以及对该图像的编辑效果。【工具箱】中的各种工具都可以对【图像内容区】中的内容进行操作。

在 PhotoshopCC 中，用户可以同时打开多个图像或设计方案，【图像内容区】将以选项卡的方式来显示这些图像或设计方案。用户可以通过【图像内容区】顶部的选项卡来对多个被编辑的图像进行切换。

例如，同时打开 1-2.bmp 和 1-3.bmp 等两幅图像，单击 1-3.bmp 图像的选项卡，即可显示该图像的预览效果，如图 2-5 所示。

图 2-5 显示第二个图像内容选项卡

【图像内容区】的下方提供了一个状态栏，该状态栏有两种功能，其一是在左侧显示当前图像或设计方案的缩放比例，并允许用户输入数字来设置个性化的缩放比例；其二是在缩放比例右侧显示当前图像文档或设计方案的实际文件大小和压缩文件大小。

如果当前打开的图像文档或设计方案超出了【图像内容区】的显示范围，则图像内容区会在右侧和下方显示滚动条，允许用户拖曳滚动条来查看图像的完整内容。

5．压缩面板栏和展开面板栏

在 Photoshop CC 中，用户可以采用软件预置的工作区方案，或自行修改和定义工作区方案。每一种工作区方案都会特定地在【压缩面板栏】和【展开面板栏】显示几个相关的面板，每一个面板都会提供指定的若干功能。

【压缩面板栏】和【展开面板栏】的作用是显示一些常见的面板或面板的快捷按钮。其中，面板的快捷按钮会显示在压缩面板栏，而普通展开的面板则会显示在展开面板栏。

以默认的"基本功能"工作区布局为例，其会在压缩面板栏中显示【历史纪录】面板和【属性】面板的快捷按钮，并在展开面板栏中分别将【颜色】和【色板】，【调整】和【样式】，以及【图层】、【通道】和【路径】等面板编为 3 组来显示，如图 2-6 所示。

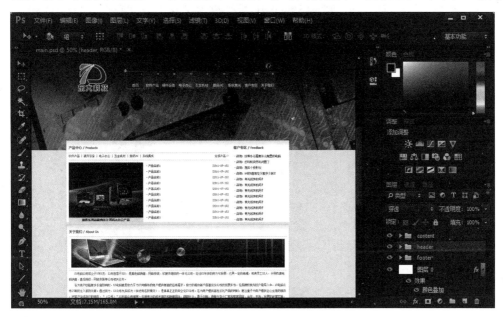

图 2-6 "基本功能"的工作区布局面板显示

2.1.3 Photoshop 与网页界面设计

在网页界面的效果设计行业中，Photoshop 具有重要的作用。具体到实际的设计工作中，其主要承担了以下几种工作。

1. 绘制和管理界面元素

Photoshop 提供了【钢笔】工具、【矩形】工具等一系列矢量图形绘制工具，允许用户绘制各种按钮、导航栏、图像占位符等网页元素的原型。同时，还提供了图层工具，允许用户方便地移动、调节这些矢量图形元素的位置、尺寸，形成网页界面的原型设计图。

除此之外，Photoshop 还提供了快捷的资源导入和导出工具，辅助用户将外部的各种素材资源导入到当前的设计方案中，高效地将若干设计资源整合成一个完整的方案。

另外，由于 Photoshop 提供了完整的矢量图形编辑和保存功能，也可以帮助用户方便地根据实际需求来快速调整设计方案，响应客户的各种需求。

在使用 Photoshop 进行原型设计时，为提高原型的绘制效率，用户可以结合数位板等工具，快速通过线条来实现原型的绘制，如图 2-7 所示。

2. 设计界面元素的效果

除了进行原型设计外，用户也可以借助 Photoshop 的各种图层样式、混合模式以及矢量文字工具等，设计网页界面中的页头、导航、条幅、内容区域、侧栏和页脚等界面元素，为其绘制界面皮肤并添加各种投影、描边等效果，实现完整的界面元素效果设计，如图 2-8 所示。

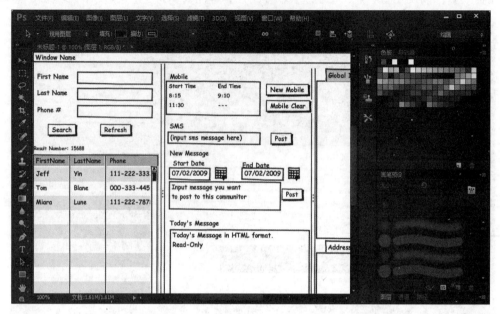

图 2-7 手绘的原型设计图

图 2-8 界面元素效果设计

3. 处理网页图像

Photoshop 为用户提供了强大的色彩调节、滤镜以及各种绘制工具，使用 Photoshop，用户可以方便地处理各种照片素材和设计文稿，将其修改和转换为网页界面所需的各种图像素材，如 Logo 图像、条幅背景、页面背景等。

实际上处理网页图像是 Photoshop 在网页设计中最主要的功能。绝大多数网站所使用的图像素材，都需要先经过 Photoshop 的处理，才能输出并上传至网站中，如图 2-9 所示。

图 2-9　使用 **Photoshop** 处理的网页图像

早期的 Photoshop 仅支持对照片等位图图像进行处理，随着其功能的逐渐增强，如今的 Photoshop 已经可以处理包括实景照片、导入的 EPS、AI 等格式的矢量图形等丰富的网页素材，也可以直接与数位板结合，由用户手工绘制各种网页素材。除此之外，Photoshop 还提供了强大的矢量绘制工具，允许用户自行绘制各种矢量图形，填充颜色和修改笔触等，使得很多用户以往必须依赖 Illustrator 或 CorelDraw 实现的矢量绘制工作也可以逐渐转移到 Photoshop 上来。

注　意

Photoshop 无法直接编辑由 Illustrator 导入的 AI 格式文件和由 CorelDraw 导入的 CDR 文件，也无法直接编辑 PDF 或 EPS 文件，但是可以将这些矢量元素转换为 Photoshop 形状或栅格化为位图来进行处理。

2.2　操作 Photoshop

在使用 Photoshop 来设计网页界面时，首先应先了解 Photoshop 的基本操作，包括配置 Photoshop 的性能和单位、创建设计方案，设置设计方案的图像和画布等。这些基本的操作是使用 Photoshop 设计网页界面的基础。

2.2.1　配置 Photoshop

Photoshop 是一种应用范围十分广泛的图像设计工具，其不仅应用于网页界面设计，还被应用于广告设计、平面设计、出版和印刷等多个领域，因此，为体现在各种行业的适应性，其默认配置往往并不适合直接用于网页界面设计，需要用户根据网页设计的具体需求进行个性化订制。

1. 配置性能选项

早期的 Photoshop 采用 C++语言编写，调用 Mac OS X 或 Windows 系统自带的各种 API 接口来开发，更注重软件的通用性和兼容性。

随着计算机硬件技术的不断发展，全新的图形处理硬件和更高配置的计算机设备不断涌现，自 Photoshop CS4 开始，Adobe 公司为 Photoshop 软件增加了【性能】选项，允许用户根据实际的计算机硬件来配置 Photoshop 软件所占用的系统资源，最大限度地发挥计算机硬件的潜力。

在 Photoshop CC 中，Adobe 公司进一步强化了【性能】选项的功能，并为 Photoshop 提供了最新的计算机图形处理硬件支持，包括支持最新的 Intel 酷睿 i7 CPU 加速指令集，以及最新的 nVidia 图形显示卡以及图形加速技术等。

在启动 Photoshop 之后，用户即可执行【编辑】|【首选项】|【性能】命令，如图 2-10 所示。

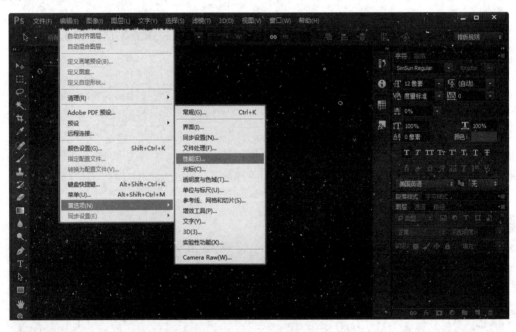

图 2-10 执行【性能】命令

在弹出的【首选项】对话框中，即可查看 Photoshop CC 提供的【性能】选项，其主要包括四个分支功能设置，即【内存使用情况】、【暂存盘】、【历史记录与高速缓存】和【图形处理设置】等，如图 2-11 所示。

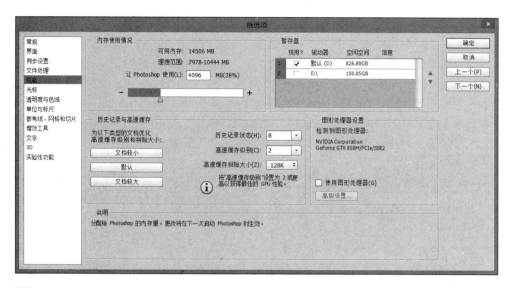

图 2-11 【性能】首选项

以上 4 种分支功能中，【内存使用情况】用于显示当前用户计算机的物理内存大小，用户可以在此定义 Photoshop 实际的内存占用。通常情况下，如果用户的计算机物理内存较大，且只需要单独使用 Photoshop 来工作的话，可以将其设置得尽可能大一些。而如果用户需要使用多种软件协作工作，则应合理地分配这些软件的物理内存占用。

【暂存盘】功能用于在用户物理内存不足时在计算机磁盘中划分出一部分文件交换区域，作为虚拟内存使用。Photoshop 允许用户自行选择某一个磁盘来存放这部分虚拟内存文件，通常情况下，建议用户选择剩余空间较大的磁盘分区。

提　示

早期的 Photoshop 允许用户将暂存盘设置为操作系统的系统盘。在 Photoshop CC 中已经禁止了这种做法。由于文件交换区域需要频繁的对磁盘进行读写，因此建议用户不要将暂存盘设置到固态磁盘分区，以防止频繁读写磁盘影响固态磁盘的寿命。

【历史记录与高速缓存】功能用于定义当前文件保存的历史记录操作次数，以及用于提升 Photoshop 性能的缓存级别与缓存大小。
在网页界面设计中，由于经常需要读写较大的设计方案文档，且经常需要对文档进行修改维护，建议用户将【历史记录状态】设置为 1000（即最大），【高速缓存级别】设置为 8，【高速缓存拼贴大小】设置为 1028K 等。

【图形处理器设置】功能可以定义 Photoshop 的 CPU 加速功能，使 Photoshop 调用图形处理器的计算资源。如果用户使用的是较新的 nVidia 图形处理器，则可以勾选【使用图形处理器】选项，然后单击下方的【高级设置】按钮，打开【高级图形处理器设置】对话框，如图 2-12 所示。

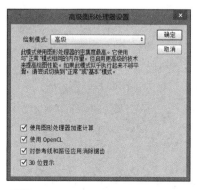

图 2-12 【高级图形处理器设置】对话框

在【高级图形处理器设置】对话框中，用户可以根据实际的硬件配置来决定选择【绘制模式】和下方的 4 种扩展选项。通常情况下，如果用户使用的是集成显卡或核心显卡，建议不要勾选【使用图形处理器】选项，以免影响 Photoshop 的运行效率。

如果用户使用的是 nVidia Geforce GTX 系列显卡或 nVidia Quadro 系列显卡，建议勾选【使用图形处理器】，并在【高级图形处理器设置】中设置【绘制模式】为"高级"，勾选下方所有选项；如果用户使用的是 nVidia Geforce GTS 或 nVidia Geforce GT 系列显卡，建议勾选【使用图形处理器】，并在【高级图形处理器设置】中设置【绘制模式】为"正常"，勾选【使用图形处理器加速计算】、【使用 OpenCL】以及【对参考线和路径应用消除锯齿】；如果用户使用的是 nVidia Geforce 普通显卡，则建议勾选【使用图形处理器】，并在【高级图形处理器设置】中设置【绘制模式】为"基本"，勾选【使用图形处理器加速计算】选项。

注　意

以上的各种配置方法仅仅为建议设置，用户应根据实际的硬件配置（包括中央处理器、图形处理器、物理内存）等和实际的使用效果来决定如何配置 Photoshop 的性能选项。

2. 配置单位和标尺

Photoshop 支持多种度量单位体系，包括用于计算机显示器的相对单位体系和用于实际印刷、绘画的绝对单位体系等。在实际的设计工作中，用户应该根据实际的设计需求和设计的方向来决定使用什么单位来定义设计方案中的尺寸。

以网页设计为例，由于网页界面的显示媒介为计算机显示器或手机显示器，这两种显示器都以相对单位像素来衡量界面元素的尺寸，因此在使用 Photoshop 来设计网页时，需要更改 Photoshop 的默认单位以及对应的适应分辨率。

在启动 Photoshop 之后，执行【编辑】|【首选项】|【单位与标尺】命令，如图 2-13 所示。

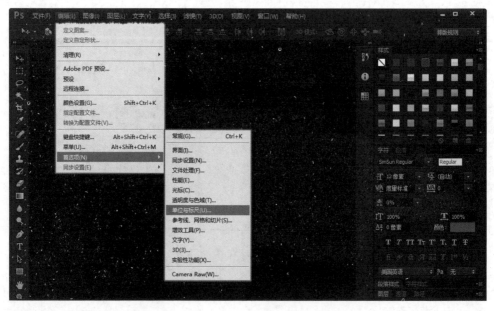

图 2-13　执行【单位与标尺】命令

提 示

用户也可以按下 Ctrl+K 组合键，然后在弹出的【首选项】对话框中单击左侧内容列表中的【单位与标尺】列表项目，同样可以切换至【单位与标尺】选项中。

然后，即可在弹出的【首选项】对话框中查看单位与标尺的设置，其也包含 4 种分支功能设置，包括【单位】、【列尺寸】、【新文档预设分辨率】以及【点/派卡大小】等，如图 2-14 所示。

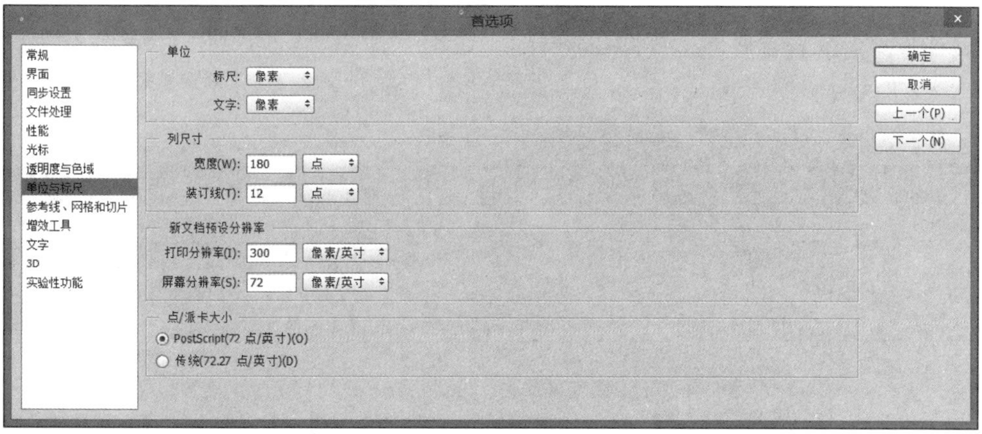

图 2-14 【单位与标尺】首选项

在【单位与标尺】的首选项中，包含【标尺】和【文字】两个选项，分别定义 Photoshop 和文字的单位。在网页设计工作中，用户应将这两个选项都设置为“像素”，以满足网页界面设计的需求。

【列尺寸】的首选项用于定义印刷和出版设置的宽度和装订线，对网页设计没有影响。

【新文档预设分辨率】用于定义新建设计方案时文档的默认分辨率，用户应根据实际的设计目标来定义【打印分辨率】和【屏幕分辨率】，应设置【屏幕分辨率】为“72 像素/英寸”。

【点/派卡大小】主要用于定义像素的大小。在传统的印刷行业中，采用的是 1770 年法国人狄道（F.A.Didot）制定的点数制，即在印刷设备中，每英寸包含 72.27 个点。而在现代的 Web 浏览器中，采用的是每英寸 72 个像素，因此在进行网页界面设计时，应选择【PostScript（72 点/英寸）】作为实际的派卡大小。

2.2.2 操作设计方案文件

在了解了 Photoshop 关于网页设计的各种配置后，即可着手来学习创建、打开设计方案，以及设置设计方案属性的方法。Photoshop 主要支持两种格式的设计方案文件，一种是 PSD 格式的文件，用于存储普通的 Photoshop 设计方案，另一种则是 PSB 格式的文件，用于存储高分辨率和高像素容量的大型设计方案。在网页设计中，通常使用第一种格式的设计方案文件即可。

1. 创建设计方案文件

在 Photoshop 中，用户可以直接执行【文件】|【新建】命令，或按下 Ctrl+N 组合键，即可打开【新建】对话框，设置新设计方案的各种属性信息，如图 2-15 所示。

该对话框承接了三种功能，即定义设计方案的临时名称、定义设计方案的属性，以及管理创建设计方案时的预置属性设置，其各种配置功能如表 2-2 所示。

○ 图 2-15 【新建】对话框

表 2-2 【新建】对话框各种功能设置

功 能	作 用
名称	设置设计方案的临时名称，当保存该设计方案时，这一临时名称将为默认的文件名
预设	预设的设计方案属性集合，包括"剪贴板"、"默认 Photoshop 大小"、"美国标准纸张"、"国际标准纸张"、"照片"、"Web"、"移动设备"等预设方案，用户可根据实际的设计需要来选择，如设计网页界面，可选择"Web"选项
大小	根据用户选择的预设，显示该预设下的各种子项尺寸，如选择了"Web"预设，可显示"800×600"、"1024×768"、"1152×864"、"1280×1024"、"1600×1200"、"中等矩形，300×250"、"矩形，180×50"、"告示牌，728×90"、"宽竖长矩形，160×600"等预设尺寸
宽度	设置设计方案的宽度值和单位
高度	设置设计方案的长度值和单位
分辨率	设置设计方案的分辨率和单位
颜色模式	设置设计方案所采用的颜色模式，包括"位图"、"灰度"、"RGB 颜色"、"CMYK 颜色"、"LAB 颜色"等，在网页界面设计中，推荐采用"RGB 颜色"和"8 位"
背景内容	设置设计方案的背景模式，如选择"白色"，将显示一个白色的背景锁定图层；如选择"背景色"，则可以定义一个指定颜色的背景锁定图层；如选择"透明"，则可以定义一个包含透明背景色的普通图层；如选择"其他"，则将显示一个拾色器，允许用户自行选择背景锁定图层的颜色
颜色配置文件	设置设计方案锁采用的颜色配置，包括 Adobe RGB、Apple RGB 等等。在网页界面设计中，推荐选择"sRGB IEC61966-2.1"国际标准颜色配置方案
像素长宽比	设置该设计方案每个像素点的形状，在网页界面设计中，推荐选择"方形像素"
确定	单击此按钮即可根据配置创建设计方案
取消	单击此按钮可取消当前创建设计方案的操作
存储预设	单击此按钮后，可以将当前对设计方案的配置存储为自定义的文档预设，供下次创建设计方案时使用
删除预设	在选择自定义的预设后，可单击此按钮将自定义的文档预设删除

在定义了设计方案的各种配置后，即可单击【确定】按钮，创建设计方案。Photoshop 提供了存储文档预设的功能，在用户完成设计方案的各种配置后，可以单击【存储预设】按钮，打开【新建文档预设】对话框，如图 2-16 所示。

在该对话框中，用户可以选择需要保存的配置

○ 图 2-16 【新建文档预设】对话框

项目，将其作为自定义文档预设存储起来备未来新建设计方案时使用。

2．打开设计方案文件

在 Photoshop 中，用户可以通过两种方式打开已经保存的设计方案，即通过执行【文件】|【打开】命令打开设计方案，或按下 Ctrl+O 组合键打开设计方案。在进行了以上两种操作后，Photoshop 都会弹出一个【打开】对话框，允许用户在指定的路径中选择文件，如图 2-17 所示。

图 2-17　打开设计方案

如果用户需要同时打开多个设计方案，则可以在【打开】对话框中首先选择一个设计方案文件，然后按住 Ctrl 功能键，依次选择需要打开的设计方案，单击【打开】按钮，此时，Photoshop 将会把所有的设计方案文件都打开。

3．存储设计方案文件

在完成设计方案的编辑和修改之后，用户可以执行【文件】|【存储】命令，或按下 Ctrl+S 组合键，将设计方案保存为文件。此时，Photoshop 将会弹出一个【另存为】对话框，如图 2-18 所示。

【另存为】对话框的绝大部分功能与普通 Windows 程序的存储对话框极为类似，区别在于，其在【保存类型】下提供了 Photoshop 特有的【存储选项】功能，这些功能设置如表

图 2-18　【另存为】对话框

2-3 所示。

表 2-3 【存储选项】的设置与功能

设 置 项		功 能
作为副本		启用该复选框，系统将存储设计方案的文件副本，但是并不存储当前设计方案文件，当前设计方案文件在 Photoshop 中仍然保持打开状态
注释		启用该复选框，设计方案的注释内容将一并存储
Alpha 通道		启用该复选框，系统将 Alpha 通道信息和设计方案一并存储
专色		启用该复选框，系统将设计方案中的专色通道信息一并存储
图层		启用该复选框，将会存储设计方案中的所有图层
颜色	使用校样设置	应用 CMYK 颜色来存储设计方案
	ICC 配置文件	采用 sRGB IEC 61966-2.1 色彩配置文件来存储设计方案
其他	缩略图	在存储设计方案时保留缩略图供 Adobe Bridge 预览（会使设计方案文件更大）

Photoshop 可以将设计方案存储为多种类型的格式，除了将其保存为 PSD、PDD 等标准 Photoshop 设计方案文档，以及 PSB 大型设计文档外，还可以将其保存为以下几种文件格式，如表 2-4 所示。

表 2-4 Photoshop 可存储的其他图像文件格式

扩 展 名	文 件 类 型
.bmp、.rle、*.dib	BMP 标准位图
*.gif	GIF 标准文件交互格式，包括包含 Alpha 通道的 256 色位图和简单动画
.dcm、.dc3、*.dic	医学专业数字成像设备所用的图像
*.eps	Photoshop 和 Illustrator 定义的以 PostScript 描述的矢量图形格式
.iff、.tdi	Amiga 或 Maya 等三维特效软件设计的三维建模图形文件
.jpeg、.jpe、*jpg	JPEG 通用压缩图像格式，被广泛应用于互联网
.jpf、.jpx、*.jp2、*.j2c、*.j2k、*.jpc	JPEG 通用压缩图像格式的升级版 JPEG2000
*.jps	支持三维立体结构的 JPEG 通用压缩图像格式
*.pcx	早期 DOS 操作系统下的通用图像压缩格式
.pdf、.pdp	Adobe PDF 便携文件格式
*.raw	由数码相机产生的原始图像文件
*.pxr	PIXAR 工作站处理的图像文件
.png、.pns	PNG 可移动网页图像，被广泛应用于互联网，是 GIF 和 JPEG 的替代品
.pbm、.pgm、*.ppm、*.pnm、*.pfm、*.pam	PBM 可移动位图图像，早期的跨平台图像格式
*.sct	连续色调格式，用于 Scitex 计算机上的高端图像处理
.tga、.vda、*.icb、*.vst	Targa 图像格式，True Vision 公司为其显示卡开发的一种图像文件格式，主要用于实况电视
.tif、.tiff	TIFF 图像格式，Aldus 为 Macintosh 机开发的一种图形文件格式，是 Macintosh 和 PC 机上使用最广泛的位图格式，主要用于扫描仪呈献的高清晰位图

在网页界面设计中，通常需要设计者将设计方案文档保存为支持图层的可编辑图像，主要为 PSD 格式图像。在将界面设计方案输出时，应尽量将其保存为 GIF、PNG、

JPEG 等格式，以保障 Web 浏览器能够正常显示。

2.2.3 设置画布和图像

Photoshop 的设计方案本身由若干图层构成，每一个图层都可以包含矢量图形、文本和位图图像，这些图层被放置在一个虚拟的画布上。在了解了 Photoshop 设计方案文件的操作之后，用户还需要了解如何设置画布和图像的属性，以及对这些画布和属性进行旋转操作的方法。

1．设置画布

画布是 Photoshop 的一个由纸张绘画引入的虚拟概念，在 Photoshop 的设计方案中，所有的图形、图像、文本都被放置在这样一个虚拟的画布上。Photoshop 允许用户直接修改画布大小，裁剪或扩张设计方案的显示区域。

在 Photoshop 中执行【图像】|【画布大小】命令，即可打开【画布大小】对话框，如图 2-19 所示。

在该对话框中，显示了当前设计方案的大小，包括宽度和高度等，也提供了【新建大小】的选项，允许用户直接更改当前设计方案的尺寸以及变更尺寸之后的定位方式。

【画布大小】对话框提供了两种更改设计方案尺寸

🄋 图 2-19 【画布大小】对话框

的方式，一种为绝对数值更改，即直接在【宽度】和【高度】的右侧设置新的尺寸值和单位；另一种则是相对更改的方法，即选择【相对】复选框，然后在【宽度】和【高度】的右侧设置变更的尺寸值和单位，如设置的值为正数，表示增加，负数则表示减少。

【定位】设置表示变更尺寸时应用的方向，其包含了 8 个分支按钮，表示变更尺寸的 8 个方向，如果单击了左向的箭头←，表示对画布左侧增加或减少尺寸，其他按钮依此类推。

例如，原设计方案的画布宽度为 454 像素，当设置新的尺寸为 444 像素并单击向左的定位按钮，则新的设计方案画布宽度将为 444 像素，且所有设计方案中的元素都将左移 10 像素。

2．设置图像

除了更改画布尺寸外，Photoshop 也允许用户更改图像的尺寸。图像尺寸和画布尺寸的区别在于，更改画布尺寸时，设计方案文档中的所有元素大小不变，Photoshop 会对整个设计方案文档进行裁切或扩展，而更改图像尺寸时，则所有设计方案文档中的元素都会等比例地缩放。

在 Photoshop 中，执行【图像】|【图像大小】命令，或按下 Ctrl+Alt+I 组合键，即

可打开【图像大小】对话框，如图 2-20 所示。

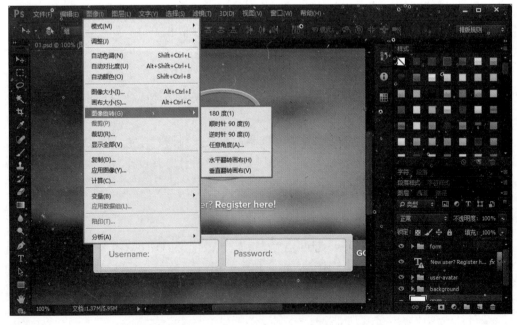

在【图像大小】对话框中，左侧提供了当前设计方案的局部预览，用户可以使用鼠标在该预览区域内拖曳预览位置。在对话框右侧，Photoshop 提供了以下几种功能。

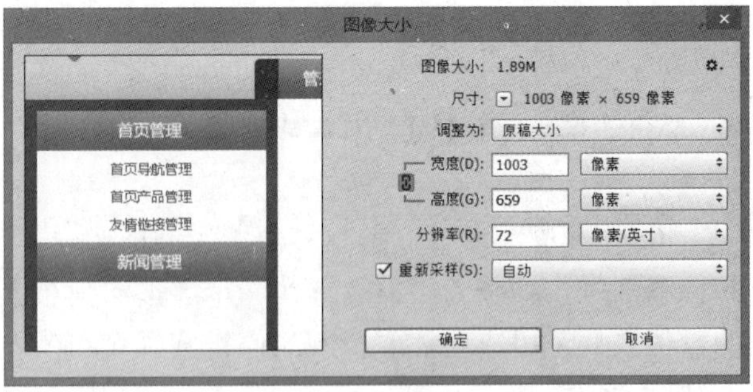

❑ **图像大小**　显示当前设计方案文档的文件大小。

图 2-20　【图像大小】对话框

❑ **尺寸**　显示当前设计方案的图像尺寸，单击左侧的下拉按钮可以更改单位。

❑ **调整为**　调用 Photoshop 的预设尺寸和分辨率，直接应用到当前设计方案文档上。

❑ **宽度**　设置当前设计方案文档的宽度值和单位。

❑ **高度**　设置当前设计方案文档的高度值和单位。

❑ **分辨率**　设置当前设计方案文档的分辨率值和单位。

❑ **重新采样**　更改当前设计方案的像素采样计算方式。

在修改设计方案的宽度和高度时，用户可以单击【宽度】和【高度】之间的链条图标，约束设计方案的长宽比。

3. 旋转画布与视图

Photoshop 为用户提供了强大的图像旋转工具，允许用户自由地对画布进行旋转操作。在 Photoshop 中执行【图像】|【图像旋转】命令，即可查看到 Photoshop 的图像旋转系列工具，如图 2-21 所示。

图 2-21　图像旋转系列工具

Photoshop 的图像旋转系列工具可以分为两类，一类是直接旋转工具，另一类是翻转工具，其作用如表 2-5 所示。

表 2-5　Photoshop 的图像旋转系列工具

名　　称	作　　用
180 度	将整个设计方案旋转 180 度
顺时针 90 度	将整个设计方案顺时针旋转 90 度
逆时针 90 度	将整个设计方案逆时针旋转 90 度
任意角度	选择此项则将弹出一个对话框，允许用户自行定义设计方案旋转的角度
水平翻转画布	将整个设计方案从水平方向翻转
垂直翻转画布	将整个设计方案从垂直方向翻转

图像旋转系列工具主要应用于整个画布上所有的内容。如果用户仅仅需要旋转局部的某个元素，请参考之后的相关内容。

2.2.4　置入素材

"它山之石，可以攻玉"，在网页界面设计中，使用现有成熟的素材文件来进行二次设计是提高设计效率的有效办法。Photoshop 不仅为用户提供了强大的图像处理功能，也同时提供了强大的素材置入能力，帮助开发者将更加丰富的素材置入到 Photoshop 中。

通常情况下，Photoshop 允许用户以两种方式将外部的素材文件置入到当前设计方案文档中，包括将外部的素材文件以嵌入的方式置入，以及以链接的方式置入。这两种方式的区别在于，如以嵌入的方式置入素材文件，则外部的素材文件将被整合到 Photoshop 设计方案文档的内部；而以链接的方式置入素材文件时，则外部的素材文件仅仅和 Photoshop 设计方案文档保持链接关系，并不会被嵌入到 Photoshop 设计方案文档中。

这两种置入素材的方式各有优劣。以嵌入的方式置入素材，其优点是可以完全地将素材加载到当前设计方案文档中，这样，无论对源素材文件进行移动、修改或删除，都不会影响设计方案文档的内容，同理，对设计方案文档的移动操作也不会丢失素材源文件的链接。但其缺点是会造成设计方案文档过于庞大，如果多个设计方案文档引用了一个素材，且该素材需要修改并应用到所有设计方案文档时，需要设计者逐个修改设计方案文档。

以链接的方式置入素材，其优点是可以将整个网站的界面设计方案模块化，将每一个通用模块以素材文件的方式独立存储，并链接到若干设计方案文档中。这样，一旦某个模块需要修改，设计者可以只修改模块所在的素材文件，即可自动应用到所有调用这一模块的设计方案文档中。同时，这种方案还可以大量减少设计方案文档的文件大小。当然，这种方案也有缺点，就是一旦设计方案文档和素材文件之间相对路径位置被改变，则存在链接素材失效的问题。

在实际的设计工作中，用户可以通过执行【文件】|【置入嵌入的智能对象】命令来将外部的素材嵌入到当前设计方案文档中，如图 2-22 所示。

然后，即可通过弹出的【置入嵌入对象】对话框查找需要导入的素材，如图 2-23 所示。

图 2-22 置入嵌入的智能对象

图 2-23 【置入嵌入对象】

选择需要置入设计方案文档的素材，并单击【置入】按钮，即可将其置入到当前设计方案文档中，如图 2-24 所示。

Photoshop 通常会将置入的外部素材以智能对象的方式存储，如果用户需要编辑这些外部素材，可以直接在【图层】面板中双击该素材的智能对象，然后调用对应的编辑器来对其进行编辑。

以链接的方式来置入外部素材，其方式与嵌入外部素材类似，用户可以通过执行【文件】|【置入链接的智能对象】命令来将外部的素材链接到当前设计方案文档中，如图 2-25 所示。

图 2-24 置入的外部素材

图 2-25 置入链接的智能对象

提 示

在导入智能对象之后，用户可以在【工具箱】中激活【移动工具】，然后将智能对象移动到画布中任意位置。【移动工具】可以快速移动绝大多数 Photoshop 画布中的元素，包括图层内的位图元素、矢量元素、智能对象、选区等。

2.2.5 图像的变换与变形

在置入外部素材后，用户可以使用 Photoshop 提供的一系列变换工具，对图像进行变换和变形处理，使素材能够更加满足实际的设计需要。变换与变形等系列工具不仅可应用于置入的智能对象，还可以应用于文本、选区、图层、矢量路径、蒙版、通道等。掌握变换与变形工具，可以有效地帮助用户快速更改图像或图形元素，完善界面设计方案。

在 Photoshop 中选中需要变换或变形的元素之后，即可执行【编辑】|【变换】系列命令，对元素进行变形操作，如图 2-26 所示。

图 2-26 变换和变形的系列命令

Photoshop 为变换提供了 12 种进阶命令，其可分为 4 类，即重复变换、基本变换、旋转变换和翻转变换，如表 2-6 所示。

表 2-6 Photoshop 的变换及变形

名　称	作　用	示　例
再次	重复上一次变换操作	digg
缩放	沿着水平和垂直方向拉伸，或挤压图像内的一个区域来修改该区域的大小	digg
旋转	按照顺时针或逆时针的顺序手动旋转图像	digg
斜切	沿水平轴或垂直轴的方向以倾斜的角度来调节图像的内容	digg
扭曲	按照图像的四个边角来调节图像的内容	digg
透视	挤压或拉伸图像的单个边来调节图像的内容	digg

名　称	作　用	示　例
变形	以图像的边上若干点调节整个图像的内容	
旋转 180 度	以 180 度的角度来旋转图像	
顺时针旋转 90 度	顺时针方向以 90 度的角度来旋转图像	
逆时针旋转 90 度	逆时针方向以 90 度的角度来旋转图像 0	
水平翻转	从水平方向翻转图像	
垂直翻转	从垂直方向翻转图像	

缩放、旋转、斜切、扭曲、透视和变形等类型的变换都会提供若干调节柄，用户可以自行用鼠标拖曳调节柄以实现具体的变换效果。

2.3　使用图层

网页界面的设计方案文档往往会包含大量的网页元素，当这些网页元素都存放在设计方案文档的画布上时，必然会存在一个层叠的顺序。Photoshop 通过图层的概念来展现这些网页元素之间的层叠关系，每一个图层都表示一个完全独立地、存放于画布上的元素。

2.3.1　Photoshop 图层

图层就像一张张堆叠在一起的透明纸，每张透明纸就是一个图层，这多张透明纸将图像分出层次，上面的在前面，下面的在后面。并且透过图层的透明区域，可以观察到下面的内容，如图 2-27 所示。

图 2-27　图层的原理

在 Photoshop 中，用户为设计方案绘制或添加任何元素，都必须依赖图层。图层技术的应用，极大地改进了 Photoshop 的软件体验，使得用户可以专心致志地编辑某个 Photoshop 内的元素，而不必担心影响其他元素。

Photoshop 提供了多种类型的图层，包括像素图层（存储位图）、调整图层（存储滤镜和调整层）、文字图层（存储矢量文本）、形状图层（存储矢量形状）以及智能对象图层（存储智能对象）等，每一种图层都承载着不同类型的设计元素。

在实际设计工作中，用户可以通过多种方式来创建图层。Photoshop 的设计工作基本上都是围绕图层而实现的。

2.3.2 使用【图层】面板

Photoshop 提供了【图层】面板，用于显示当前设计方案文档中包含的所有图层，并为用户提供操作图层的各种接口。在学习操作图层之前，首先就应该了解图层面板中的各种功能。

在 Photoshop 中，用户可以执行【窗口】|【图层】命令，或按下 F7 快捷键来打开或关闭【图层】面板。【图层】面板的结构与其他 Photoshop 面板类似，如图 2-28 所示。

图层面板主要由【筛选】工具栏、【混合模式】工具栏、【属性】工具栏、【图层】列表和【操作】状态栏 5 个部分组成，共同帮助用户对图层进行操作。

图 2-28 【图层】面板

1.【筛选】工具栏

【筛选】工具栏的作用是为用户查找指定类型或包含名称等信息的图层，对【图层】列表中所显示的图层进行快速筛选。其为用户提供了 8 种图层筛选和查找的方式，如图 2-29 所示。

用户可以通过以上 8 种筛选方式来实现精确的图层查找，其使用方法如表 2-7 所示。

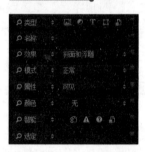

图 2-29 【筛选】工具栏的 8 种筛选方式

表 2-7 筛选工具栏的筛选方式

筛选方式	作　　用
类型	根据图层的类型来筛选，支持筛选像素图层、调整图层、文字图层、形状图层以及智能对象图层等
名称	根据图层的名称来筛选
效果	根据图层的样式来筛选
模式	根据图层的混合模式来筛选
属性	根据图层的属性来筛选
颜色	根据图层的标记颜色来筛选
智能对象	根据智能对象的类型来筛选，包括有效链接的智能对象、过期的智能对象（外部智能对象已更改但当前文档未更新）、缺失的智能对象以及嵌入的智能对象等
选定	仅显示当前已经选中的图层

网页的设计方案文档往往包含大量的图层，使用【筛选】工具栏，用户可以快速根据具体的需求精确地找到指定的图层进行处理。

2.【混合模式】工具栏

【混合模式】工具栏的作用是即时更改图层的混合模式和透明度，实现复杂的图层重叠效果。关于混合模式，请参考之后的小节。

3.【属性】工具栏

【属性】工具栏的作用是提供图层的内容锁定功能和更改图层的填充透明度，如图2-30所示。

【属性】工具栏提供了 4 种锁定方式，包括锁定透明像素、图像像素、锁定位置以及全部锁定等，其功能如下。

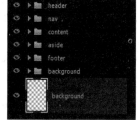

图 2-30　【属性】工具栏

- ❏ **【锁定透明像素】**▨　锁定图层中的透明区域，禁止使用【画笔】等工具对透明区域进行绘制和修改。
- ❏ **【锁定图像像素】**✎　锁定图层中的图像像素，禁止对图像像素进行变形、局部删除等修改（但允许移动其位置）。
- ❏ **【锁定位置】**✢　锁定图层中图像像素的位置，但允许对图像像素进行变形、局部删除等修改，也允许使用【画笔】等工具对透明区域进行绘制和修改。
- ❏ **【锁定全部】**🔒　锁定整个图层，禁止对图层进行任何修改操作。

注　意

Photoshop 允许用户同时选择多种锁定方式，以实现图层的复杂锁定需求。

除了修改图层的锁定方式外，【属性】工具栏还允许用户修改图层内容的【填充】透明度，其与【混合模式】工具栏的【不透明度】区别在于，使用【混合模式】工具栏的【不透明度】来设置透明度会同时更改矢量笔触或描边边框的透明度，而使用【填充】透明度，则不会更改矢量笔触或描边边框的透明度。

4.【图层】列表

【图层】列表的作用是显示当前界面设计方案文档中的所有图层、图层组，或由【筛选】工具栏进行筛选和检索后符合要求的图层结果，如图2-31所示。

【图层】列表分为两个部分，其中左侧的纵列为图层的可见性开关，右侧的纵列则显示图层、图层组的名称和预览，以及锁定状态等。

图 2-31　【图层】列表

用户可以单击左侧的【指示图层可见性】开关来决定图层是否在画布中显示，如果该开关显示为一个眼睛图标👁，表示该图层或该图层组下的所有图层在画布中处于显示状态；而如果该开关显示为一个空心矩形图标■，则表示该图层或该图层组下的所有图层在画布中处于隐藏状态。

5.【操作】状态栏

【操作】状态栏的作用是为用户提供各种修改、关联图层的工具，帮助用户更好地操作图层，如图 2-32 所示。

【操作】状态栏共为用户提供了 7 种针对图层或图层组的按钮，其功能如表 2-8 所示。

图 2-32　【操作】状态栏

表 2-8　【操作】状态栏的功能按钮

按　钮	名　　称	作　　用
🔗	链接图层	将若干图层或图层组组成链接状态，被链接的图层会维持相互之间的位置关系，一旦移动其中任意一个图层中的内容位置，所有存在链接关系的图层都会同步移动
fx	添加图层样式	为若干图层或图层组下的所有图层添加指定的图层样式
◻	添加图层蒙版	为若干图层或图层组下的所有图层添加图层蒙版
 ◑	创建新的填充或调整图层	为指定图层顺序下的所有图层或指定某一个图层添加填充或调整图层
▢	创建新组	创建一个空的图层组
◩	创建新图层	创建一个新的图像图层
🗑	删除图层	删除所选的若干图层或图层组

关于图层样式、图层组以及图层蒙版等相关功能，请参考之后相关小节。

2.3.3　图层的分组

早期的 Photoshop 仅支持图层功能，此时用户设计的 Photoshop 文档内如果包含大量的图层，则这些图层往往被以混乱的顺序罗列到了【图层】列表中，在不依赖【筛选】工具栏的情况下，用户很难找到某个图层并对其进行修改。

基于此种现状，Photoshop 设计出了一个"图层组"的概念，其类似 Windows 操作系统中的"文件夹"，允许用户将一个或多个图层以编组的形式存放，并允许用户对这一编组统一应用混合模式、样式、批量进行修改操作等。

用户可以双击某个图层组，将组中的图层展开显示，以进行单独的编辑操作，如图 2-33 所示。

图层组和图层组之间可以存在嵌套的关系，也就是说，用户可以在一个图层组之内建立一个新的图层组，若干图层组之间可以随意相互嵌套，用户可以通过鼠标拖曳【图层】列表中的图层或图层组，来实现图层组的组合和重组。

图 2-33　展开的图层组

2.3.4　图层的混合模式

混合模式是 Photoshop 为图层或图层组提供的一种像素级别的图像叠加融合功能，其允许将若干图层以多种方式来糅合，形成新的混合显示效果。

网页设计与网站建设（CC 中文版）标准教程

混合模式在图像处理中主要用于调整颜色和混合图像。使用混合模式进行颜色调整时，会利用源图层副本与源图层进行混合，从而达到调整图像颜色的目的。在编辑过程中会出现三种不同类型的图层，即同源图层、异源图层和灰色图层。

- ❏ **同源图层** "背景副本"图层是由"背景"图层复制而来，两个图层完全相同，那么"背景副本"图层称为"背景"图层的同源图层。
- ❏ **异源图层** 如果某个图层是从外面拖入的一个图层，并不是通过复制"背景"图层而得到的。那么该图层被称为"背景"图层的异源图层。
- ❏ **灰色图层** 如果某个图层是通过添加滤镜得到的，这种整个图层只有一种颜色值的图层通常称为灰色图层。最典型的灰色图层是 50％中性灰图层。灰色图层既可以由同源图层生成，也可以由异源图层得到，因此，既可以用于图像的色彩调整，也可以进行特殊的图像拼合。

除了普通的图层叠加模式外，Photoshop 为用户提供了 27 种图像的混合效果，其分为 6 个大类。

1．组合模式组

组合模式主要包括"正常"和"溶解"选项，"正常"模式和"溶解"模式的效果都不依赖于其他图层；"溶解"模式出现的噪点效果是它本身形成的与其他图层无关。

（1）正常模式

"正常"混合模式的实质是用混合色的像素完全替换基色的像素，使其直接成为结果色。在实际应用中，通常是用一个图层的一部分去遮盖其下面的图层。"正常"模式也是每个图层的默认模式，如图 2-34 所示。

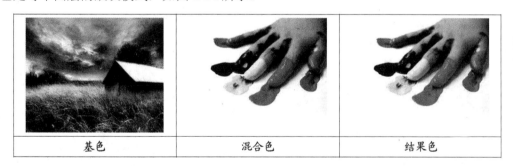

| 基色 | 混合色 | 结果色 |

图 2-34 正常模式

提 示

正常模式是所有新建图层的默认混合模式，也是设计方案中最常见的混合模式。

（2）溶解模式

"溶解"混合模式的作用原理，是同底层的原始颜色交替以创建一种类似扩散抖动的效果，这种效果是随机生成的。混合的效果与图层【不透明度】选项有很大关系，通常在"溶解"模式中采用颜色或图像样本的【不透明度】参数值越低，颜色或图像样本同原始图像像素抖动的频率就越高，如图 2-35 所示。

不透明度为 80%	不透明度为 50%	不透明度为 20%

图 2-35　溶解模式

2．加深模式组

加深模式组的效果是使图像变暗，两张图像叠加，选择图像中最黑的颜色在结果色中显示。在该模式中，主要包括"变暗"模式、"正片叠底"模式、"颜色加深"模式、"线性加深"模式和"深色"模式。

（1）变暗模式

"变暗"混合模式是通过比较上下层像素后，取相对较暗的像素作为输出。每个不同颜色通道的像素都会独立地进行比较，色彩值相对较小的作为输出结果，下层表示叠放次序位于下面的那个图层，上层表示叠放次序位于上面的那个图层，如图 2-36 所示。

（2）正片叠底模式

"正片叠底"混合模式的原理是，查看每个通道中的颜色信息，并将基色与混合色复合，结果色总是较暗的颜色。任何颜色与白色混合保持不变，当用黑色或白色以外的颜色绘画时，绘画工具绘制的连续描边产生逐渐变暗的颜色，如图 2-37 所示。

图 2-36　变暗模式　　　　　　　　图 2-37　正片叠底模式

> **提　示**
>
> *"正片叠底"模式与"变暗"模式不同的是，前者通常在加深图像时颜色过渡效果比较柔和，这有利于保留原有的轮廓和阴影。*

（3）颜色加深模式

通过查看每个通道中的颜色信息，并通过增加对比度使基色变暗以反映混合色，为

"颜色加深"混合模式。与白色混合后不产生变化，"颜色加深"模式对当前图层中的颜色减小亮度值，这样就可以产生更明显的颜色变换，如图2-38所示。

（4）线性加深模式

"线性加深"混合模式能够查看颜色通道信息，并通过减少亮度使基色变暗以反映混合色，与白色混合时不产生变化，如图2-39所示。

此模式对当前图层中的颜色减小亮度值，这样就可以产生更明显的颜色变换。它与"颜色加深"模式不同的是，"颜色加深"模式产生鲜艳的效果，而"线性加深"模式产生更平缓的效果。

图 2-38　颜色加深模式

（5）深色模式

"深色"混合模式的原理是，查看红、绿、蓝通道中的颜色信息，比较混合色和基色的所有通道值的总和，并显示色值较小的颜色。"深色"模式不会生成第三种颜色，因为它将从基色和混合色中选择最小的通道值来创建结果颜色，如图2-40所示。

3．减淡模式组

减淡模式与加深模式是相反的。使用减淡

图 2-39　线性加深模式

模式时，黑色完全消失，任何比黑色亮的区域都可能加亮下面的图像。该类型的模式主要包括"变亮"模式、"滤色"模式、"颜色减淡"模式、"线性减淡"模式和"浅色"模式。

（1）变亮模式

"变亮"混合模式是通过查看每个通道中的颜色信息，并选择基色或混合色中较亮的颜色作为结果色。比混合色暗的像素被替换，比混合色亮的像素保持不变，如图2-41所示。

图 2-40　深色模式

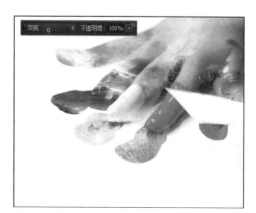

图 2-41　变亮模式

提 示

"变亮"模式与"变暗"模式的效果相反。在"变暗"模式下，较亮的颜色区域在最终的结果色中占主要地位。

（2）滤色模式

"滤色"混合模式的原理是，查看每个通道的颜色信息，并将混合色与基色复合，结果色总是较亮的颜色。用黑色过滤时颜色保持不变；用白色过滤将产生白色。就如同两台投影机打在同一个屏幕上，这样两个图像在屏幕上重叠起来结果得到一个更亮的图像，如图 2-42 所示。

（3）颜色减淡模式

"颜色减淡"混合模式是通过查看每个通道中的颜色信息，并通过增加对比度使基色变亮以反映混合色，与黑色混合则不发生变化，如图 2-43 所示。

图 2-42 滤色模式

（4）线性减淡模式

"线性减淡"混合模式的工作原理是，查看每个通道的颜色信息，并通过增加亮度使基色变亮以反映混合色。同时，与黑色混合不发生变化，如图 2-44 所示。

图 2-43 颜色减淡模式　　　　　　　　**图 2-44** 线性减淡模式

技 巧

"线性减淡"和"颜色减淡"模式都可以提高图层颜色的亮度，"颜色减淡"产生更鲜明、更粗糙的效果；而"线性减淡"产生更平缓的过渡。因为它们使图像中的大部分区域变白，所以减淡模式非常适合模仿聚光灯或其他非常亮的效果。

（5）浅色模式

选择"浅色"混合模式以后，分别检测红、绿、蓝通道中的颜色信息，比较并求出混合色和基色的所有通道值的总和并显示值较大的颜色。"浅色"不会生成第三种颜色，因为它将从基色和混合色中选择最大的通道值来创建结果颜色，如图 2-45 所示。

4．对比模式组

对比模式组综合了加深和减淡模式的特点，在进行混合时，50%的灰色会完全消失，任何高于50%灰色的区域都可能加亮下面的图像；而低于50%灰色的区域都可能使底层图像变暗，从而增加图像的对比度。

该类型模式主要包括"叠加"模式、"柔光"模式、"强光"模式、"亮光"模式、"线性光"模式、"点光"模式和"实色混合"模式。

图 2-45　浅色模式

（1）叠加模式

"叠加"混合模式是对颜色进行正片叠底或过滤，具体取决于基色。图案或颜色在现有像素上叠加，同时保留基色的明暗对比。不替换基色，但基色与混合色互相混合以反映颜色的亮度或暗度，如图2-46所示。

（2）柔光模式

"柔光"混合模式会产生一种柔光照射的效果，此效果与发散的聚光灯照在图像上相似。如果"混合色"颜色比"基色"颜色的像素更大一些，那么"结果色"将更亮；如果"混合色"颜色比"基色"颜色的像素更小一些，那么"结果色"颜色将更暗，使图像的亮度反差增大，如图2-47所示。

图 2-46　叠加模式

图 2-47　柔光模式

> **提　示**
>
> "柔光"模式是由混合色控制基色的混合方式，这一点与"强光"模式相同，但是混合后的图像却更加接近"叠加"模式的效果。因此，从某种意义上来说，"柔光"模式似乎是一个综合了"叠加"和"强光"两种模式特点的混合模式。

（3）强光模式

"强光"混合模式的作用原理是，复合或过滤颜色，具体取决于混合色。此效果与耀眼的聚光灯照在图像上相似，如图2-48所示。

（4）亮光模式

"亮光"混合模式是通过增加或减小对比度来加深或减淡颜色，具体取决于混合色。如果混合色（光源）比 50% 灰色亮，则通过减小对比度使图像变亮；如果混合色比 50% 灰色暗，则通过增加对比度使图像变暗，如图 2-49 所示。

提 示

【亮光】模式是叠加模式组中对颜色饱和度影响最大的一个混合模式。混合色图层上的像素色阶越接近高光和暗调，反映在混合后的图像上的对应区域反差就越大。利用【亮光】模式的特点，用户可以给图像的特定区域增加非常艳丽的颜色。

（5）线性光模式

"线性光"混合模式是通过减小或增加亮度来加深或减淡颜色，具体取决于混合色。如果混合色（光源）比 50% 灰色亮，则通过增加亮度使图像变亮。如果混合色比 50% 灰色暗，则通过减小亮度使图像变暗，如图 2-50 所示。

（6）点光模式

"点光"混合模式的原理是，根据混合色替换颜色，具体取决于混合色。如果混合色（光源）比 50% 灰色亮，则替换比混合色暗的像素，而不改变比混合色亮的像素。如果混合色比 50% 灰色暗，则替换比混合色亮的像素，而比混合色暗的像素保持不变，如图 2-51 所示。

（7）实色混合模式

"实色混合"混合模式是将混合颜色的红色、绿色和蓝色通道值添加到基色的 RGB 值。如果通道的结果总和大于或等于 255，则值为 255；如果小于 255，则值为 0。因此，所有混合像素的红色、绿色和蓝色通道值要么是 0，要么是 255。这会将所有像素更改为原色：红色、绿色、蓝色、青色、黄色、洋红、白色或黑色，如图 2-52 所示。

图 2-48　强光模式

图 2-49　亮光模式

图 2-50　线性光模式

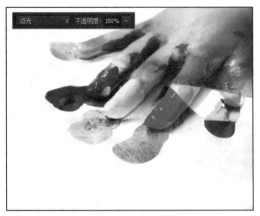

图 2-51 点光模式

图 2-51 点光模式

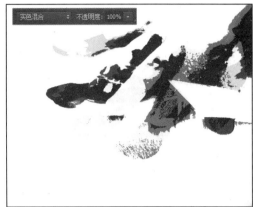

图 2-52 实色混合模式

技 巧

"实色混合"模式的实质，是将图像的颜色通道由灰色图像转换为黑白位图。

5. 比较模式组

比较模式组主要是"差值"模式和"排除"模式。这两种模式彼此很相似，它们将上层和下面的图像进行对调，寻找二者中完全相同的区域。使相同的区域显示为黑色，而所有不相同的区域则显示为灰度层次或彩色。

在最终结果中，越接近于黑色的不相同区域，它就与下面的图像越相似。在这些模式中，上层的白色会使下面图像上显示的内容反相，而上层中的黑色则不会改变下面的图像。

（1）差值模式

"差值"混合模式是通过查看每个通道中的颜色信息，并从基色中减去混合色，或从混合色中减去基色，具体取决于哪一个颜色的亮度值更大。与白色混合将反转基色值；与黑色混合则不产生变化，如图 2-53 所示。

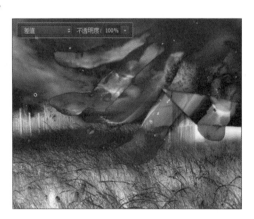

图 2-53 差值模式

（2）排除模式

"排除"混合模式主要用于创建一种与【差值】模式相似，但对比度更低的效果。与白色混合将反转基色值；与黑色混合则不发生变化。

这种模式通常使用频率不是很高，不过通过该模式能够得到梦幻般的怀旧效果。这种模式产生一种比【差值】模式更柔和、更明亮的效果，如图 2-54 所示。

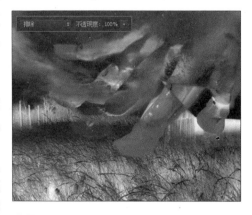

图 2-54 排除模式

（3）减去模式

"减去"模式是通过查看每个通道中的颜色信息，并从基色中减去混合色，在 8 位和 16 位图像中，任何生成的负片值都会剪切为零，如图 2-55 所示。

（4）划分模式

"划分"模式是通过查看每个通道中的颜色信息，并从基色中分割混合色，如图 2-56 所示。

6. 色彩模式组

色彩模式组主要包括"色相"模式、"饱和度"模式、"颜色"模式和"明度"模式。这些模式在混合时，与色相、饱和度和亮度有密切关系。将上面图层中的一种或两种特性应用到下面的图像中，产生最终效果。

（1）色相模式

"色相"混合模式原理是，用基色的明亮度和饱和度以及混合色的色相创建结果色，如图 2-57 所示。

（2）饱和度模式

"饱和度"混合模式是用基色的明亮度和色相，以及混合色的饱和度创建结果色。绘画在无饱和度（灰色）的区域上，使用此模式绘画不会发生任何变化。饱和度决定图像显示出多少色彩。如果没有饱和度，就不会存在任何颜色，只会留下灰色。饱和度越高，区域内的颜色就越鲜艳。当所有对象都饱和时，最终得到的几乎就是荧光色了，如图 2-58 所示。

图 2-55　减去模式

图 2-56　划分模式

图 2-57　色相模式

图 2-58　饱和度模式

网页设计与网站建设（CC 中文版）标准教程

（3）颜色模式

"颜色"混合模式是用基色的明亮度，以及混合色的色相和饱和度创建结果色。这样可以保留图像中的灰阶，并且对于给单色图像上色和给彩色图像着色都会非常有用，如图2-59所示。

"颜色"模式能够使灰色图像的阴影或轮廓透过着色的颜色显示出来，产生某种色彩化的效果。这样可以保留图像中的灰阶，并且对于给单色图像上色和给彩色图像着色都会非常有用。使用"颜色"模式为单色图像着色，能够使其呈现怀旧感，如图 2-60所示。

图2-60中分别应用了单色模式、灰度模式和彩色模式，以为图像呈献不同的效果。

（4）明度模式

"明度"混合模式是用基色的色相和饱和度，以及混合色的明亮度创建结果色。此模式创建与"颜色"模式相反的效果。这种模式可将图像的亮度信息应用到下面图像中的颜色上。它不能改变颜色，也不能改变颜色的饱和度，而只以能改变下面图像的亮度，如图2-61所示。

2.3.5 图层的混合选项和样式

Photoshop 提供了混合选项以及 10 种可供选择的样式，通过这些方式可以为图像添加一种或多种效果。这些方式类似模板一样，可以重复使用，也可以像操作图层一样对其进行调整、复制、删除等操作。

因此，掌握图层样式的应用技巧，将会给用户的设计创作带来很大的方便和灵活性，也可以大大提高设计创作的工作效率。

1．混合选项

混合选项也是图层样式的组成部分，通过调整它里面的选项，可以将独立不同图层混合做出特定效果。双击图层，打开【图层

图 2-59 颜色模式

图 2-60 颜色模式的三种效果

图 2-61 明度模式

样式】后，显示的是【混合选项】的参数设置区域。其中，【常规混合】选项组包括了【混合模式】和【不透明度】两项，这两项是调节图层最常用到的，也是最基本的图层选项，与【图层】面板中的选项相同。

选择除"背景"图层以外的任意图层，执行【图层】|【图层样式】|【混合选项】命令，打开【图层样式】对话框，如图 2-62所示。

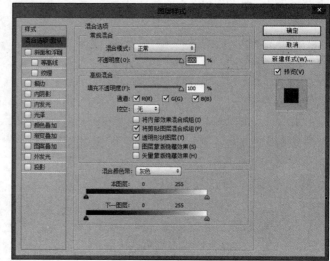

图 2-62　【图层样式】对话框

（1）填充不透明度

在【高级混合】选项组中，【填充不透明度】选项只影响图层中绘制的像素或形状，对图层样式和混合模式不起作用。使用【填充不透明度】可以在隐藏图像的同时依然显示图层效果，这样可以创建出隐形的投影或透明浮雕效果，如图 2-63 所示。

填充不透明度100%　　填充不透明度50%　　填充不透明度10%　　填充不透明度0%

图 2-63　填充不透明度设置

（2）通道

【通道】选项用于在混合图层或图层组时，将混合效果限制在指定的通道内，未被选择的通道被排除在混合之外。比如白色的鸽子图层与黑色背景图层的混合效果，每禁用一个通道，都会生成其颜色的相反色调，如图 2-64 所示。

启用所有通道　　　禁用红色通道　　　禁用绿色通道　　　禁用蓝色通道

图 2-64　通道选项设置

（3）挖空

【挖空】选项决定了目标图层及其图层效果是如何穿透图层或图层组，以显示其下面图层的。在【挖空】下拉列表中包括"无"、"浅"和"深"三种方式，分别用来设置当前层挖空并显示下面层内容的方式。

（4）混合颜色带

Photoshop 中混合颜色带的作用与通道的作用相同，它们都是通过选取图像的像素来达到控制图像显示或隐藏的目的。所不同的是，使用混合颜色带，用户拖动哪个滑条的滑块，实际上就是对滑条所代表图层的某个通道做某些修改。然后以这个被改变的通道为蒙版，控制图层的不透明度，以此进行图层混合。如果说，图层混合模式是从纵向上控制图层与下面图层的混合方式，那么混合颜色带就是从横向上控制图层相互影响的方式。

2．阴影与光样式

利用投影和内阴影样式，可以制作出物体逼真的阴影效果，并且还可以对阴影的颜色、大小及清晰度进行精确的控制，从而使物体富有空间感。而【外发光】和【内发光】是两个模仿发光效果的图层样式，它可在图像外侧或内侧添加单色或渐变发光效果。

（1）投影样式

为图像添加投影样式，可在指定角度拓展某种颜色的像素扩散，能够使图像具有层次感和立体感，使之凸显于背景之上。在【图层样式】对话框中，启用【投影】选项，可以在图层内容的后面添加阴影，如图 2-65 所示。

该选项中的各个参数的作用如下。

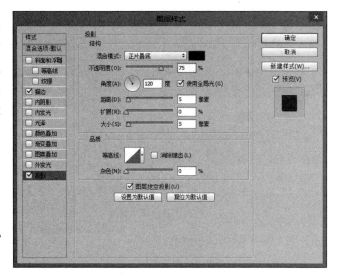

❏ **混合模式**　用来确定图层样式与下一图层的混合方式，可以包括也可以不包括现有图层。

❏ **不透明度**　投影效果的透明度设置。

图 2-65　投影样式的设置

❏ **角度**　用于确定效果应用于图层时所采用的光照角度。

❏ **使用全局光**　为图层应用与整个设计方案文档内所有图层一致的【角度】而设置，在选中该选项之后，调节【角度】设置会影响整个设计方案文档内所有图层的投影角度。

❏ **距离**　投影效果与图层内元素之间的偏移距离，其偏移方向与【角度】设置相关。

❏ **扩展**　用来扩大杂边边界，可以得到较厚重的效果。

❏ **大小**　指定模糊的数量或暗调大小。

❏ 等高线　投影的渐变色深曲线。
❏ 消除锯齿　用于混合等高线或光泽等高线的边缘像素，主要应用于小尺寸且具有复杂等高线的阴影。
❏ 杂色　由于投影效果都是由一些平滑的渐变构成，因此在有些场合可能产生莫尔条纹，而添加杂色就可以消除这种现象。它的作用和"杂色"滤镜相同。
❏ 图层挖空投影　这是和图层填充选项有关系的一个选项。当将填充不透明度设为 0% 时，启用该选项，图层内容下的区域是透明的；禁用该选项，图层内容下的区域是被填充的。

投影样式多用于模拟真实物体在光照下形成的阴影，在一些模拟实景的设计方案中具有重要的作用，如图 2-66 所示。

🔴 图 2-66　模拟实物的投影效果

（2）内阴影样式

【内阴影】效果用于紧靠图层内容的边缘添加阴影，使图层具有凹陷外观，在【图层样式】对话框中启用【内阴影】选项，然后即可单击该选项，进入【内阴影】设置，如图 2-67 所示。

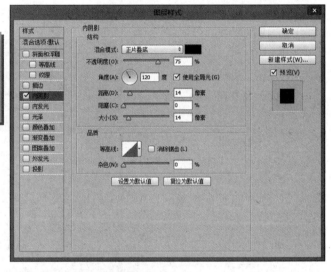
🔴 图 2-67　内阴影样式

【内阴影】样式的设置与【投影】样式的设置的自定义选项项目基本相同，其唯一区别在于，【投影】样式主要显示于图像的外侧，而【内阴影】样式则主要显示于图像的内侧，如图 2-68 所示。

（3）外发光样式

【外发光】样式就是让图像的边缘外部均匀扩散逐渐减淡的光晕，从而使物体与周边事物具有明显的分隔。启用【图层样式】对话框中的【外发光】选项，然后即可配置【外发光】样式的属性，如图 2-69 所示。

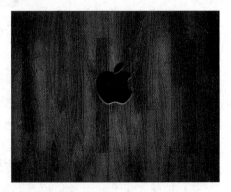
🔴 图 2-68　内阴影效果

在设置【外发光】时,背景的颜色尽量选择深色图像,以便于显示出设置的发光效果。【外发光】与【投影】和【内阴影】等样式的区别在于,【外发光】样式可设置渐变色的发光效果,以揉合复杂的发光形式,如图2-70所示。

（4）内发光样式

【内发光】效果的设置与【外发光】设置相同,但其效果的应用方向相反,主要用于发光目标物体的内部,其通常与内阴影相结合,构成物体内部凹陷或凸出的效果,其具体设置方法在此将不再赘述,仅在此展示内发光的效果,如图2-71所示。

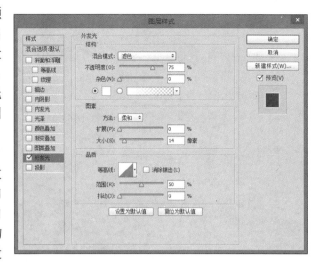

图 2-69 外发光样式

图 2-70 外发光效果

图 2-71 内发光效果

3. 斜面和浮雕样式

使用【斜面和浮雕】样式可以为图像和文字制作出真实的立体效果。通过更改众多选项,可以控制浮雕样式的强弱、大小、明暗变化等效果,以设置出不同效果的浮雕样式。

用户可以先在【图层样式】对话框中启用【斜面和浮雕】选项,然后即可单击该选项,进行设置,如图2-72所示。

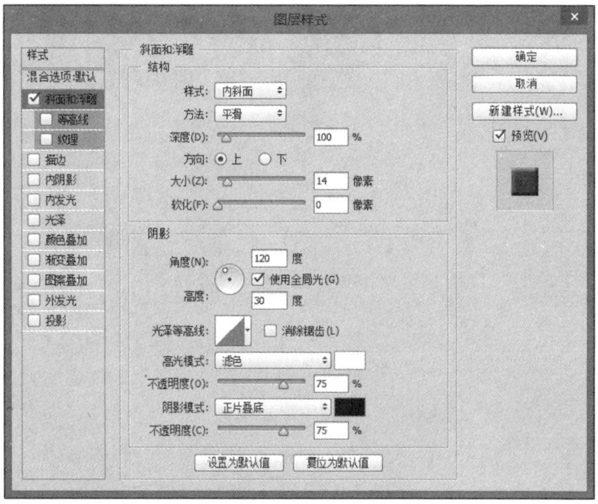

【斜面和浮雕】的基本设置中包含5种内置样式设置,其作用如下

图 2-72 斜面和浮雕基本设置

所示。

- ❑ **外斜面** 在图像外边缘创建斜面效果，如图 2-73 所示。
- ❑ **内斜面** 在图像内边缘上创建斜面效果，如图 2-74 所示。
- ❑ **浮雕效果** 创建使图像相对于下层图像凸出的效果，如图 2-75 所示。
- ❑ **枕状浮雕** 创建使图像边缘凹陷进入下层图层效果，如图 2-76 所示。

图 2-73 外斜面效果

图 2-74 内斜面效果

图 2-75 浮雕效果

- ❑ **描边浮雕** 在图层描边效果的边界上创建浮雕效果（只有添加了描边样式的图像才能看到描边浮雕效果），如图 2-77 所示。

图 2-76 枕状浮雕效果

图 2-77 描边浮雕效果

【斜面和浮雕】样式还支持三种【方法】设置，用于定义斜面和浮雕的具体实现方式，包括【平滑】、【雕刻清晰】、【雕刻柔和】等，如下所示。

- ❑ **平滑** 可稍微模糊杂边的边缘，用于所有类型的杂边，不保留大尺寸的细节特写。【平滑】方法是【斜面和浮雕】样式的默认效果方法，其效果在之前已展示过，在此不再赘述。
- ❑ **雕刻清晰** 主要用于消除锯齿形状（如文字）的硬边杂边，保留细节特写的能力优于【平滑】选项。以【外斜面】的样式为例，其效果如图 2-78 所示。
- ❑ **雕刻柔和** 该方法没有【雕刻清晰】描写细节的能力精确，其主要应用于较大范围的杂边，其效果如图 2-79 所示。

图 2-78 雕刻清晰方法

图 2-79 雕刻柔和方法

除【样式】和【方法】等设置外，【斜面和浮雕】样式的其他设置与之前介绍的样式设置作用大体类似，在此将不再赘述。

4．其他图层样式

除了之前介绍的 5 种样式外，Photoshop 还为用户提供了【颜色叠加】、【渐变叠加】、【图案叠加】、【描边】等样式，分别用于改变图像元素的内部的材质贴图以及外部的描边笔触等。

（1）颜色叠加样式

【颜色叠加】是一个既简单又实用的样式，其作用实际上相当于在不改变原图像的情况下为图像统一填充指定的颜色，通过透明度的设置，来决定颜色对图像内容的覆盖程度。在【图层样式】对话框中启用【颜色叠加】选项，单击该选项即可，如图 2-80 所示。

在【颜色叠加】样式的设置中，用户可以设置叠加的【混合模式】、【颜色】以及【不透明度】等属性，单击【确定】按钮将其应用到图层中，此时，指定的该颜色将覆盖到图层元素上，如图 2-81 所示。

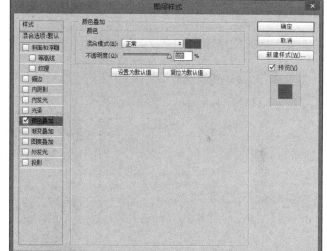

图 2-80 颜色叠加的设置

提 示

如果需要改变叠加的颜色，可以单击【混合模式】下拉菜单右侧的颜色拾取器，然后在弹出的对话框中设置颜色，单击【确定】按钮即可将其应用到图层上。

图 2-81 颜色叠加的效果

（2）渐变叠加样式

【渐变叠加】样式与【颜色叠加】
样式的使用方法十分类似，其区别在
于，【颜色叠加】所填充的为纯色内
容，而【渐变叠加】填充的是根据指
定的色彩流向定义的渐变色彩。在
【图层样式】对话框中启用【渐变叠
加】选项，然后即可单击该选项。查
看【渐变叠加】的属性设置，如图2-82
所示。

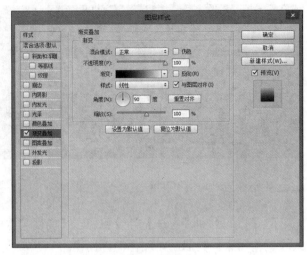

在【渐变叠加】样式的设置中，
用户可以单击【渐变】的取色器，在
弹出的【渐变编辑器】中设置渐变的
颜色，如图2-83所示。

图 2-82　渐变叠加的设置

在该编辑器中，用户可以选择 Photoshop 预设的各种渐变方案，也可以拖曳和修改
下方渐变编辑框中的各种调节柄，定义个性化的渐变，再单击【确定】将其应用到图层
上，如图2-84所示。

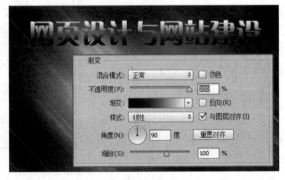

图 2-83　渐变编辑器设置　　图 2-84　渐变叠加的效果

（3）图案叠加样式

与【颜色叠加】、【渐变叠加】类似，【图案叠加】也是一种应用于图像内部填充
的叠加方式，其与【颜色叠加】和【渐变叠加】的区别在于，其允许用户定义各种纹理
图像，将纹理图像叠加到图案上。在【图层样式】对话框中启用【图案叠加】选项，并
单击该选项，即可设置【图案叠加】的属性，如图2-85所示。

在【图案叠加】的设置中，用户可以单击【图案】的下拉菜单，在弹出的菜单中选
择纹理图案，如图2-86所示。

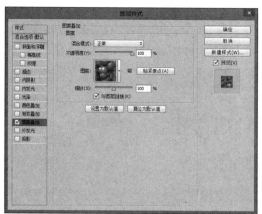

图 2-85 图案叠加的设置

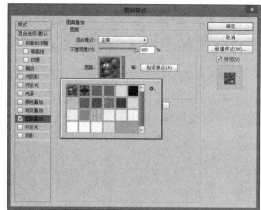

图 2-86 选择图案纹理

在选择了图案纹理之后，即可单击【确定】按钮，将纹理应用到图层上，如图 2-87 所示。

（4）描边样式

【描边】样式的作用是在不修改图层中图像的情况下，为其添加一个纯色、渐变色或图案的外边框笔触，在【图层样式】对话框中启用【描边】选项，然后即可单击【描边】选项，设置描边属性，如图 2-88 所示。

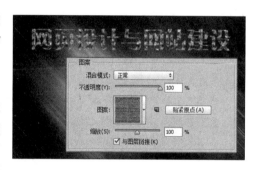

图 2-87 图案纹理的效果

在设置【描边】样式时，用户可以定义描边的【大小】、【位置】、【填充类型】等属性，如下所示。

❏ **大小** 定义【描边】的边框宽度，单位为像素。

❏ **位置** 定义【描边】笔触相对于图像的位置，包括"外部"、"居中"和"内部"等。

❏ **填充类型** 定义【描边】笔触的填充样式，包括纯色的"颜色"、"渐变"和"图案"等。

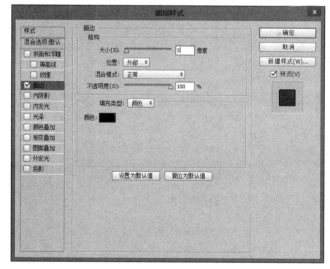

图 2-88 描边设置

在设置【填充类型】时，【图层样式】的对话框会根据具体的类型来决定如何设置填充样式，如选择"颜色"，将显示一个【颜色拾取器】，而如果选择"渐变"或"图案"则会显示对应的渐变设置工具和图案设置工具等，其具体的设置在此将不再赘述。

2.4 课堂练习：制作宝石按钮

按钮是网页界面中的重要元素，其可以捕获用户的鼠标交互，实现各种网页行为。Photoshop 提供了图层技术，允许用户将多个图像以层的方式重叠形成一个整体的视觉效果。同时，还提供了图层的混合模式，帮助用户快速将指定的处理效果应用到图层中的元素上。本练习就将使用这两种技术，制作一个具有立体感的宝石按钮，如图 2-89 所示。

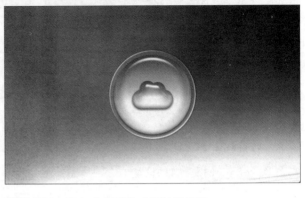

图 2-89 立体感的宝石按钮效果

操作步骤：

1 在 Photoshop 中执行【文件】|【新建】命令，在弹出的【新建】对话框中设置【宽度】右侧的【单位】为"像素"，然后设置【宽度】为 680，【高度】为 400，【分辨率】为 72，单击【确定】，创建设计方案，如图 2-90 所示。

图 2-90 创建设计方案

2 执行【文件】|【置入嵌入的智能对象】命令，然后在弹出的【置入嵌入对象】对话框中从本书配套光盘中对应目录下选择 "background.bmp" 素材文件，将其置入到当前设计方案，并按下回车键确认素材置入成功，如图 2-91 所示。

3 在工具箱中选择【椭圆工具】 ，然后在画布上单击鼠标，在弹出的【创建椭圆】对

话框中设置【宽度】为"180 像素"、【高度】为"180 像素"，单击【确定】绘制椭圆，如图 2-92 所示。

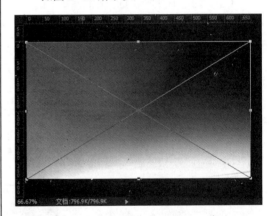

图 2-91 置入素材智能对象

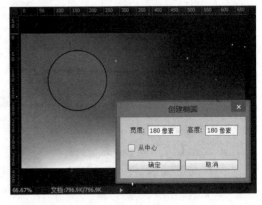

图 2-92 绘制椭圆

矢量图形通常由笔触和填充组成，笔触是矢量图形的轮廓（也被称作"描边"），填充则是封闭轮廓内部的色彩。新安装的 Photoshop 通常会默认为第一次绘制的矢量图形添加红色（#FF0000）填充，并采用黑色（#000000）笔触。

4 在【图层】面板中保持矢量图形的选择状态，然后在【工具选项栏】中单击【设置形状填充类型】按钮█，在弹出的选择器中设置其为白色（#FFFFFF），如图 2-93 所示。

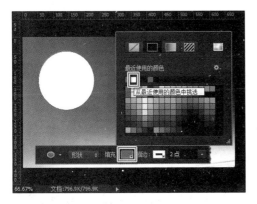

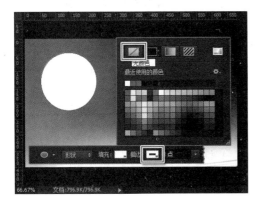

图 2-93 设置白色【填充】

5 在【工具选项栏】中单击【描边】的【设置形状描边类型】按钮█，在弹出的选择器中选择【无颜色】按钮█，如图 2-94 所示。

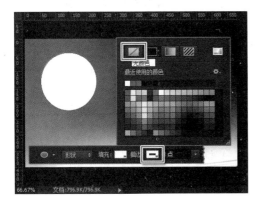

图 2-94 清除图形笔触

6 在【图层】面板中选中矢量图形所在图层，执行【图层】|【图层样式】|【混合选项】命令，在弹出的【图层样式】对话框中单击左侧列表框内的【斜面和浮雕】选项，然后设置其"斜面和浮雕"样式，如图 2-95 所示。

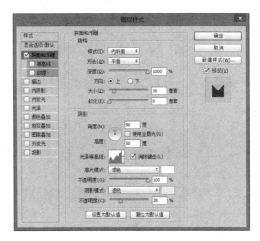

图 2-95 设置"斜面和浮雕"样式

7 在【图层样式】对话框中单击左侧【样式】列表内的【等高线】选项，设置【等高线】为"高斯"，选择【消除锯齿】，如图 2-96 所示。

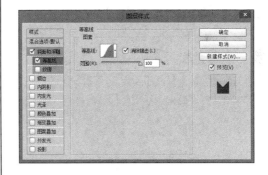

图 2-96 设置"等高线"样式

8 用同样的方式单击左侧【样式】列表内的【内发光】选项，然后再设置"内发光"的样式，如图 2-97 所示。

在设置"内发光"样式时，需要设置其内发光渐变色为从黑色（#000000）到白色（#FFFFFF）。

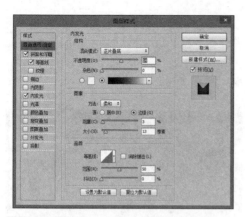

图 2-97 设置"内发光"样式

9　单击左侧【样式】列表内的【光泽】选项，然后设置"光泽"的样式，如图 2-98 所示。

图 2-98 设置"光泽"样式

提　示

"光泽"样式的"叠加"混合模式其颜色为白色（#FFFFFF）。

10　单击左侧【样式】列表内的【渐变叠加】选项，然后设置"渐变叠加"的样式，为其应用渐变效果，渐变的取色点位置依次为"0%"、"23%"、"62%"以及"100%"，颜色值如图 2-99 所示。

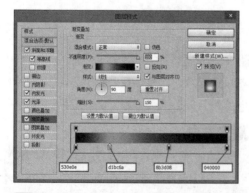

| 530e0e | d1bc6a | 8b3d08 | 040000 |

图 2-99 设置"渐变叠加"样式

11　单击左侧【样式】列表中的【投影】选项，然后设置"投影"的样式，如图 2-100 所示。

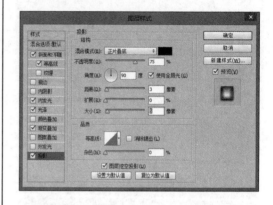

图 2-100 设置"投影"样式

12　在【图层】面板中的【属性】工具栏中设置矢量图层的【填充】值为"0%"，然后即可完成此矢量图层的设置，如图 2-101 所示。

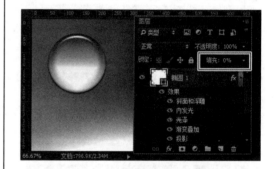

图 2-101 设置【填充】属性

13　执行【文件】|【置入嵌入的智能对象】命令，然后在弹出的【置入嵌入对象】对话框中从本书配套光盘中对应目录下选择"cloud.psd"素材文件，将其置入到当前设计方案中，拖曳至之前绘制的圆形矢量图形正中央位置，按下回车键确认置入，如图 2-102 所示。

14　在【图层】面板中选择之前绘制的圆形矢量图形，执行【图层】|【图层样式】|【拷贝图层样式】命令，然后再选择插入的云形图

标素材所在图层，执行【图层】|【图层样式】|【粘贴图层样式】命令，复制图层效果，如图 2-103 所示。

图 2-102　插入素材文件

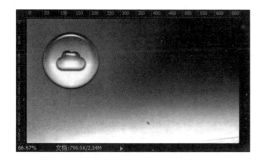

图 2-103　复制图层效果

15　用之前同样的方式绘制一个直径为"200 像素"、填充为白色（#FFFFFF）的无笔触圆形矢量图形，将其圆心与之前绘制的矢量圆形图形对齐，用作宝石按钮的表层，如图 2-104 所示。

图 2-104　绘制表层矢量圆形

16　在【图层】面板选中刚绘制的圆形形状所在的矢量图层，执行【图层】|【图层样式】|

【混合选项】命令，在弹出的【图层样式】对话框中设置【填充不透明度】为"0%"，如图 2-105 所示。

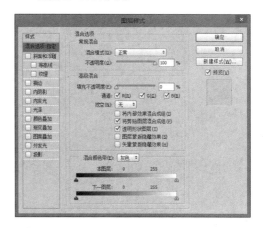

图 2-105　设置图形填充不透明度

提　示

在此处设置图层的【填充不透明度】，效果与在【图层】面板的【属性】工具栏中设置【填充】的百分比值效果完全相同。

17　单击左侧【样式】列表中的【斜面和浮雕】选项，然后在右侧设置该矢量图形的"斜面和浮雕"样式属性，如图 2-106 所示。

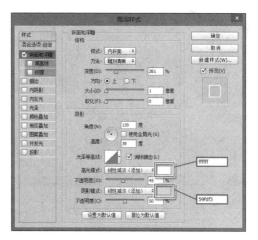

图 2-106　"斜面和浮雕"样式

提　示

此处"斜面和浮雕"样式的【高光模式】颜色为白色（#FFFFFF），【阴影模式】颜色为浅蓝色（#59FDF3）。

18 单击左侧【样式】列表中的【等高线】选项，然后在右侧设置该矢量图形的"等高线"样式属性，如图 2-107 所示。

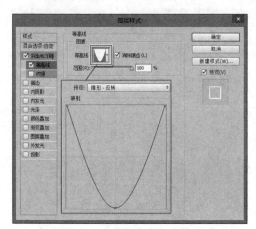

图 2-107　设置"等高线"样式

提　示

此处等高线设置可采用 Photoshop 预置的"锥形-反转"预设等高线。

19 单击左侧【样式】列表中的【光泽】选项，然后设置"光泽样式"的属性，其中，【混合模式】的颜色为白色（#FFFFFF），【等高线】为"锥形"，如图 2-108 所示。

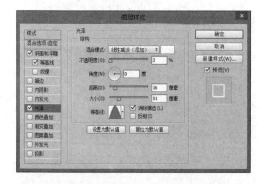

图 2-108　设置"光泽"样式

20 在左侧【样式】列表中选择【颜色叠加】选项，设置【混合模式】为"滤色"，【颜色】为白色（#FFFFFF），【不透明度】为"13%"，如图 2-109 所示。

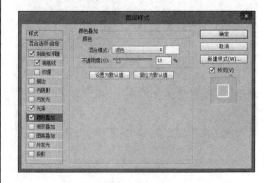

图 2-109　设置"颜色叠加"样式

21 在左侧【样式】列表中选择【投影】选项，设置【投影】的样式属性，如图 2-110 所示。

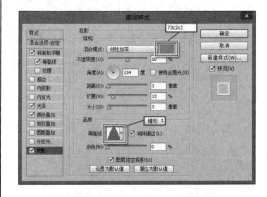

图 2-110　设置"投影"样式

22 将绘制的两个圆形矢量图形以及导入的云图标所在的三个图层内容拖曳至画布正中央，即可完成本练习。

2.5　课堂练习：设计产品 Gallery 模块

随着扁平化设计风格逐渐流行，以及 HTML 5 技术的普及，越来越多的网站摒弃了传统的 Flash 内容展示模块，采用 HTML 结合 JavaScript 技术来实现图文内容的展示。本练习就将使用 Photoshop 的素材导入、矢量图形绘制等功能，设计一个产品的 Gallery

模块，以展示三种软件产品，如图 2-111 所示。

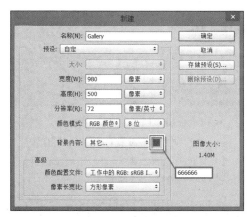

图 2-111　产品 **Gallery** 模块

操作步骤：

1　在 Photoshop 中执行【文件】|【新建】命令，在弹出的【新建】对话框中设置 Gallery 模块的尺寸、分辨率以及背景色，创建设计方案，如图 2-112 所示。

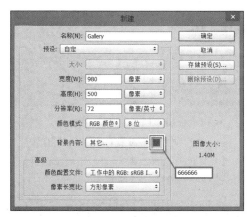

图 2-112　创建设计方案

2　在【图层】面板中新建名为 header 的图层组，将其置于默认背景图层上方，再新建一个图层，将其放置到 header 图层组内。在【工具箱】中选择【矩形选框工具】，在画布上绘制任意尺寸的一个矩形选区。然后，执行【选择】|【变换选区】命令，在【工具选项栏】中设置【X】值为 "490 像素"；

【Y】值为 "2.5 像素"；【W】为 "980 像素"；【H】为 "5 像素"，如图 2-113 所示。

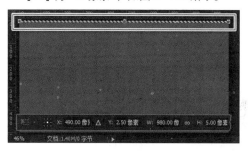

图 2-113　绘制顶部边框

3　执行【编辑】|【填充】命令，在弹出的【填充】对话框中设置【颜色】为湛蓝(#00758a)色，单击【确定】按钮完成选区编辑，如图 2-114 所示。

图 2-114　绘制顶部边框

4 在【图层】面板新建名为 controllers 的图层组，将其置于 header 图层组与默认背景图层之间，再新建名为 "left_controller" 的图层组，将其置于 controllers 图层组内。在【工具箱】中选择【圆角矩形工具】 ，单击画布任意区域，在弹出的【创建圆角矩形】对话框中设置圆角属性，单击【确定】绘制圆角矩形，如图 2-115 所示。

图 2-115 绘制左侧控制按钮背景

5 在【图层】面板双击绘制的矢量图层，在弹出的【拾色器（纯色）】对话框下方【#】（颜色代码）位置输入 "eeeeee"，单击【确定】修改矢量图层颜色，如图 2-116 所示。

图 2-116 设置按钮背景颜色

6 选择该矢量图层，执行【编辑】|【自由变换】命令，然后在【工具选项栏】中设置【X】值为 "20 像素"，【Y】值为 "250 像素"，按下回车键确认修改结果，如图 2-117 所示。

7 执行【文件】|【置入嵌入的智能对象】命令，在弹出的对话框中选择本书配套光盘中

对应目录下的 "Arrow.psd" 素材文件，将其置入到之前绘制的矢量圆角矩形按钮上方，并按下回车键确认置入。如图 2-118 所示。

图 2-117 设置矢量按钮位置

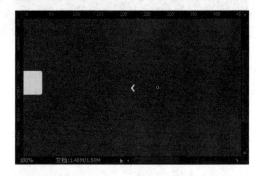

图 2-118 置入素材文件

提 示

请在【图层】面板中将置入的智能对象图层拖曳至之前 "left_controller" 图层组中，并放置到之前绘制的矢量圆角矩形按钮背景之上。

8 执行【编辑】|【自由变换】命令，然后在【工具选项栏】中设置【X】值为 "20 像素"，【Y】值为 "250 像素"，按下回车键确认修改结果，如图 2-119 所示。

图 2-119 修改箭头素材位置

9 在【图层】面板双击箭头素材所在的矢量图层，执行【图层】|【图层样式】|【颜色叠加】命令，在弹出的【图层样式】对话框中单击【颜色拾取器】按钮■，设置填充颜色为灰色（#666666），如图 2-120 所示。

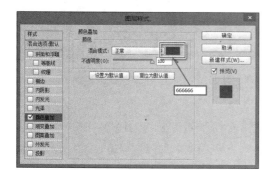

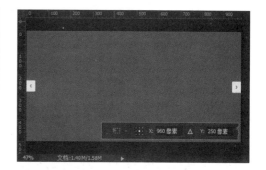

图 2-120　设置"颜色叠加"样式

10 在【图层】面板中选中"left_controller"图层组，执行【图层】|【复制组】命令，在弹出的【复制组】对话框中设置其组名【为】"right_controller"，单击【确定】复制编组，如图 2-121 所示。

图 2-121　复制图层组

11 选择新命名的"right_controller"图层组，执行【编辑】|【变换】|【水平翻转】命令，翻转该图层组，然后再执行【编辑】|【自由变换】命令，在【工具选项栏】中设置其【X】值为"960 像素"，【Y】值为"250 像素"，将其放置到画布右侧居中位置，如图 2-122 所示。

图 2-122　制作右侧控制按钮

12 在 controllers 图层组内新建一个名为"bottom_controller"的图层组，在该组内再创建一个名为"controller1"的图层组，在【工具箱】中选择【椭圆工具】◯，在画布中单击鼠标，在弹出的【创建椭圆】对话框中设置其【宽度】为"16 像素"，【高度】为"16 像素"，如图 2-123 所示。

图 2-123　绘制椭圆

13 再次选择【椭圆工具】◯，在【工具选项栏】中设置【填充】为"无"，【描边】为白色（#ffffff）、"2 点"，如图 2-124 所示。

图 2-124　绘制底部控制按钮图形

14　用同样的方式再绘制两个按钮图形，分别将其放置于"controller2"、"controller3"等图层组中，然后将其移动到画布底部居中位置，如图 2-125 所示。

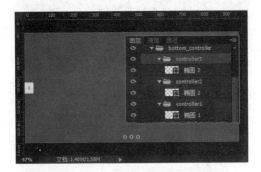

图 2-125　绘制底部其他两个按钮图形

15　在 controller 图层组下建立 content 图层组，在 content 图层组内建立 item1 图层组，在【工具箱】中选择【横排文字工具】，在画布中绘制一个宽 500 像素、高 70 像素的文本框，如图 2-126 所示。

图 2-126　绘制横排文本框

16　在文本框中输入标题文本 "大道至简 衍化至繁"，然后在【字符】面板中设置内容属性，如图 2-127 所示。

图 2-127　输入标题文本并设置"字符"样式

17　在【段落】面板中设置该段标题文本的段落属性，定义其【左缩进】、【右缩进】均为"10 像素"，如图 2-128 所示。

图 2-128　设置"段落"属性

18　用同样的方式再绘制一个宽 500 像素，高 105 像素的文本框，在其中输入产品介绍文本，并在【字符】面板设置其属性，如图 2-129 所示。

图 2-129　设置产品介绍文本的"字符"属性

产品介绍文本框的中心点水平坐标为"310 像素",垂直坐标为"322.50 像素",颜色与标题文本框相同。

19 在【段落】面板中设置产品介绍文本的段落属性,包括【左缩进】【右缩进】以及【首行缩进】等,如图 2-130 所示。

图 2-130 设置产品介绍文本的"段落"属性

20 再创建一个宽"180 像素"、高"50 像素"的文本框,输入"在线试用"的按钮文本内容,在【字符】面板中设置其"字符"属性,如图 2-131 所示。

图 2-131 输入按钮文本并设置"字符"属性

按钮文本框的中心点水平坐标为"160 像素",垂直坐标为"405 像素",颜色与标题文本框相同。

21 绘制一个圆角半径为 5 像素、笔触为 1 像素、笔触颜色、尺寸与位置和按钮文本相同,填充为空的圆角矩形,作为按钮的边框和背景,如图 2-132 所示。

图 2-132 绘制按钮边框和背景

22 在【工具箱】中选择【矩形工具】,单击画布,在弹出的【创建矩形】对话框中设置其【宽度】为"500 像素",【高度】为"240 像素",单击【确定】,然后在【工具选项栏】中设置其【填充】为黑色(#000000),清除笔触,如图 2-133 所示。

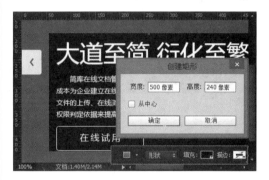

图 2-133 绘制背景矩形

在绘制完成矩形背景之后,还需要将其中心点水平坐标设置为"310 像素",垂直坐标设置为"320 像素",并在【图层】面板中设置其【不透明度】为"70%"。

23 执行【文件】|【置入嵌入的智能对象】命令,从本书配套光盘中对应目录下导入"item1.bmp"素材文件,在【图层】面板将其移动至之前步骤中绘制的背景矩形下方,设置其中心点水平坐标位置为"490 像素",垂直坐标位置为"250 像素",按回车键确认导入操作,如图 2-134 所示。

图 2-134 导入素材

24 用户可以用同样的方式，在 content 图层组内建立 item2 图层组和 item3 图层组，制作其他两个产品切换图像效果，完成整个案例，如图 2-135 所示。

图 2-135 完成的其他两个轮换图像效果

2.6 思考与练习

一、填空题

1. Photoshop 是一种揌供基本图形绘制以及强大的图像处理功能的行业软件，其不仅应用于_____领域，在_____、_____、_____等与图像处理相关的行业也有着广泛的应用。

2. Photoshop 提供了一系列矢量图形绘制工具，帮助用户绘制各种_____按钮、_____导航栏、_____图像占位符等网页元素的原型。

3. Photoshop 可以将由 Illustrator 和 CorelDraw 导入的矢量图形转换为_____或栅格化为_____然后再进行处理。

4. 图像尺寸和画布尺寸的区别在于，更改画布尺寸时，设计方案文档中的所有元素_____，而更改图像尺寸时，所有设计方案文档中的元素都会_____。

二、选择题

1. Photoshop 在网页界面设计中的功能不包括以下哪一种？_____

　A．绘制界面元素

　B．设计界面元素的效果

　C．处理界面结构

　D．处理网页图像

2.【工具选项栏】的作用是？_____

　A．完整结合标题栏和菜单栏的功能，提供命令组合

　B．根据用户当前选择的操作工具，显示该操作工具对应的进阶操作选项

　C．提供 Photoshop 图形绘制和图像设计所必须使用的各种工具按钮

　D．显示当前 Photoshop 正在编辑的图像预览图，以及对该图像的编辑效果

3. 在网页界面设计中，推荐采用哪种颜色模式？_____

　A．RGB 颜色

　B．LAB 颜色

　C．CMYK 颜色

　D．灰度

4. 文档预设的作用是？_____

A．在新建文档之后预加载一些文档元
素内容

B．将预设的参数存储起来备未来新建
设计方案时使用

C．快速复制 Photoshop 设计方案

D．存储 Photoshop 的参数，待重新安装
Photoshop 之后覆盖配置

5．Photoshop 可以直接打开以下哪种文档？

A．ICON 图标文档

B．Swift 图形

C．PSB 大型设计方案

D．文本文档

三、简答题

1．简述 Photoshop 界面中各种元素的作用。

2．Photoshop 在网页界面设计中都具有哪些
应用？

3．为何要配置性能选项？在多软件协作中
应如何分配 Photoshop 实际的内存占用？

4．什么是标尺？标尺的作用是什么？

5．置入素材的两种方式都是什么？其作用
有何区别？

第 3 章

设计网页界面

使用 Photoshop 不仅可以设计网页界面中的各种基本网页元素，也可以设计整体的网页效果，形成一个完整的界面方案。在设计网页界面方案时，设计者很可能需要利用各种操控选区的工具选择图像内容，对图像进行裁切和编辑，除此之外，设计者还需要使用文字工具来处理网页界面中的文字字符和段落。

在完成整个网页界面设计方案之后，设计者还需要使用 Photoshop 的切片功能和输出功能，将网页界面设计方案输出为网页文档以及相关的素材资源。

本章将详细介绍 Photoshop 的【矩形选框工具】、【椭圆选框工具】、【快速选择工具】、【魔棒工具】、【横排文字工具】、【竖排文字工具】、【字符】面板、【段落】面板、存储为 Web 所用格式等功能，帮助设计者了解网页界面方案的设计。

本章学习要点：

➢ 矩形选框工具
➢ 椭圆选框工具
➢ 快速选择工具
➢ 魔棒工具
➢ 选区的使用
➢ 横排文字工具
➢ 竖排文字工具
➢ 字符面板
➢ 段落面板
➢ 输出 Web 设计方案

3.1 选取图像内容

在处理网页图像时，用户经常会需要对图像的局部内容进行编辑操作，如调整局部内容的尺寸、对局部内容进行变形等。Photoshop 内置了强大的选区系列工具，允许用户选择局部图像区域，对其进行编辑修改。

3.1.1 使用选框工具

Photoshop 提供了两种重要的选框工具，即【矩形选框工具】和【椭圆选框工具】，分别用于在图层中选择矩形形状或椭圆形形状的区域。

1. 矩形选框工具

【矩形选框工具】可以选择各种长宽比的矩形、正方形和圆角矩形的区域，帮助用户对该类区域进行编辑操作。

在【工具箱】中选择【矩形选框工具】，然后即可在画布上拖曳鼠标，进行区域的选择，如图 3-1 所示。

图 3-1 选择矩形区域

在选择【矩形选框工具】之后，用户可以在【工具选项栏】中设置【矩形选框工具】的属性，实现复合框选，如图 3-2 所示。

图 3-2 矩形选框工具的工具选项

【矩形选框工具】的工具选项大体分为三类，即框选方式、羽化半径和框选样式等。

（1）框选方式

框选方式决定了若干选框区域之间重叠的方式，其包括 4 种具体的方式，如表 3-1 所示。

表 3-1 矩形选框工具的框选方式

按钮	框 选 方 式	作 用
	新选区	直接绘制新的选区
	添加到选区	求两个选区的并集
	从选区减去	从已有选区中减去部分区域，获得新的局部选区
	与选区交叉	求两个选区的交集

如果用户仅仅需要绘制一个新的矩形选区，可选择【新选区】进行绘制，如果用户需要对已有的选区进行修改，则可选择其他三种框选方式。

技 巧

如果画布上已存在一个或多个选区，则用户可以选择【新选区】按钮，然后按住 Shift 功能键实现“添加到选区”的绘制功能，也可以按住 Alt 功能键，实现“从选区减去”的功能。

（2）羽化半径

普通的【矩形选框工具】■■仅仅能够绘制矩形或正方形，如果用户需要绘制圆角矩形，则可以设置【矩形选框工具】■■的【羽化】属性，定义矩形 4 角的羽化半径长度值，绘制出指定羽化半径的圆角矩形。

（3）框选样式

Photoshop 提供了三种框选样式，允许用户绘制多种类型的选区，或根据指定的值来决定选区的尺寸，其三种样式如下所示。

- ❑ **正常**　以用户鼠标拖曳的起点决定选区位置，以拖曳的斜线距离来决定选区的尺寸和形状。
- ❑ **固定比例**　定义一个比值，以比值来决定选区的长宽比，然后以鼠标拖曳的起点决定选区位置，以斜线距离来决定选区的长度和宽度。
- ❑ **固定大小**　定义两个具体的长度和宽度值，以鼠标拖曳的起点决定选区位置，以长度和宽度值来决定选区的长度和宽度。

技　巧

用户可以在"正常"的框选样式下按住 Shift 功能键强制绘制正方形或正方圆角矩形。

2．椭圆选框工具

【椭圆选框工具】■可以选择各种椭圆形或圆形的区域，帮助用户对该类区域进行操作。在【工具箱】中长按【矩形选框工具】■■，然后即可在弹出的菜单中选择【椭圆选框工具】■，将【椭圆选框工具】■置为默认的选框工具，并将其置于激活状态，绘制椭圆形选区，如图 3-3 所示。

在启用【椭圆选框工具】■之后，用户同样可以在【工具选项栏】中设置其工具选项，但需要注意的是，由于【椭圆选框工具】■本身绘制的就是圆形，因此其【羽化】工具选项是没有实际作用的。

技　巧

用户同样可以在"正常"的框选样式下按住 Shift 功能键强制圆形选区。

图 3-3　绘制椭圆区域

3.1.2　快速选择和魔棒

选框类工具仅能选择指定的规则图形区域，如果用户需要选择一些指定颜色或颜色变化范围的区域以进行编辑操作，则需要使用到【魔棒工具】■和【快速选择工具】■。

1．魔棒工具

【魔棒工具】■是根据指定的颜色范围来创建选区的工具，也就是说如果某一颜色区域或颜色变化范围的区域是什么形状，则【魔棒工具】■就会创建选择该区域的形状选区。在【工具箱】中选择【魔棒工具】之后，即可用鼠标单击画布上指定颜色的区域，实现选取，如图 3-4 所示。

与之前介绍的几种选框工具类似，在启用【魔棒工具】之后，【工具选项栏】也会显示一些与【魔棒工具】相关的选项，如图3-5 所示。

【魔棒工具】的工具选项主要分为四大类，即框选方式、取样方式和容差设置以及选取规则等。其中，框选方式与【矩形选框工具】和【椭圆选框工具】的作用相同，其他三类工具选项的作用如下。

图 3-4　选取指定颜色区域

图 3-5　魔棒工具的工具选项

（1）取样方式

取样方式的工具选项主要用于设置可定义【魔棒工具】的【取样大小】，【魔棒工具】在选区图像色彩时的定位点，决定以哪些点中的色彩为取样基准，其可定义一个单独的像素点，也可定义边长为 3 像素、5 像素、11 像素、31 像素、51 像素、101 像素的矩形区域，以该区域中的颜色来作为取样基准。

（2）容差设置

容差设置主要用于定义颜色范围的误差值，取值范围在 0～255 之间，默认的容差数值为 32。输入的数值越大，则选取的颜色范围越广，创建的选区就越大；反之选区范围越小。

（3）选取规则

【魔棒工具】支持三种选取规则，即平滑转换选取、连续选取以及多图层选取等，其通过三个按钮来实现，如表 3-2 所示。

表 3-2　魔棒工具的选取规则

按钮	名　　称	作　　用
	平滑边缘转换	在选取区域时对色块边缘进行平滑处理
	只对连续像素取样	仅选取指定色域的连续区域，忽视不连续的区域（即使该区域也属于色域内）
	从复合图像中进行颜色取样	在选取指定色域时忽略图层的限制（在默认状态下【魔棒工具】仅处理当前选择的图层或位于画布中最上方的图层）

【魔棒工具】是 Photoshop 中最重要的工具之一，在一些需要精确选取和复制指定图像区域的抠图操作中，都需要灵活地使用【魔棒工具】进行操作。

2．快速选择工具

【快速选择工具】是【魔棒工具】的升级版，其作用是利用可调整的圆形画笔笔尖快速建立选区，并自动查找指定色域的边缘来对选区进行修正。

在【工具箱】中单击【魔棒工具】 ，在弹出的菜单中选择【快速选择工具】 ，启用该工具，然后即可在画布中使用该工具进行图像区域的选择，如图 3-6 所示。

【快速选择工具】 的特性是首先根据用户鼠标单击的位置形成一个选择区域，当用户多次单击画布中不同的区域时，【快速选择工具】 就会根据这些区域之间的色差分隔线，形成一个选区。当单击的区域足够多时，这些选区就会根据色域合并为一个大的选区，如图 3-7 所示。

 图 3-6　快速选择区域　　　　　　　 图 3-7　多次快速选择形成的选区

【快速选择工具】 同样也在【工具选项栏】中提供了一些配置选项，包括框选方式、画笔设置和选取规则三项，如下所示。

（1）框选方式

【快速选择工具】 的框选方式与【矩形选框工具】 类似，仅图标的样式有所不同，如表 3-3 所示。

 表 3-3　快速选择工具的框选方式

按钮	框选方式	作　　用
	新选区	直接绘制新的选区
	添加到选区	求两个选区的并集
	从选区减去	从已有选区中减去部分区域，获得新的局部选区

（2）画笔设置

画笔设置的作用是定义【快速选择工具】 的笔触以及笔触之间的关系，单击其显示图标 ，即可打开【画笔选取器】，如图 3-8 所示。

在该选取器中，用户可以设置笔触的【大小】、【硬度】、【间距】，以及笔触拓展选区的【角度】、笔触的【圆度】和【笔触】的大小等，提高【快速选择工具】 的适应性。

（3）选取规则

【快速选择工具】 的选取规则包括两项，即【从复合图像中进行颜色取样】 和【自动增强选区边缘】 。其中，第

 图 3-8　画笔选取器

网页设计与网站建设（CC 中文版）标准教程

一项在之前小结中已经做过详细介绍，第二项则主要用于为选区的边缘进行更加精细的处理，使其更加平滑。

3.2 操作选区

除了通过【矩形选框工具】■、【椭圆选框工具】○、【魔棒工具】✦和【快速选择工具】等工具以外，Photoshop 还提供了其他一些修改区域选择状态的方法，包括全选、反选、取消选择、编辑选区等功能等。

3.2.1 全选和反选

全选和反选是一种快速根据需求变更选区状态的方法。其中，全选顾名思义，就是将画布中所有的区域都置于选择状态，而反选则是将目前被选择的区域置于非选择状态，并将未被选择的区域置于选择状态。

1. 全选

在 Photoshop 中，用户可以执行【选择】|【全选】命令，或按下 Ctrl+A 组合键，来将画布中所有元素选中，如图 3-9 所示。

2. 反选

在用户创建选区之后，可以执行【选择】|【反向】命令，或按下 Ctrl+Shift+I 组合键进行反选操作，如图 3-10 所示。

图 3-9 全选操作

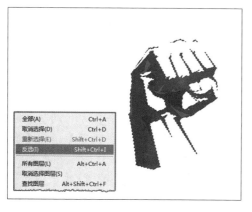

图 3-10 反选操作

技 巧

选区是可以移动的，如用户当前使用的工具为【矩形选框工具】■、【椭圆选框工具】○、【单行选框工具】═、【单列选框工具】▮、【魔棒工具】✦、【套索工具】○、【多边形套索工具】▽、【磁性套索工具】▷，则可以将鼠标置于选区上方，按下鼠标左键对选区进行拖曳操作。

3.2.2　取消选择

如果用户需要清除所有区域的选择状态，则可以执行【选择】|【取消选择】命令，或按下 Ctrl+D 组合键，直接删除选区。

在删除选区之后，如果还想恢复选区，则可以执行【选择】|【重新选择】命令，或按下 Ctrl+Shift+D 组合键，重新建立之前的选区。

3.2.3　编辑选区

选区是一种复杂的 Photoshop 工具，在创建选区之后，用户可以通过多种方法来对选区进行编辑修改操作，包括基本的变换选区，以及复杂的修改选区。

1．变换选区

变换选区功能可以用来改变选区的各种属性，使选区符合用户的实际需求。在 Photoshop 中执行【选择】|【变换选区】命令，或在选区内右击，执行【变换选区】命令，即可对选区进行变换操作，如图 3-11 所示。

在执行【变换选区】命令之后，选区将会呈现出 9 个调节柄，用于直接对选区修改。这些调节柄大体可分为三类，即角调节柄、边调节柄、中心调节柄。

◢ 图 3-11　变换选区

❑ **角调节柄**　位于选区四个角方向的调节柄，用于在斜角方向调整选区尺寸或根据选区的中心点进行旋转。当用户将鼠标移动到该调节柄上时，如果光标呈现为【左上右下】↖ 或【右上左下】↗ 的状态，则表示可向对应方向调整选区尺寸，而向对应方向略微移动，呈献出【左上旋转】↷、【左下旋转】↶、【右下旋转】↵ 和【右上旋转】↱ 等状态时，则表示可以进行旋转选区操作。

❑ **边调节柄**　位于选区四个边的中线位置，用于从水平方向或垂直方向调整选区尺寸。当用户将鼠标移动到该调节柄上时，如光标呈现为【水平调节】↔ 或【垂直调节】↕ 的状态，则表示可以进行对应方向的调节。

❑ **中心调节柄**　默认位于选区的几何中心位置，用于更改选区旋转时的中心点。当用户将鼠标移动到该调节柄上时，如光标呈现为【中心调节】✥ 状态，则表示可以进行拖曳调节。

除了提供几个调节柄外，在执行了【变换选区】命令之后，Photoshop 还会在【工具选项栏】中提供一些变换选区的工具选项，如图 3-12 所示。

◢ 图 3-12　变换选区的工具选项

网页设计与网站建设（CC 中文版）标准教程

变换选区的工具选项主要分为以下几个部分，如表 3-4 所示。

表 3-4　变换选区的工具选项

选项	名　称	作　用
⬚	中心点设置	该图标包含 9 个点，单击其中任意一个点即可修改选区的中心点到对应的位置
X	水平坐标	定义选区中心点的水平坐标
Y	垂直坐标	定义选区中心点的垂直坐标
W	宽度	定义选区的宽度，以中心点为中心从水平方向扩展或压缩
▨	保持长宽比	在修改选区宽度或高度时保持现有选区长度和宽度的比例
H	高度	定义选区的高度，以中心点为中心从垂直方向扩展或压缩
◢	旋转	定义选区根据中心点来旋转的角度
H	设置水平斜切	定义选区根据中心点进行水平斜切变形
V	设置垂直斜切	定义选区根据中心点进行垂直斜切变形
两次立方 ⬦	修改插值	修改选区边缘的插值方式
⬚	在自由变换和变形模式之间切换	将当前选区变换模式切换为变形模式
⊘	取消变换	取消已进行的所有变换操作，退出变换选区模式

在实际的操作中，【变换选区】功能可以快速地修改选区的尺寸和旋转角度，帮助用户更加灵活地操作选区。

2．修改选区

Photoshop 为选区提供了一系列的修改功能，帮助用户更加便捷地操作选区，使选区符合实际内容绘制的需求。这一修改选区操作主要包括 5 种，即边界、平滑、扩展、收缩和羽化。

（1）选区边界

选区边界功能的作用是将当前选区更改为指定宽度的轮廓选区，并取消当前选区的选择状态。在 Photoshop 中执行【选择】|【修改】|【边界】命令，然后将弹出【边界选区】对话框，允许用户输入这一轮廓选区的像素宽度，如图 3-13 所示。

（2）平滑选区

使用【魔棒工具】 ✦ 等根据图像的色域来创建的选区通常会呈现较多锯齿，如果

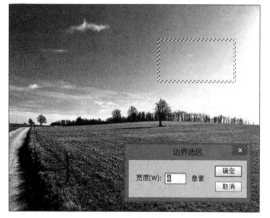

图 3-13　创建轮廓选区

直接对这类选区进行操作，很可能绘制的图形或处理的结果不尽如人意。Photoshop 提供了平滑选区工具，可以帮助用户将选区边缘的锯齿处理为平滑的曲线，使选区边缘更加柔和。

在创建选区后，执行【选择】|【修改】|【平滑】命令，然后即可打开【平滑选区】对话框，该对话框提供了【取样半径】的输入项，如图 3-14 所示。

在设置了【取样半径】之后，Photoshop
会根据这一平滑值来对选区的边缘进行平滑处
理，【取样半径】的值越大，则选区的边缘越
平滑。

（3）扩展选区

扩展选区就是在现有选区的基础上将选区
的边缘向外扩展指定的距离，将选区的面积增
大。在创建选区之后，执行【选择】|【修改】
|【平滑】命令，然后即可打开【扩展选区】
对话框，输入【扩展量】的像素值，如图3-15
所示。

图 3-14 平滑选区的操作

图 3-15 扩展选区

（4）收缩选区

收缩选区功能与扩展选区的作用正好完全相反，其作用是将选区的边缘向选区内部
收缩指定的距离长度，减小选区的面积。收缩选区的方式与扩展选区类似，在创建选区
之后执行【选择】|【修改】|【收缩】命令，如图3-16所示。

图 3-16 收缩选区

（5）羽化选区

在之前的小节中，介绍过使用【矩形选框工具】□□绘制圆角矩形的方法，如果已经绘制了成型的矩形或其他多边形，则可以通过羽化选区的方式，将这些选区的棱角转换为圆角。除了将棱角转换为圆角外，羽化功能还可以对选区的轮廓进行运算，形成更加柔和的效果。

在创建选区后，执行【选择】|【修改】|【羽化】命令，即可对现有的选区进行羽化操作，如图 3-17 所示。

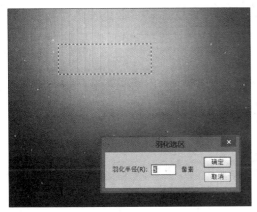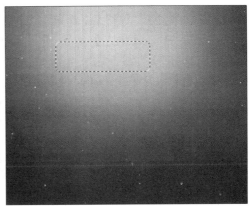

图 3-17　羽化选区

3．应用选区

在 Photoshop 中，选区是网页界面设计最常用的工具之一。在绘制了选区之后，用户可以对选区内的图层内容进行移动、删除、变形、填充、描边等操作，快速更改图层内容。

（1）移动选区内容

移动选区内容可以将选区圈选的图层内容快速移动到其他位置，更改图层的内容。需要注意的是，移动选区内容这一操作对矢量图层和智能对象图层无效。在选择选区后，用户可以激活【移动工具】▶╬，然后用鼠标对选区内容进行拖曳，如图 3-18 所示。

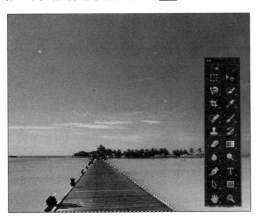

图 3-18　移动选区内容

（2）删除和剪切选区内容

作为一种标准的 Photoshop 对象，选区也支持一般的编辑操作，如删除、剪切等。通过这些操作同样可以快速改变选区选择的内容。同样，删除和剪切选区内容操作都对矢量图层和智能对象无效。用户可以在选择区域之后，使用 Ctrl+X 组合键剪切选区内的内容，也可以使用 Delete 功能键快速删除选区内的内容。

（3）填充选区

在选择了某个区域之后，用户可以为该区域填充指定的内容，如纯色、图案等，将虚拟的选区对象转换为实际的图像内容。在创建选区之后，将鼠标光标置于选区上方，然后右击鼠标，执行【填充】命令，然后即可打开【填充】对话框，如图 3-19 所示。

在【填充】对话框中，用户可以设置【内容】和【混合】两大类选项，其分别用于定义填充的内容类型和混合模式，如表 3-5 所示。

图 3-19 填充选区

表 3-5 填充选区的操作选项

类型	选项	内　　容	作　　用
内容	使用	前景色	将【工具箱】中的前景色填充到选区中
		背景色	将【工具箱】中的背景色填充到选区中
		颜色	选择一个纯色填充到选区中
		内容识别	应用内容感知技术读取选区内的像素，然后对这些像素进行运算，将结果填充到选区中
		图案	使用指定的图案来填充选区
		历史记录	调用过去填充的方式来进行填充
		黑色	为选区填充黑色内容
		50%灰色	为选区填充 50%深度的灰色
		白色	为选区填充白色内容
	自定义图案		在使用"图案"时提供填充内容的选项
	颜色适应		在使用"内容识别"时增强颜色的感应能力
混合	模式		定义填充内容的混合模式
	不透明度		定义填充内容的透明度
	保留透明区域		定义是否保留混合模式下的透明区域

在【填充】对话框中设置各种填充选项之后，用户即可单击【确定】按钮，将填充应用到选区上。在实际的网页界面设计中，填充选区功能可以方便地将选区转换为实际的图像内容，其多用于绘制网页界面的各种显示元素，如按钮、图层的显示区域等。

（4）描边选区

描边选区的作用是为选区边缘绘制一个基于像素的笔触，将选区括起来，并取消选区的选择状态。在创建选区之后，用户可以将鼠标光标置于选区上方，右击鼠标执行【描边】命令，打开【描边】对话框，如图 3-20

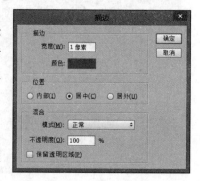

图 3-20 描边设置

所示。

在【描边】对话框中，用户同样可以设置三大类选项，包括【描边】、【位置】以及【混合】等。其中，【混合】类设置与之前介绍的【填充】对话框中的效果类似，在此将不作赘述，【描边】和【位置】类的设置如表 3-6 所示。

表 3-6　描边选区的操作选项

类型	选项	作　　用
描边	宽度	定义绘制描边的轮廓像素宽度
	颜色	定义绘制描边的轮廓颜色，单击此颜色拾取器可以打开一个【拾取器】对话框，选择具体的色彩
位置	内部	在选区轮廓内部绘制描边
	居中	在选区轮廓内外两侧均匀分布描边
	局外	在选区轮廓外部绘制描边

在【描边】对话框中设置各种描边选项之后，用户即可单击【确定】按钮，将描边应用到选区上。在实际的网页界面设计中，描边选区功能可以方便地为选区绘制像素轮廓，其多用于绘制网页界面的组件、表格等。

3.3　处理文本

文本是构成网页的重要元素。其既包含了单个的字符，也包含了由这些单个字符组成的段落。Photoshop 作为一种网页界面设计工具，结合操作系统自带的字体，具备强大的文字处理能力，可以为网页设计方案应用各种风格的文本内容。

3.3.1　文字工具

Photoshop 提供了两种主要的工具以处理文本内容，即【横排文字工具】T 和【竖排文字工具】IT，这两种工具可以在 Photoshop 中创建一个用于存储和显示矢量文字的文本图层，允许用户在该图层中输入和修改文本内容。

1．横排文字工具

在【工具箱】中单击【横排文字工具】T 按钮，即可激活该工具，并在画布上单击鼠标，输入文本内容，创建文本图层，如图 3-21 所示。

【横排文字工具】T 可以直接创建基于水平方向流动的文本内容，并将其置于与文本内容一致名称的文本图层中。与之前介绍的几种工具类似，该工具也在【工具选项栏】中提供了几种设置选项，如图 3-22 所示。

图 3-21　创建文本图层

图 3-22　横排文字工具的工具选项

【横排文字工具】 T 的工具选项主要用于定义字体的具体显示形式，其主要包括以下几种功能，如表 3-7 所示。

表 3-7　横排文字工具的工具选项设置

工　具		作　用
IT		切换字体的排列方向
Arial Regular		选择系统中已安装的字体，应用到文本图层上
Regular	Light	使用细体模式显示字体
	Narrow	使用窄体模式显示字体
	Regular	使用标准模式显示字体
	Italic	使用斜体模式显示字体
	Bold	使用粗体模式显示字体
	Bold Italic	使用粗斜体模式显示字体
	Black	使用黑体模式显示字体
T 48 像素		设置字体的大小
aa 锐利	无	以默认方式显示字体
	锐利	以增强锐化（清除锯齿像素）的方式优化显示字体
	犀利	以普通锐化（清除锯齿像素）的方式优化显示字体
	浑厚	以钝化（填充像素）的方式优化显示字体
	平滑	以平滑（进一步填充像素）的方式优化显示字体
	Windows LCD	根据 LCD 显示器的特点来优化显示字体
	Windows	以 Windows 默认方式来优化显示字体
≣		设置文本居左显示
≣		设置文本居中显示
≣		设置文本居右显示
▉		设置文本颜色
工		创建文字变形
目		切换字符和段落面板

（1）选择字体

字体是文字具体的外形样式，在操作系统中，通常会预置各种语言的字体。当操作系统安装了某种字体之后，用户即可在 Photoshop 中调用这种字体，将字体应用到文本上。

在【工具选项栏】中，用户可以单击【搜索和选择字体】 Arial Regular 下拉菜单，在弹出的菜单中选择字体，然后将这些字体应用到选择的文本上。

（2）设置字体模式

字体模式是对字体的变化和改良。通常情况下，标准的字体会包含 7 种模式，即 Light、Narrow、Regular、Italic、Bold、Bold Italic 以及 Black 等，分别定义字体的细体、窄体、标准体、斜体、粗体、粗斜体和粗黑体等。用户在使用这些模式后，即可将这种变化应用到字体上。

提 示

并非所有的字体都包含完整的 7 种模式。例如，微软雅黑字体就只包含 Light、Regular 和 Bold 三种模式。很多中文字体只有 Regular 模式。

（3）消除字体锯齿

Photoshop 内置了 4 种消除锯齿的模式，即锐利、犀利、浑厚和平滑等，这些消除锯齿模式可以增加像素点或减少像素点的方式来对字体显示效果进行微调。除此之外，在高版本的 Windows 系统（6.0+）上，Photoshop 还可以调用系统的 Clear Type 技术来消除锯齿，即使用 Windows LCD 以及 Windows 两种消除锯齿模式来进行字体优化。

技 巧

在网页界面设计中，请勿对宋体字使用消除锯齿。在默认的显示方式下，高版本的 Windows 系统（6.0+）本身已经对宋体字进行了优化，无须进一步消除锯齿。

（4）设置字体前景色

字体的前景色就是字体默认显示的颜色。用户可以单击【设置文本颜色】按钮，在弹出的【拾色器（文本颜色）】对话框中选取颜色，单击【确定】按钮将其应用到字体上，如图 3-23 所示。

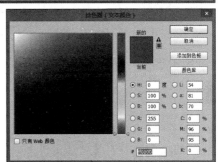

图 3-23 文本前景色的拾色器

（5）设置字体变形

字体变形是 Photoshop 提供的一种进阶字体处理方法，其作用是通过矢量曲线的运算，来改变字体轮廓的线条，从而实现字体的扭曲效果。在【工具选项栏】中单击【创建文字变形】按钮，即可打开【变形文字】对话框，如图 3-24 所示。

图 3-24 变形文字对话框

在该对话框中，用户可以单击【样式】的下拉菜单，选择"扇形"、"下弧"、"上弧"等变形样式，并选择变形的"水平"方向或"垂直"方向等。之后，即可设置这些样式的【弯曲】度、【水平扭曲】度和【垂直扭曲】度等属性。

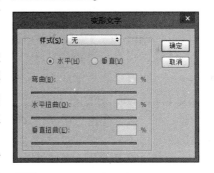

以"扇形"样式为例，在选定该样式之后，可以修改其默认的 50%【弯曲】度，也可以为其增添新的【水平扭曲】度或【垂直扭曲】度，如图 3-25 所示。

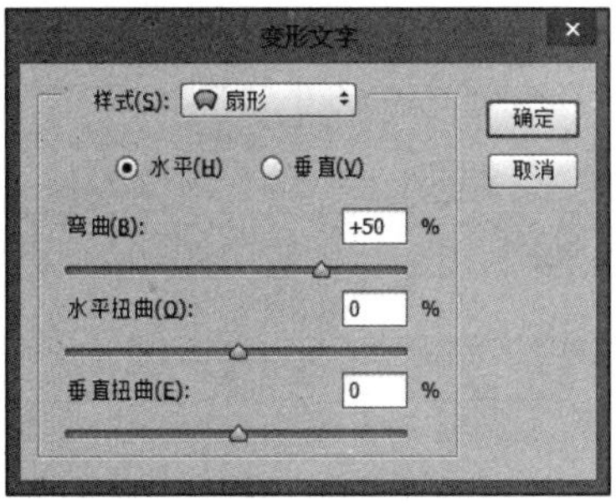

图 3-25 "扇形"样式的变形设置

在设置了字体变形的样式之后，用户即可单击【确定】按钮，将字体的变形样式应用到文本图层中，如图 3-26 所示。

2. 竖排文本工具

在默认的 Photoshop 设置中，【工具箱】只会显示【横排文字工具】按钮，需要用户按下【横

排文字工具】T按钮，在弹出的菜单中选择【竖排文字工具】选项，然后即可激活【竖排文字工具】IT，如图 3-27 所示。

图 3-26 字体变形效果

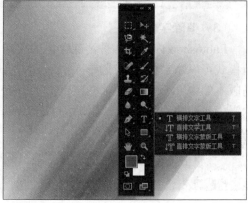

图 3-27 激活【竖排文字工具】

在这之后，用户可以直接在【工具箱】中单击【竖排文字工具】IT按钮，使用该工具来创建基于竖排的文本。

【竖排文字工具】与【横排文字工具】的区别在于，【横排文字工具】内的文本流以水平方向自左向右流动，而【竖排文字工具】内的文本则以垂直方向自上而下流动。在实际的使用方面，【竖排文字工具】与【横排文字工具】大体类似，在此将不再赘述。

3.3.2 处理字符

Photoshop 为用户提供了强大的字符处理功能，允许用户改变字符的字体、样式、尺寸、间距、伸缩和颜色等一系列属性，帮助用户建立更加丰富的文本内容。以上这些功能都依赖 Photoshop 内置的【字符】面板实现。在 Photoshop 中，用户可以执行【窗口】|【字符】命令，将【字符】面板激活并将其置于显示状态，如图 3-28 所示。

图 3-28 【字符】面板

【字符】面板为用户提供了众多的字体设置功能，通过这些功能，用户可以方便地改变字体的各种样式，如表 3-8 所示。

表 3-8 【字符】面板的功能

功　能	名　称	作　用
SimSun Regular	搜索和选择字体	将系统中已安装的字体应用到文本上
Regular	设置字体样式	为已应用的字体修改加粗、倾斜等样式
T	设置字体大小	设置字体的尺寸，单位可以是像素、英寸等
A	设置行距	设置文本行之间的间距
VA	设置两个字符间的字距微调	以微调的方式设置两字符之间的水平间距
VA	设置所选字符之间的字距调整	直接设置字符之间的水平间距

功　能	名　　称	作　　用
蚴	设置所选字符的比例间距	以百分比的方式设置字符之间的比例间距
⬚T	垂直缩放	设置字符垂直方向的缩放比例
T̲	水平缩放	设置字符水平方向的缩放比例
A̲ᵃ	设置基线偏移	设置字符与基线之间的偏移尺寸
颜色	设置文本颜色	设置文本前景色
T	仿粗体	以像素的方式计算字符的轮廓，实现加粗效果
T̸	仿斜体	以像素的方式计算字符的轮廓，实现倾斜效果
TT	全部大写字母	强制所有小写拉丁字母以大写方式显示（仅对拉丁字符有效）
Tᵣ	小型大写字母	强制所有小写拉丁字母以 1/4 尺寸大写方式显示（仅对拉丁字符有效）
Tᵃ	上标	设置所选字符以上标方式显示
Tₗ	下标	设置所选字符以下标方式显示
T̲	下划线	为所选字符添加下划线
T̶	删除线	为所选字符添加贯穿线
fi	标准连字	OpenType 字符选项，以标准拉丁字符（正体）的方式实现连字书写效果
ℰ	上下文替代字	OpenType 字符选项，根据相邻字符设置是否进行字符连笔，以实现较强的手写外观
st	自由连字	OpenType 字符选项，为常规连笔字符提供额外的连笔效果，应用附加连笔字符
𝒜	花饰字	OpenType 字符选项，以拉丁字符（花体）的方式实现连字书写效果（通常用于优化起始字符和结束字符）
a̲a̲	替代样式	OpenType 字符选项，以正文样式来优化普通字号字体
𝒯	标题替代字	OpenType 字符选项，以标题样式来优化大字号字体
1ˢᵗ	序数字	OpenType 字符选项，用于为数字字符后添加英文序数上标
½	分数字	OpenType 字符选项，将以斜线分隔的数字转换为分数
美国英语 ⇕	对所选字符进行有关连字符和拼写规则的语言设置	定义 OpenType 字符的连笔字语法规则和语言设置
aa	设置消除锯齿的方法	定义字符的消除锯齿规则，请参照之前"消除字体锯齿"相关小节中的内容

　　需要注意的是，【标准连字】fi、【上下文替代字】ℰ、【自由连字】st、【花饰字】𝒜、【替代样式】a̲a̲、【标题替代字】𝒯、【序数字】1ˢᵗ和【分数字】½等 8 种字符样式设置按钮仅在用户所选字体为 OpenType 类型字体时可用。

　　关于字符的处理，用户可创建一个文本图层，输入文本内容后再将其选中，通过实际的【字符】面板设置来自行体验其效果。

提　示

　　【标准连字】fi等字符样式设置通常都用于拉丁字符，同时，绝大多数中文字体都不是 OpenType 字体，因此这些字符样式设置对中文字体的意义十分有限。

3.3.3 处理段落

段落是若干字符组成的集合，是文本的一种基本单位。在 Photoshop 中，为用户提供了【段落】面板，用于帮助用户处理字符的集合，实现文本的排版功能。在 Photoshop 中执行【窗口】|【段落】命令，然后即可将该面板置于激活状态，其显示界面如图 3-29 所示。

段落面板主要承载了三方面的功能，即段落文本的对齐、缩进以及前后间距等，其功能如表 3-9 所示。

图 3-29 【段落】面板

表 3-9 【段落】面板的功能

功能	名　称	作　用
	左对齐文本	定义段落文本内容居左对齐
	居中对齐文本	定义段落文本内容居中对齐
	右对齐文本	定义段落文本内容居右对齐
	最后一行左对齐	定义段落文本最后一行内容居左对齐
	最后一行居中对齐	定义段落文本最后一行内容居中对齐
	最后一行右对齐	定义段落文本最后一行内容居右对齐
	全部对齐	定义段落文本内容两端对齐
	左缩进	定义段落文本左侧的缩进距离
	右缩进	定义段落文本右侧的缩进距离
	首行缩进	定义段落文本首行根据对齐方向决定的缩进距离
	段前添加空格	定义段落文本与上一个段落文本之间的间距
	段后添加空格	定义段落文本与下一个段落文本之间的间距
避头尾法则设置	无	定义亚洲语言文本的换行模式，允许行首尾出现任意字符
	JIS 宽松	禁止行首出现以下字符
		' " 、 。 々 〉 》 」 』 】 ） 丶 ゙ ゚ ・ ゝ ゞ ！ ） ，．：；？ }]
		禁止行尾出现以下字符
		' " 〈 《 「 『 【 〔 （ ［ {
	JIS 严格	禁止行首出现以下字符
		！ ） ，．：；？ ］ ｝ ¢ ― ' " ‰ ℃ ℉ 、 。 々 〉 》 」 』 】 ） あ い う え お っ ゃ ゅ ょ わ ゛ ゜ ヽ ゞ ァ イ ウ エ オ ツ ャ ユ ヨ ワ カ ケ ・ ― ヽ ゞ ！ % ） ， ．：； ？ ］ ｝
		禁止行尾出现以下字符
		（ ［ ｛ £ § ' " 〈 《 「 『 【 〒 〔 # $ （ @ [{ ¥
间距组合设置		段落中文本的间距组合设置。从右侧的下拉列表中可以选择不同的间距组合设置
连字		连字符是在每一行末端断开的单词间添加的标记。在将文本强制对齐时，为了对齐的需要，会将某一行末端的单词断至下一行。勾选"段落"面板中的"连字"选项，便可以在断开的单词间显示连字标记

其中，【避头避尾法则设置】仅对亚洲相关语言字符构成的文本有效，通常应用于日文、中文等全角文本；【连字】设置则仅对由拉丁字符构成的文本有效。

使用【段落】面板，用户可以方便地定义段落文本的字符排布以及段落之间的间距设置，实现更加丰富的内容排版。

3.4 输出 Web 设计方案

Photoshop 在网页界面设计中主要承担设计方案的原型绘制以及界面效果设计功能，最终形成一个完整的网页界面设计方案。

通常情况下，由 Photoshop 制作的设计方案以 Photoshop 特有的 PSD 格式存储。如果用户需要将其应用到网页中，就必须使用 Photoshop 的输出设计方案功能，将其存储为 Web 所用格式。

当且仅当 Photoshop 的网页界面设计方案被输出为图像素材和对应的代码之后，该界面设计方案才能被应用到网页开发中。

3.4.1 图像切片

图像切片是一种应用于网页界面设计的特殊技术，该技术由 Macromedia 公司制作的网页界面设计软件 Fireworks 最早实现，原理是根据用户定义的尺寸将整个网页设计方案裁切为矩形块，分别将矩形块所覆盖的区域输出为独立的图像。

Adobe 公司最初通过一个名为 ImageReady 的工具软件向用户提供类似的功能，以处理 Photoshop 格式的 Web 设计方案。在之后更新的版本中，Adobe 逐步将 ImageReady 功能集成到了 Photoshop 中，使 Photoshop 获得了增强的 Web 图像处理能力。

切片技术的出现极大地提高了网页界面设计与输出资源的效率，使得界面设计师可以更方便地将网页界面效果图中的图像输出为网页程序中所使用的素材。应用了切片技术的 Photoshop 也在之后的数年中逐步取代了 Fireworks，成为网页界面设计最重要的设计工具。

1．切片的分类

Photoshop 的切片根据其作用和生成的机理，可以划分为三种形式，即默认切片、用户切片和图层切片等。

（1）默认切片

默认切片是指由 Photoshop 根据当前设计方案的切片位置自动创建的切片（这类切片在默认情况下不会被裁切并输出到 Web 文档中，在 Photoshop 中边框和标签被显示为灰色）。

默认切片在 Photoshop 中被显示为默认切片标记▨（灰色的一般切片标记），其固定存在于指定位置，被用于作为其他类型切片的分隔区域，因此其不能被修改尺寸，也不能被修改位置。默认切片可以被方便地转换为用户切片。

（2）用户切片

用户切片是指用户手工绘制或从默认切片中手工提取而成的切片（这类切片可被输出到 Web 文档中，在 Photoshop 中边框和标签被显示为蓝色）。

用户切片在 Photoshop 中被显示为用户切片标记▨（蓝色的一般切片标记），其是自由度最大的切片，本身可以由用户手工绘制，也可以由默认切片或图层切片转换而来。用户可以通过可视化的操作方式来拖曳修改用户切片的尺寸和位置。

（3）图层切片

图层切片是由图层创建的切片，其显示效果与用户切片类似，都允许被选择，但是不允许被直接修改尺寸和位置，在实际输出中，图层切片和用户切片一样可以被输出为网页代码，也能够将设计方案中指定区域的内容作为资源输出。

图层切片在 Photoshop 中被显示为图层切片标记▣（蓝色的图层切片标记），与之前两种切片有很大的区别的是，图层切片本身与图层呈现一种绑定的关系，在默认状态下，Photoshop 不允许用户直接修改图层切片的位置与尺寸。只有当图层的尺寸或位置发生更改时，该图层对应的图层切片才会随之更改。

2．切片的处理

通常情况下，Photoshop 会为整个文档定义为一个默认切片。当用户创建局部的用户切片或图层切片后，Photoshop 会自动依照该用户切片的尺寸和位置，在生成用户切片的同时将文档其他位置裁切为多个局部默认切片，填充用户切片周围的缝隙。

随着用户创建的局部用户切片越来越多，Photoshop 自动创建的默认切片也会逐渐增多，直至用户切片之间所有空白区域都被用户创建为用户切片。

Photoshop 提供了两种工具来处理图像切片，即【切片工具】◢和【切片选择工具】◣。

3．创建切片

Photoshop 会自动根据用户切片和图层切片的矩形尺寸和位置生成默认切片，填充用户切片以及图层切片之外的其他剩余位置空间。通常情况下提供了两种方式来创建用户切片，即绘制用户切片以及将默认切片提升为用户切片。另外，还提供了直接根据图层创建图层切片的方法。

（1）绘制用户切片

手工绘制用户切片，需要使用到 Photoshop 的【切片工具】◢。在【工具箱】中单击【裁剪工具】⛏，在弹出的菜单中选择【切片工具】◢，然后即可在工作区中拖曳鼠标，绘制图像切片，如图 3-30 所示。

技 巧

为提高切片绘制的实际精确度，在实际的绘制切片过程中，请用户尽量先在 Web 设计方案中绘制足够精确的参考线，通过精确的参考线系统来保障切片能够以像素级别的精度来呈现。

图 3-30 创建和绘制切片

Photoshop 会按照先自左至右再从上到下的顺序依次为所有默认切片和用户切片编排一个序列号。在用户创建新的用户切片时，Photoshop 会自动地更新这一序列号，为所有切片不断更新最新的排序。

提 示

> 切片的绘制应与 Web 元素的实际尺寸和位置相重叠，这样才能在输出 Web 设计方案时正确地将该 Web 元素的图像输出为网页设计所应用的资源。

（2）提升到用户切片

Photoshop 允许用户通过【提升到用户切片】功能将默认切片转换为用户切片，以更加快速而准确地创建用户切片。【提升到用户切片】功能是手工绘制切片有效的补充。

在使用这一功能时，需要先在【工具箱】中启用【切片工具】 或【切片选择工具】 ，在激活其中任意一种工具的状态下，将鼠标置于默认切片上，右击执行【提升到用户切片】功能，如图 3-31 所示。

相比手工绘制用户切片，【提升到用户切片】这一命令能够更加精确地生成用户切片，在实际的切片创建工作中，通常需要这两种方式结合使用，以便更加高效地实现切片功能。

技 巧

> 除了右击鼠标执行【提升到用户切片】命令以外，用户也可以选择默认切片，然后在【工具选项栏】中单击【提升】按钮 提升 ，快速将默认切片转换为用户切片。

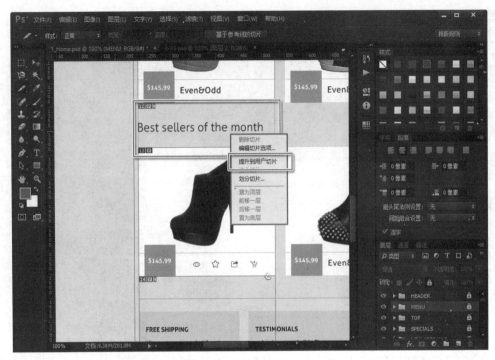

图 3-31　【提升到用户切片】命令

（3）创建图层切片

图层切片与图层有一层紧密的绑定关系，因此只能通过图层来创建，在创建图层切片之前，首先应确定图层中必须包含有效的显示内容（空图层是无法创建图层切片的）。Photoshop 会根据图层中的显示内容所处的区域创建对应的矩形图层切片。

创建图层切片，首先应在【图层】面板中选择指定的图层，然后，再执行【图层】|【新建基于图层的切片】命令，创建基于该图层的切片，如图 3-32 所示。

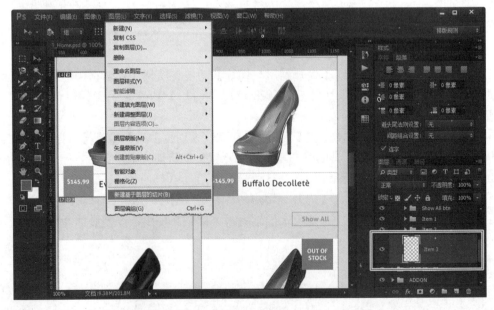

图 3-32　【新建基于图层的切片】命令

然后，Photoshop 就会自动创建一个与该图层尺寸和位置完全相同的图层切片，如图 3-33 所示。

4．选择用户切片

Photoshop 根据当前用户启用的两种切片工具，为用户提供了两种选择切片的方式。当用户所选择的工具为【切片工具】 时，可以在需要选择的用户切片上方右击鼠标，选择该用户切片。

如果用户已经选择了【切片选择工具】 ，则可以直接在用户切片上方单击鼠标，将该用户切片选中。

图 3-33　图层切片

5．修改用户切片位置和尺寸

Photoshop 将用户切片视为与选区类似的可编辑区域，为用户提供可视化的修改用户切片尺寸与位置的方法。

首先，用户应使用【切片选择工具】 将用户切片置于选择状态，然后，即可对用户切片进行修改操作。

（1）移动用户切片位置

在选择了用户切片之后，用户可以将鼠标置于用户切片上，按下鼠标左键，直接对用户切片进行拖曳操作，用户切片会根据鼠标拖曳移动的方向和距离改变当前的位置，如图 3-34 所示。

图 3-34　移动用户切片位置

> **注　意**
>
> Photoshop 仅为用户切片提供了修改位置的功能，其他类型的切片位置往往是固定的，不允许用户直接修改。

（2）修改用户切片尺寸

用户切片本身自带了 8 种位置调节柄，用户可以在选择用户切片之后，直接拖曳其切片边框上 8 个正方形的调节柄，以修改用户切片在各个方向上的延伸尺寸或收缩尺寸，如图 3-35 所示。

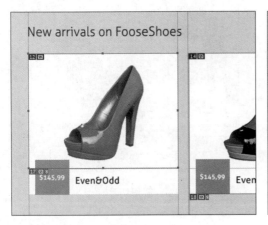 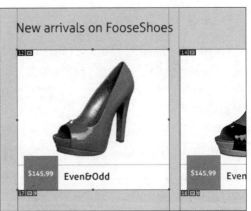

图 3-35　修改用户切片尺寸

6．编辑切片选项

Photoshop 可以将用户切片输出为实际的 XHTML 和 CSS 代码，在 Photoshop 中，提供了切片选项功能，允许用户直接修改切片的属性，以影响输出的代码内容。在选择了用户切片之后，用户即可右击鼠标，执行【编辑切片选项】命令，打开【切片选项】对话框，对用户切片的属性进行修改，如图 3-36 所示。

在默认状态下，【切片选项】呈现为"图像"类型的切片状态，如用户将【切片类型】修改为"无图像"，则该对话框将被更新，如图 3-37 所示。

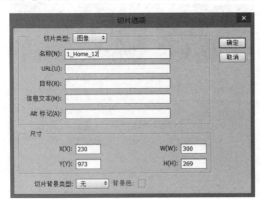 

图 3-36　【切片选项】对话框　　　　图 3-37　"无图像"的【切片选项】对话框

在【切片选项】对话框中，主要包含三方面的设置内容，即切片的 Web 属性、切片的尺寸和位置，以及切片的背景类型等，如表 3-10 所示。

设　置		作　用
切片类型	无图像	在输出切片时忽略切片覆盖区域内的图像，仅指定输出的文本信息
	图像	在输出切片时输出切片覆盖区域内的图像
	表	以表格的方式输出切片区域内容
显示在单元格中的文本		当【切片类型】为"无图像"时，定义输出的文本信息
名称		当【切片类型】为"图像"时，在输出切片时定义切片所生成 XHTML 标记的 ID、CSS 的 ID 选择器
URL		当【切片类型】为"图像"时，在输出切片时定义切片所指向的超链接 URL 地址
目标		当【切片类型】为"图像"时，在输出切片时定义切片指向超链接的目标打开方式，如_top、_blank
信息文本		当【切片类型】为"图像"时，在输出切片时定义切片内图像的描述信息
Alt 标记		当【切片类型】为"图像"时，在输出切片时定义切片内图像标记的 Alt 属性（替换文本）
尺寸	X	定义切片左上角在整个设计方案中的水平坐标
	Y	定义切片左上角在整个设计方案中的垂直坐标
	W	定义切片的宽度
	H	定义切片的高度
切片背景类型	无	定义输出切片时不对图像做任何修饰
	杂边	定义输出切片时添加边框
	白色	定义输出切片时设置切片区域背景为白色，或指定颜色拾取器拾取的颜色
	黑色	定义输出切片时设置切片区域背景为黑色，或指定颜色拾取器拾取的颜色
	其他	定义输出切片时设置切片区域背景为指定颜色拾取器拾取的颜色

需要注意的是，如果用户在选择了默认切片后修改【切片选项】对话框中的尺寸设置，则 Photoshop 会自动将这些设置应用到一个新建的用户切片上；另外，图层切片的【尺寸】设置无法被用户修改。

●--- 3.4.2　优化输出效果

输出 Web 设计方案时，用户除了需要绘制切片以外，还需要对输出的图像素材效果进行配置，使之在满足网页界面效果需求的情况下尽量压缩图像尺寸，提高图像资源传输的效率。

在 Photoshop 中，用户可以打开网页界面设计方案，然后执行【文件】|【存储为 Web 所用格式】命令，开始输出 Web 设计方案，如图 3-38 所示。

然后，即可在弹出的【存储为 Web 所用格式】对话框中查看当前打开的设计方案，如图 3-39 所示。

该对话框主要包括两方面的功能，即根据图像切片裁切输出网页，以及优化图像的输出效果等。在该对话框左侧，显示了 4 个选项卡工具，用于以不同方式来浏览当前的设计方案，其具体的预览方式如表 3-11 所示。

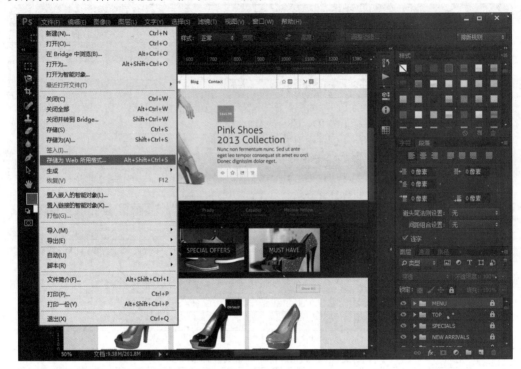

图 3-38　执行【存储为 Web 所用格式】命令

图 3-39　【存储为 Web 所用格式】对话框

表 3-11　预览设计方案的选项卡功能

名称	作　　用
原稿	单击该选项卡，可以显示没有优化的图像
优化	单击该选项卡，可以显示应用了当前优化设置的图像
双联	单击该选项卡，可以并排显示原稿和优化过的图像
四联	单击该选项卡，可以并排显示 4 个图像，左上方为原稿，单击其他任意一个图像，可为其设置一种优化方案，以同时对比相互之间的差异，并选择最佳的方案

通常，如果图像包含的颜色多于显示器能显示的颜色，那么，浏览器将会通过混合它能显示的颜色，来对它不能显示的颜色进行仿色或靠近。用户可以从【预设】下拉列表中选择仿色选项，在该下拉列表中包含 12 个预设的仿色格式，其中选择的参数值越高，优化后的图像质量就越高，能显示的颜色就越接近图像的原有颜色。

在完成输出效果的优化设置之后，用户即可单击【存储】按钮，在弹出的【将优化结果存储为】对话框中设置【保存类型】选项，单击【保存】按钮将内容输出为 Web 文档，如图 3-40 所示。

图 3-40　输出 Web 文档和资源

提　示

Photoshop 允许用户输出单独的 Web 图像，也允许用户将 Web 图像与相关的 HTML 代码一并输出。在网页的设计过程中，用户可根据实际的需要来决定输出哪些内容。

3.5　课堂练习：设计搜索引擎界面

搜索引擎界面是一种典型的简单表单界面，其通常由引擎的 LOGO、搜索表单、搜索按钮，以及其他修饰元素组成。在设计搜索引擎界面时，需要使用到 Photoshop 的文本处理功能来设计界面中的各种字体，另外还需要使用 Photoshop 的选区功能和矢量图形绘制功能，来制作各种页面交互组件，最终实现效果如图 3-41 所示，其

图 3-41　搜索引擎界面效果

包含一个 Logo、一个搜索组件、一个背景切换组件以及页脚版权文本等组成部分。

操作步骤：

1. 在 Photoshop 中执行【文件】|【新建】命令，在弹出的【新建】对话框中设置界面设计方案属性，单击【确定】创建设计方案，如图 3-42 所示。

图 3-42　创建界面设计方案

2. 在【图层】面板创建名为 logo 的图层组。然后，执行【文件】|【置入嵌入的智能对象】命令，从本书配套光盘对应目录下选择 "logo.psd" 素材文件，将其导入到设计方案中，并设置其中心点横坐标位置为 "627 像素"，纵坐标位置为 "360 像素"，将该智能对象拖曳到 logo 图层组内，如图 3-43 所示。

图 3-43　导入素材 LOGO

3. 在【工具箱】中单击【横排文字工具】按钮 ，在导入的素材 LOGO 右侧创建文本框，输入 "Quetoch" 搜索引擎名称，并在【字

符】面板中设置其字符属性，如图 3-44 所示。

图 3-44　创建 LOGO 中的名称

4. 用同样的方式再创建一个文本框，输入 LOGO 的附属文本内容，并在【字符】面板中设置其字符属性，如图 3-45 所示。

图 3-45　创建 LOGO 的附属文本

提　示

LOGO 的两个文本框文本颜色均为白色（#FFFFFF），Logo 文本使用的字体为 "Candara Bold Italic"，附属文本采用的字体为微软雅黑（Microsoft YaHei Regular）。

5. 在【图层】面板创建 searcher 图层组，在【工具箱】中选择【圆角矩形工具】按钮 ，在弹出的【创建圆角矩形】对话框中设置其尺寸和圆角弧度，单击【确定】，如图 3-46 所示。

图 3-46　创建搜索框矢量图形

6　修改矢量图形的填充为白色（#FFFFFF），清除其笔触，然后执行【编辑】|【自由变换】命令，在【工具选项栏】中设置其中心点横坐标为"720 像素"，纵坐标为"450 像素"，如图 3-47 所示。

图 3-47　设置搜索框位置

7　在【图层】面板选中搜索框的矢量图层，执行【图层】|【图层样式】|【描边】命令，在弹出的【图层样式】对话框中设置"描边"样式属性，如图 3-48 所示。

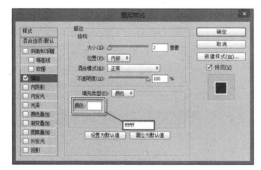

图 3-48　设置搜索框描边

8　在【图层样式】对话框中左侧【样式】列表中单击【内阴影】选项，然后在右侧设置"内阴影"样式，单击【确定】完成搜索框的制作，如图 3-49 所示。

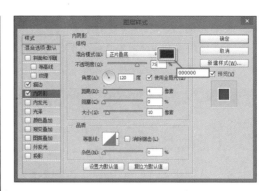

图 3-49　设置"内阴影"样式

9　再次在【工具箱】中选择【圆角矩形工具】按钮 ▢，在弹出的【创建圆角矩形】对话框中设置其尺寸和圆角弧度，单击【确定】创建搜索按钮的矢量图形，如图 3-50 所示。

图 3-50　创建搜索按钮的图形

10　设置该按钮图形的中心点横坐标为"1130 像素"，纵坐标为"450 像素"，然后在【图层】面板中选择该图形，执行【图层】|【图层样式】|【描边】命令，在弹出的【图层样式】对话框中设置"描边"样式属性，如图 3-51 所示。

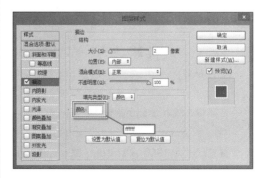

图 3-51　设置搜索框"描边"样式属性

11 单击左侧【样式】列表中的【渐变叠加】项目，然后在右侧设置其"渐变叠加"样式属性，完成该按钮的制作，如图 3-52 所示。

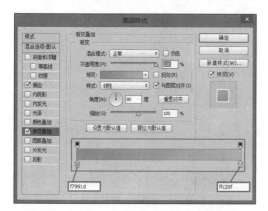

图 3-52 设置"渐变叠加"样式属性

12 执行【文件】|【置入嵌入的智能对象】命令，从本书配套光盘对应目录下选择"icon.psd"素材文件，将其导入到当前设计方案中，设置其中心点水平坐标为"1128像素"，垂直坐标为"450像素"，按下回车确认导入，完成搜索框和搜索按钮的全部制作过程，如图 3-53 所示。

图 3-53 完成搜索框的制作

13 执行【文件】|【置入嵌入的智能对象】命令，从本书配套光盘中对应目录下选择"Mon.jpg"素材文件，将其导入到当前设计方案中，然后在【图层】面板中将其拖曳到logo 和 searcher 等两个图层组的下面，设置其尺寸为 1280 像素×800 像素，中心点水平坐标为"720 像素"，垂直坐标为"450像素"，如图 3-54 所示。

图 3-54 导入背景素材

14 在【图层】面板新建名为"album"的图层组，在该图层组内新建一个空白图层，然后在【工具箱】中选择【矩形选框工具】按钮，然后在画布上绘制一个矩形选区。执行【选择】|【变换选区】命令，更改选区的位置和尺寸，按下回车确认，如图 3-55所示。

图 3-55 设置选区位置和尺寸

15 执行【编辑】|【填充】命令，在弹出的【填充】对话框中设置填充颜色为黑色（#000000），【混合】的【不透明度】为"60%"，单击【确定】，如图 3-56 所示。

图 3-56 填充选区

16 按下 Ctrl+D 组合键，取消选区，完成底部背景切换组件的背景，如图 3-57 所示。

■ 图 3-57　绘制底部组件背景

17 执行【文件】|【置入嵌入的智能对象】命令，从本书配套光盘中对应目录下选择"left.psd"素材文件，将其导入到当前设计方案中，设置其中心点水平坐标为"105 像素"，垂直坐标为"785 像素"，如图 3-58 所示。

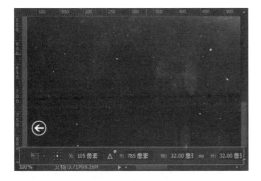

■ 图 3-58　导入左翻按钮

18 用同样的方式导入"right.psd"素材文件，设置其中心点水平坐标为"1335 像素"，垂直坐标为"785 像素"，如图 3-59 所示。

■ 图 3-59　导入右翻按钮

19 在名为 album 的图层组中新建一个名为 monday 的图层组，执行【文件】|【置入嵌入的智能对象】命令，再次导入"Mon.jpg"素材文件，将导入的智能对象放到 monday 图层组中，设置其中心点位置和尺寸，如图 3-60 所示。

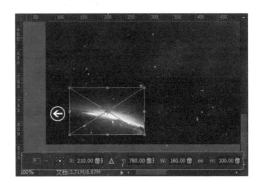

■ 图 3-60　导入素材

20 选中导入的素材，执行【图层】|【图层样式】|【描边】命令，在弹出的【图层样式】对话框中设置描边的颜色、宽度等属性，单击【确定】按钮，如图 3-61 所示。

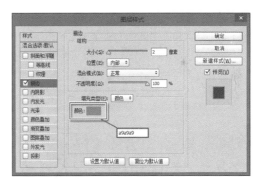

■ 图 3-61　为素材设置"描边"属性

21 通过【图层】面板在导入素材的上方新建一个空白图层，在【工具箱】中选择【矩形选框工具】按钮，然后在画布上绘制一个矩形选区。执行【选择】|【变换选区】命令，更改选区的位置和尺寸，按下回车确认，如图 3-62 所示。

22 执行【编辑】|【填充】命令，在弹出的【填充】对话框中设置填充颜色为灰色（#777777），【混合】模式的【不透明度】

为"80%"，单击【确定】完成背景设置，如图 3-63 所示。

图 3-62　绘制图片说明背景选区

图 3-63　填充背景

23　在【工具箱】中选择【横排文字工具】按钮 T，在画布中绘制一个与上一步背景尺寸和位置完全相同的文本框，输入"Monday"文本，并在【字符】面板设置"字符"属性，如图 3-64 所示。

图 3-64　制作切换文本

24　用同样的方式，制作其他 6 个切换图像，如图 3-65 所示。

图 3-65　插入和制作其他切换图像与文本

25　在【图层】面板中新建名为 footer 的图层组，在【工具箱】中选择【横排文字工具】按钮 T，在画布中绘制一个宽为"1280 像素"、高为"40 像素"的文本框，设置其中心点水平坐标为"720 像素"，垂直坐标为"870像素"，输入页面的版权信息，并在【字符】面板中设置其"字符"属性，即可完成整个案例，如图 3-66 所示。

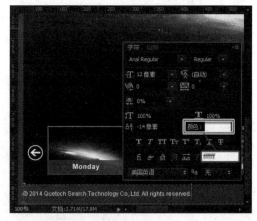

图 3-66　制作版权信息

3.6　课堂练习：设计网站登录界面

网站登录页是一种具备简单交互功能的网页，其通常由网站 Logo、网站登录组件以及版权声明等内容组成。在设计网站登录界面时，需要大量使用 Photoshop 的文字工具，同时也需要绘制一些矢量图形作为网页元素的背景，如图 3-67 所示。

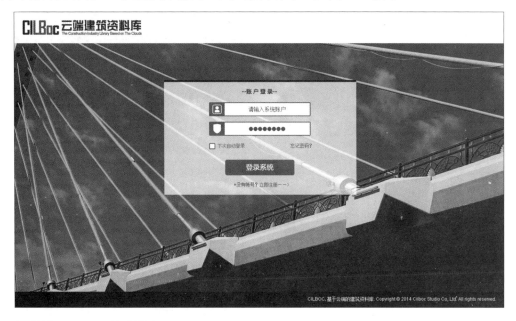

图 3-67　网站登录界面

提　示

本案例由于采用了整体的背景，因此需要为界面提供足够宽度的背景图像，以保障在高分辨率的显示器下能够实现完整的显示效果，实际案例的尺寸为 2560 像素 × 760 像素，在上图的浏览效果中，仅仅截取了界面设计方案正中央宽度为 1280 像素的显示区域。

操作步骤：

1　在 Photoshop 中执行【文件】|【新建】命令，在弹出的【新建】对话框中设置界面设计方案的宽度、高度以及分辨率等属性，单击【确定】创建界面设计方案，如图 3-68 所示。

图 3-68　创建设计方案

2　在【图层】面板中创建名为 background 的图层组，然后执行【文件】|【置入嵌入的智能对象】命令，从本书配套光盘对应目录下导入"background.png"素材文档，将其平铺到画布中，如图 3-69 所示。

图 3-69　导入素材背景

3　新建名为 header 的图层组，将其置于 background 图层组上方，然后在【工具箱】中选择【矩形工具】按钮，单击画布，在弹出的【创建矩形】对话框中设置其尺寸为"2560 像素"×"80 像素"，单击【确定】，然后设置该矢量矩形的中心点横坐标为"1280 像素"，纵坐标为"40 像素"，如图 3-70 所示。

图 3-70　绘制页头背景矩形

4　在【图层】面板内为 header 图层组创建一个名为 Logo 的子图层组，在【工具箱】中选择【横排文字工具】按钮 T，单击页头位置，输入"CILBoc"文本内容，并在【字符】面板设置其属性，设置其左侧垂直中点的横坐标为"660 像素"，纵坐标为"40 像素"，如图 3-71 所示。

图 3-71　制作 Logo 图标文本

5　再次在【工具箱】中选择【横排文字工具】按钮 T，选择 Logo 图标文本中的"LBo"等三个字符，在【字符】面板中设置其前景色为蓝灰色（#3a7b91），如图 3-72 所示。

6　用同样的方式，制作 Logo 中的系统中文名称文本，并在【字符】面板中设置其"字符"

属性，如图 3-73 所示。

图 3-72　设置 Logo 图标文本内部的前景分色

图 3-73　设置 Logo 中文名称"字符"属性

7　再用同样的方式创建 Logo 内的系统的英文名称文本，并在【字符】面板中设置其"字符"属性，如图 3-74 所示。

图 3-74　设置 Logo 英文名称"字符"属性

8　在【图层】面板内创建名为 signin 的图层组，在该图层组内再创建一个名为 background 的子图层组，在【工具箱】中选择【矩形工具】按钮■，画布中单击鼠标左键，在弹出的【创建矩形】对话框中设置其尺寸，单击【确定】按钮，作为登录框背景如图 3-75 所示。

图 3-75 绘制登录框背景

提 示

> 该登录框背景的填充颜色为白色（#FFFFFF），笔触为空，中心点水平坐标为"1280 像素"，垂直坐标为"322.50 像素"。

9 在【图层】面板中设置该登录框矢量矩形背景的【填充】透明度为"80%"，如图 3-76 所示。

图 3-76 设置背景的填充透明度

10 用同样的方式再绘制一个矢量矩形，作为登录框的顶部边框线，填充其颜色为深蓝灰色（#012634），将其移动至紧贴背景矩形上方的位置，如图 3-77 所示。

11 在【图层】面板中为 signin 图层组中再创建一个名为 form 的子图层组，将其移动至 background 子图层组的上方。然后在【工具箱】中选择【横排文字工具】按钮 **T**，

在登录框内输入"--账 户 登 录--"的标题文本，并设置其"字符"属性，如图 3-78 所示。

图 3-77 绘制顶部边框

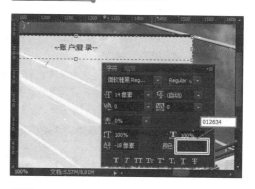

图 3-78 制作登录框的标题

12 在 form 图层组内再创建一个名为 input 的图层组，在【工具箱】中选择【矩形工具】按钮■，在画布中绘制矩形，并在【工具选项栏】中设置其属性，将其作为登录账户的文本框背景，如图 3-79 所示。

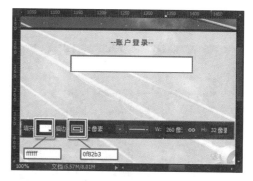

图 3-79 设置矢量矩形属性

13 执行【文件】|【置入嵌入的智能对象】命令，

从本书配套光盘中对应目录下选择"username.png"素材文件，将其导入到当前设计方案，设置其尺寸和位置，如图 3-80 所示。

网页设计与网站建设（CC中文版）标准教程

图 3-80　导入素材图标

14 在【工具箱】中选择【横排文字工具】按钮 **T**，在登录账户的文本框上绘制一个尺寸为宽"220 像素"、高"32 像素"的文本框，输入"请输入系统账户"提示文本。然后，在【字符】面板设置其"字符"属性，如图 3-81 所示。

图 3-81　输入提示文本并设置属性

15 在【段落】面板中设置提示文本居中对齐，如图 3-82 所示。

图 3-82　设置居中对齐

16 用同样的方式，导入素材并制作密码框的效果，如图 3-83 所示。

图 3-83　制作密码框效果

17 在 form 图层组下创建 checkbox 图层组，绘制一个填充与边框和之前文本框背景相同的矢量正方形，设置其尺寸和位置，作为复选框背景，如图 3-84 所示。

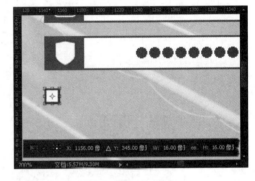

图 3-84　绘制复选框背景

18 在【工具箱】中选择【横排文字工具】按钮 **T**，在复选框右侧绘制文本框，输入提示文本并设置其"字符"属性，如图 3-85 所示。

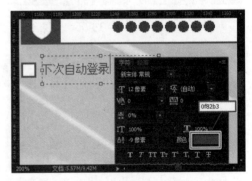

图 3-85　输入并设置提示文本

19 在上一段输入框右侧再次创建一个输入框，输入"忘记密码？"文本，然后用同样的方式设置其"字符"属性，并在【段落】面板设置其居右对齐，如图 3-86 所示。

图 3-86　设置右侧提示文本

20 在 form 图层组中再新建一个名为 submit 的子图层组，在【工具箱】中选择【圆角矩形工具】按钮 ，单击画布上的登录框矢量背景区域，在弹出的【创建圆角矩形】对话框中设置【宽度】、【高度】以及四个角的圆角【半径】，单击【确定】绘制圆角矩形，如图 3-87 所示。

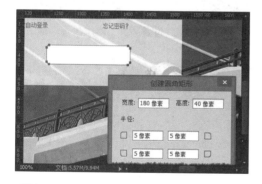

图 3-87　绘制登录按钮背景

21 保持选择【圆角矩形工具】按钮 ，在【工具选项栏】中设置矢量图形的填充色为蓝色（#0f82b3），然后再执行【编辑】|【自由变换路径】命令，在【工具选项栏】中设置其中心点水平坐标为"1280 像素"，垂直坐标为"400 像素"，如图 3-88 所示。

22 在【工具箱】中选择【横排文字工具】按钮 ，在画布中绘制一个尺寸与之前登录按

钮背景相同的文本框，输入"登录系统"文本，然后在【字符】面板设置其字符属性，并在【段落】面板设置其居中对齐，如图 3-89 所示。

图 3-88　设置登录按钮背景和位置

图 3-89　制作按钮文本

23 在 form 图层组下新建 signin 子图层组，制作提示注册的文本，其样式与复选框文本相同，居中对齐，完成登录框的内容制作，如图 3-90 所示。

图 3-90　制作注册文本

24 在【图层】面板新建 footer 图层，将其置于

signin 图层组和 background 图层组之间。然后，在【工具箱】中选择【矩形工具】按钮 ⬚，绘制一个宽为"2560 像素"、高为"40 像素"、中心点横坐标为"1280 像素"、纵坐标为"740 像素"的矩形，为其填充黑色（#000000），清除笔触，使之横跨整个画布，作为页脚版权部分的背景，如图 3-91 所示。

25 在【工具箱】选择【横排文字工具】按钮 T，在画布中绘制一个宽"1280 像素"，高"40 像素"，中心点坐标与之前绘制页脚版权背景相同的文本框，并在该文本框中输入版权声明文本，在【字符】面板设置其"字符"属性，如图 3-92 所示。

26 在【段落】面板设置这些版权声明文本为居右对齐，左右间距均为"20 像素"，即可完成整个界面方案的设计，如图 3-93

所示。

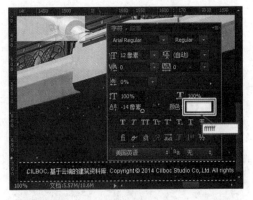

🖰 **图 3-92** 设置页脚版权文本"字符"属性

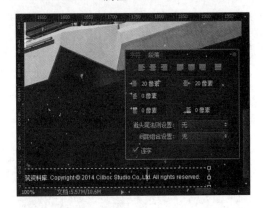

🖰 **图 3-93** 设置页脚文本"段落"属性

3.7 思考与练习

一、填空题

1.【矩形选框工具】可以选择各种长宽比的＿＿＿＿、＿＿＿＿和＿＿＿＿的区域，帮助用户对该类区域进行编辑操作。

2. 用户可以执行【选择】|【全选】命令，或按下＿＿＿＿组合键，来将画布中所有元素选中。

3. Photoshop 提供了两种主要的工具以处理文本内容，即＿＿＿＿和＿＿＿＿。

4. Photoshop 内置了 4 种基本消除锯齿的模式，即＿＿＿＿、＿＿＿＿、＿＿＿＿和＿＿＿＿，这些消除锯齿模式可以增加像素点或减少像素点的方式来对字体显示效果进行微调。

5. Photoshop 的切片根据其作用和生成的机理，可以划分为三种形式，即＿＿＿＿、＿＿＿＿和＿＿＿＿等。

6. 段落面板主要承载了三方面的功能，即段落文本的＿＿＿＿、＿＿＿＿以及＿＿＿＿。

二、选择题

1. 以下哪种工具无法直接创建选区？＿＿＿＿

A. 矩形选框工具

B. 椭圆选框工具

C. 横排文字工具

D．魔棒工具

2．使用_____选取工具，可以创建一个正方形与圆形选区。

    A．【矩形选框工具】和【多边形套索工具】

    B．【多边形套索工具】和【椭圆选框工具】

    C．【矩形选框工具】和【椭圆选框工具】

    D．【多边形套索工具】和【矩形选框工具】

3．【取消选择】选区范围命令的快捷键是_____。

    A．Shift+D   B．Ctrl+D

    C．Alt+D   D．Ctrl+Alt+D

4．对选区进行变形的快捷键是_____。

    A．Ctrl+T   B．Ctrl+F

    C．Shift+T   D．没有快捷键

5．对颜色区域进行选择，使用的工具是_____。

    A．套索工具

    B．椭圆形选框工具

    C．魔棒工具

    D．多边形套索工具

三、简答题

1．简述选区的作用和使用选区的方法。

2．【快速选择工具】和【魔棒工具】之间有什么区别？

3．如何清除 Photoshop 文本的锯齿？

4．切片都有哪些类型？

5．在输出界面设计方案时都有哪些注意事项？

第 4 章

绘制动画元素

　　动画是构成网站界面的元素之一。早期的网站项目受技术和带宽限制仅能向终端用户展示文本和图像等静态显示内容。计算机技术的发展和宽带的普及使得多媒体技术在网页中得到了越来越多的应用，同时也使网页的内容愈加丰富。

　　Adobe Flash 就是一种专业绘制和制作各种类型动画的行业软件，其通过贝塞尔曲线来表现矢量图形，然后以脚本来对矢量图形进行修改，使之以逐帧的方式显示动画。

　　本章就将介绍 Adobe Flash 的基本操作，包括 Flash 界面、创建动画的方法、绘制和编辑矢量图形、使用图形对象、处理矢量文本等技术。

　　本章学习目标：

- ➤ 了解 Flash 基本界面
- ➤ 创建动画
- ➤ 绘制和编辑矢量图形
- ➤ 处理矢量文本

4.1　Flash 使用基础

　　Flash 是一种提供强大矢量图形绘制功能，并通过名为元件的技术元素为基础实现逐帧、补间、形变、脚本等多种动画的专业设计软件，其应用范围十分广泛，在广告动画、影视动画、网页界面动画等诸多领域都有广泛的应用。

4.1.1　Flash 简介

　　Adobe Flash，简称 Flash，是一款由美国 Adobe System 公司出品的动画设计软件，其提供了大量矢量图形绘制工具和强大的元件编辑功能，并允许设计者为这些动画元素添加丰富的滤镜和动画效果，帮助设计者制作各种类型的动画。

1996 年发布的 Flash 软件仅仅提供了几种简单的矢量工具和时间轴，允许用户在时间轴上绘制和制作简单的逐帧动画。在 20 世纪末期，原出品公司 Macromedia 逐渐为 Flash 增添了重要的扩展功能，如在 1997 年为 Flash 引入库的概念，1998 年引入影片剪辑和独立的 FlashPlayer 播放器，截止到 2005 年，Macromedia 公司已经将 Flash 在动画设计方面的功能基本完善，使之成为了动画设计行业的标杆。

2005 年底，Adobe System 公司收购了 Macromedia 公司，将原 Flash 纳入了 Adobe Creative Suite（创意套件）体系中，并完成了一项重要的工作，就是引用了强类型的 ActionScript 3.0 脚本语言，完全重新编写了 Flash 动画的 AVM 虚拟机，使 Flash 动画的执行效率更高，开发标准也更加完善。

随着移动互联网技术的发展，Adobe 逐渐增强 Flash 的移动端动画设计功能，使之与 iPhone、iPad 等手持设备具备更加完善的兼容性，降低 Flash 动画在这些设备上播放的资源消耗，提高 Flash 动画在移动端的执行效率。

今天的 Flash 不断拓展在动画设计方面的功能，与全新的硬件设备结合，帮助用户在更多丰富的平台上设计动画。另外，Flash 也在不断更新自身的兼容性能，如能够输出 HTML 5 动画等，帮助网页设计者在更多生产环境中更简便地创建动画界面元素。

4.1.2 Flash CC 基本界面

Adobe 公司在引入了 Creative Cloud 概念（云端创意平台）之后，对 FLash 软件的界面进行了较大的改进，使之能够更加满足现代设计用户的实际需求。同时，其也提供了自定义用户界面的功能，其主体界面如图 4-1 所示。

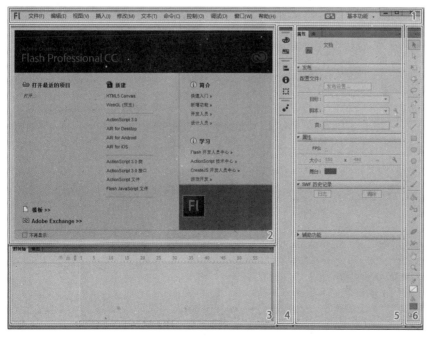

图 4-1 Flash CC 主体界面

与 Photoshop CC 类似，Flash CC 的主体界面也分为若干功能区域，包括 1-标题菜单栏、2-文档窗口、3-时间轴面板、4-压缩面板栏和展开面板栏、6-工具箱等。

1. 标题菜单栏

为尽量节省界面控件，Flash 将传统 Windows 应用程序的标题栏和菜单栏合并为【标题菜单栏】，整合了这两个工具栏的功能，在【标题菜单栏】中，最左侧是 Flash 软件的图标，然后是 11 个菜单选项，如表 4-1 所示。

表 4-1　标题菜单栏的菜单选项

菜单选项	作　用
文件	用于文件级别的操作，包括动画方案的打开、关闭、保存以及资源的导入、导出，以及动画方案的发布等功能
编辑	用于对当前所选内容或时间轴中各种元素的复制、剪切、粘贴、删除，以及 Flash 自身的软件环境配置等
视图	提供若干查看文档窗口的具体方式，以及标尺、辅助线等辅助工具的设置和应用
插入	用于为舞台或时间轴插入帧、元件和图层
修改	修改形状、元件、时间轴对象等动画元素
文本	修改影片剪辑或矢量图形中的文字内容
命令	执行 Flash 宏命令和各种影片转换功能
控制	用于操控影片和动画试播功能以及模拟互联网下载测试
调试	Flash 动画的测试、调试和脚本断点功能
窗口	管理 Flash 中的各种面板和工具
帮助	提供软件的帮助信息和技术支持

2. 文档窗口

【文档窗口】的作用与 Photoshop 中的【图像内容区】类似，可显示当前正在编辑的动画场景舞台，并允许设计者在此处对舞台上所有动画元素进行编辑操作，展示编辑的效果。

在 Flash CC 中，设计者可以同时打开多个动画设计方案，在使用 Flash 创建或打开多个动画设计方案后，【文档窗口】将显示三个组成部分，即【选项卡】栏、【状态】栏和【舞台】区域。如设计者仅打开了一个动画设计方案，则【选项卡】栏将被隐藏。

（1）【选项卡】栏

【选项卡】栏主要用于显示 Flash【文档窗口】当前已经打开的所有动画方案文档的标题，供设计者切换显示这些动画方案，如图 4-2 所示。

图 4-2　文档窗口的选项卡切换

设计者可以单击任意该栏中任意一个选项卡,显示该选项卡对应的动画方案文档,也可以单击选项卡内右侧的【关闭】按钮[×],关闭该动画方案文档。

提 示

当该动画方案文档的标题右侧带有星号(*)时,表示该文档尚有未保存的内容,Flash CC 会提示用户保存。

(2)【状态】栏

【状态】栏的作用是显示当前打开的内容从属于哪一个场景、元件和组等,从而反映内容与整个文档的目录关系。单击【上行】按钮[←],用户可以方便地跳转到上一个级别。

【状态】栏右侧提供了【编辑场景】按钮[▣]和【编辑元件】按钮[◇]。单击这两个按钮,可以分别查看当前 Flash 文档所包含的场景和元件列表。选择其中某一个项目,可以对其进行编辑。

除此之外,【状态】栏右侧还提供了【舞台居中】按钮[⊞],用于将舞台中心点与当前文档窗口正中央对齐。

在【状态】栏的最右侧是一个下拉菜单控件,其用于设置和显示当前动画设计方案的缩放比例,单位为百分比。

(3)【舞台】区域

【舞台】区域显示了当前创建或打开的动画设计方案文档的内容,其显示内容通常会与设计者在【时间轴】面板中选择的某一帧的内容相对应。借助【工具箱】中的各种工具,用户可以快速地对【舞台】区域内的各种动画元素进行编辑操作。

3.【时间轴】面板

Flash 默认的工作区方案会自动将【时间轴】面板放置于文档窗口下方,该面板主要用于显示当前动画设计方案中各种帧的信息以及图层的排列,如图 4-3 所示。

图 4-3 【时间轴】面板

4.压缩面板栏和展开面板栏

在 Flash CC 中,用户可以采用软件预置的工作区方案,或自行修改和定义工作区方案。每一种工作区方案都会特定地在【压缩面板栏】和【展开面板栏】显示几个相关的面板,每一个面板都会提供指定的若干功能。

【压缩面板栏】和【展开面板栏】的作用是显示一些常见的面板或面板的快捷按钮。其中,面板的快捷按钮会显示在压缩面板栏,而普通展开的面板则会显示在展开面板栏。

以默认的"基本功能"【工作区】布局为例,其会在压缩面板栏中显示【颜色】面板、【样本】面板、【对齐】面板、【信息】面板、【变形】面板和【动画预设】面板等面板的图标,在展开面板栏中显示【属性】检查器和【库】面板等。

5.【工具箱】

【工具箱】的作用是提供 Flash 矢量绘制和动画制作所必须的各种工具按钮,每一种工具按钮都代表着 Flash 中的一种基本功能。

随着 Flash 版本的提升和功能的增强，【工具箱】中的工具按钮也逐渐增加。在 Flash CC 版本中，共提供了 33 种工具按钮。出于篇幅的考虑，在此将不一一赘述。

4.2 创建动画文档

在设计 Flash 动画之前，设计者首先需要了解的是 Flash 动画的文档类型、创建 Flash 动画的方法，以及 Flash 动画设计方案的一些基本设置，诸如文档设置等。

4.2.1 Flash 动画文档类型

早期的 Flash 专注于动画的设计，随着 Web 开发技术的发展，如今的 Flash 已经逐渐成为一个综合的 Web 动画设计平台，其支持创建的动画也逐渐由传统的逐帧动画、补间动画发展为由脚本控制的复杂交互动画。

所有由 Flash 创建的动画均存储在扩展名为".fla"的动画设计方案中，根据动画的用途，Flash CC 支持创建以下几种类型的动画，如表 4-2 所示。

表 4-2 Flash 动画文档类型

动画类型		作 用	输 出
HTML 5 Cavas		创建用于 HTML5 Canvas 的动画资源。通过使用帧脚本中的 JavaScript，为 Web 资源添加交互性	Web 源代码和资源，包括 js 文件、图像资源、声音资源、HTML 文档等
WebGL		为 WebGL 技术创建动画资源，但不支持脚本编写或交互性功能	基于 JSON 架构的动画资源代码
ActionScript 3.0		传统的基于 ActionScript 3.0 脚本语言的 Flash 动画	传统的 Swift 动画文件，扩展名为".swf"
AIR	Desktop	基于桌面操作系统的富互联网应用	传统的 Swift 动画文件，扩展名为".swf"，或由 AIR 播放器解析执行的扩展名为".swc"的可执行程序
	Android	基于 Android 手机操作系统的富互联网应用	
	IOS	基于 IOS 手机操作系统的富互联网应用	
脚本	ActionScript 3.0 类	ActionScript 3.0 脚本类代码	扩展名为".as"的文本文件
	ActionScript 3.0 接口	ActionScript 3.0 脚本接口代码	
	ActionScript 文件	普通 ActionScript 脚本文件	
	Flash JavaScript 文件	基于 JavaScript 语言编写的 Flash 动画脚本代码	扩展名为".jsfl"的文本文件

在实际的开发中，用户应该根据所需应用的平台来决定创建哪一种类型的动画设计方案，并根据平台来进行方案的设计和发布。

Flash 文档本身基本是由场景→舞台→帧→元件→资源等 5 个层级构成的，一部 Flash 影片通常包含若干个场景；每个场景下具备一个独立的舞台，包含特定的舞台设置（如影片的尺寸、背景色、帧频等）；每个舞台包含一个时间轴，由时间轴中的帧来决定播放什么内容；每一个帧都可以包含若干元件，而元件内又可以包含子时间轴，以及在该子时间轴上播放的其他子元件、矢量图形、位图图像、文本、视频、音频等多媒体资源。

Flash 正是通过这种基本的层级结构，确定各种素材、元件、帧、舞台和场景的调用关系。设计者应非常了解这种层级关系，才能深入理解 Flash 动画的原理。

4.2.2　新建动画设计方案

Flash CC 提供了两种方式来创建动画设计方案，一种是通过启动 Flash CC 时的开始屏幕快捷方式来创建动画设计方案，另一种则是通过文件命令来创建动画设计方案。

1．Flash CC 开始屏幕

在启动 Flash CC 之后，默认会在 Flash 文档窗口内打开 Flash CC 开始屏幕界面，该界面中提供了所有 Flash 可以创建的动画设计方案类型，用户可以直接单击对应的动画设计方案，然后进行创建，如图 4-4 所示。

Flash CC 开始屏幕除了可以创建动画设计方案以外，还提供了最近打开项目的快捷方式，以及相关资源的链接，如 Flash CC 的简介以及学习中心网站等。

图 4-4　Flash CC 开始屏幕

2．执行文件命令

在 Flash CC 中，设计者也可以通过命令来打开向导，以步进的方式创建 Flash 设计方案。执行【文件】|【新建】命令，然后即可打开【新建文档】对话框，在该对话框中，包含两个常规选项卡，其一为创建空白动画设计方案，其二则为根据模板来创建动画设计方案，在此重点介绍第一个选项卡，如图 4-5 所示。

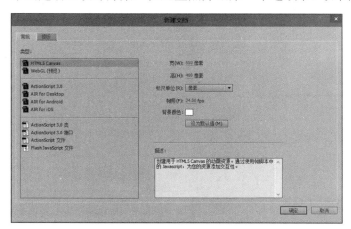

图 4-5　【新建文档】对话框

该对话框的首个选项卡主要分为两个部分，左侧为动画方案所使用的文档类型选项，右侧则为对该类型动画方案的具体设置。设计者可以单击左侧的【类型】列表中任意的文档类型项目，然后在右侧设置该文档的具体属性，单击【确定】按钮完成动画设计方案的创建。

在创建【类型】列表中，前 6 种设计方案文档为动画文档，而后 4 种设计方案文档则为脚本文档，其设置属性各不相同。

Flash 为动画文档类型提供了 5 种设置属性，其作用如表 4-3 所示。

图 4-3 动画文档的属性

属　　性		作　　用
宽		定义动画文档的宽度
高		定义动画文档的高度
标尺单位	英寸	以绝对单位英寸为单位来定义动画文档的尺寸
	英寸（十进制）	以绝对单位英寸为单位定义动画文档的尺寸，进制规则为 10 进制
	点	以绝对单位派卡点为单位定义动画文档的尺寸
	厘米	以绝对单位厘米为单位来定义动画文档的尺寸
	毫米	以绝对单位毫米为单位来定义动画文档的尺寸
	像素	以相对单位像素为单位来定义动画文档的尺寸
帧频		定义动画播放时每一帧在屏幕中显示时所占的时间，默认为 24 帧每秒
背景颜色		定义动画文档的背景颜色

通常情况下 Flash 动画都是基于计算机屏幕的多媒体产品，因此通常应使用像素作为设计方案的长度单位。但是如果需要针对某一种特定尺寸屏幕设备来适配的话，则应根据该设备的具体物理尺寸来使用对应的绝对单位来作为设计方案的长度单位。

提　示

英寸和英尺之间换算默认为 12 进制，但在实际设计中，经常以十进制来计算英寸数量，因此在 Flash CC 中提供了两种进制的英寸单位。

Flash 为脚本文档提供的设置仅用于定义脚本自身的一些关联属性，例如为"ActionScript 3.0 类"提供了【类名称】的属性设置，而为"ActionScript 3.0 接口"则提供了【接口名称】的属性设置。这些设置受限于篇幅，在此将不再赘述。

4.2.3　编辑文档设置

在创建动画设计方案之后，用户可以通过四种方式来编辑文档的基本设置。首先，用户可以执行【修改】|【文档】命令；也可以在舞台上右击，执行【文档】命令；还可以在【属性】检查器中的【属性】选项卡中单击【编辑文档属性】；或按下 Ctrl+J 组合键，均可打开【文档设置】对话框。

图 4-6 【文档设置】对话框

【文档设置】对话框的绝大多数属性与新建动画方案时类似，如图 4-6 所示。

在该对话框中，用户不仅可以设置文档的尺寸、背景与帧频，还可以设置文档的缩放方式，如表 4-4 所示。

图 4-4　动画设计方案文档的设置

属　　性		作　　用
单位	英寸	以绝对单位英寸为单位来定义动画文档的尺寸
	英寸（十进制）	以绝对单位英寸为单位定义动画文档的尺寸，进制规则为 10 进制
	点	以绝对单位派卡点为单位定义动画文档的尺寸
	厘米	以绝对单位厘米为单位来定义动画文档的尺寸
	毫米	以绝对单位毫米为单位来定义动画文档的尺寸
	像素	以相对单位像素为单位来定义动画文档的尺寸
舞台大小	宽度	定义动画文档的宽度
	高度	定义动画文档的高度
匹配内容		根据舞台中实际的显示对象内容尺寸来定义舞台大小，如无内容，则定义舞台宽度和高度均为 1 像素
缩放	缩放内容	在更改舞台尺寸的同时根据比例缩放舞台内的所有显示对象内容
	锁定层和隐藏层	缩放显示对象内容的同时也对锁定层和隐藏层内的显示对象内容进行同比例缩放
锚记	⌐	在缩放舞台时向右下方扩张或收缩
	⊤	在缩放舞台时向底部扩张或收缩
	⌐	在缩放舞台时向左下方扩张或收缩
	⊦	在缩放舞台时向右侧扩张或收缩
	⊕	在缩放舞台时向四周均匀扩张或收缩
	⊣	在缩放舞台时向左侧扩张或收缩
	⌐	在缩放舞台时向右上方扩张或收缩
	⊥	在缩放舞台时向顶部扩张或收缩
	⌐	在缩放舞台时向左上方扩张或收缩
舞台颜色		定义动画文档的背景颜色
帧频		定义动画播放时每一帧在屏幕中显示时所占的时间，默认为 24 帧每秒

如用户只需要修改 Flash 动画设计方案的帧频、尺寸或背景颜色，也可以在【属性】检查器的【属性】选项卡中直接修改【FPS】属性（帧频）、【大小】属性（尺寸）和【舞台】属性（背景颜色），如图 4-7 所示。

4.2.4　导入素材文件

Flash CC 作为 Adobe 创意云套件的一个重要组成部分，其与 Adobe 创意云套件的其他组件具有良好的兼容性，可以快速导入多种类型的素材文档，将其作为资源库的资源元素来运作。

图 4-7　在【属性】检查器中编辑文档设置

1．导入一般素材

一般素材包括普通的位图图像、Flash 输出的 Shockwave 影片、音频等，其具体包含以下几种类型，如表 4-5 所示。

类　型	扩展名	说　明
JPEG 图像	jpg jpeg jpe	JPEG（Joint Photographic Experts Group，联合图像专家小组推荐格式）是第一个国际图像压缩标准。JPEG 图像压缩算法能够在提供良好的压缩性能的同时，具有比较好的重建质量，被广泛应用于图像、视频处理领域
GIF 图像	gif	GIF(Graphics Interchange Format，图像互换格式)是 CompuServe 公司在 1987 年开发的图像文件格式。GIF 文件的数据，是一种基于 LZW 算法的连续色调的无损压缩格式。其压缩率一般在 50%左右
PNG 图像	png	PNG（Portable Network Graphic Format，可移植网络图像格式）是一种位图文件(bitmap file)存储格式，读成"ping"。PNG 用来存储灰度图像时，灰度图像的深度可多到 16 位，存储彩色图像时，彩色图像的深度可多到 48 位，并且还可存储多到 16 位的 α 通道数据，其目的是试图替代 GIF 和 TIFF 文件格式，同时增加一些 GIF 文件格式所不具备的特性
位图	bmp dib	BMP（全称 Bitmap）是 Windows 操作系统中的标准图像文件格式，其可以分成两类：设备相关位图（DDB）和设备无关位图（DIB），使用都非常广泛。它采用位映射存储格式，除了图像深度可选以外，不采用其他任何压缩，因此，BMP 文件所占用的空间很大。BMP 文件的图像深度可选 1bit、4bit、8bit 及 24bit。BMP 文件存储数据时，图像的扫描方式是按从左到右、从下到上的顺序。由于 BMP 文件格式是 Windows 环境中交换与图有关的数据的一种标准，因此在 Windows 环境中运行的图形图像软件都支持 BMP 图像格式
SWF 影片	swf	Flash 编译和发布的传统影片
AIFF 声音	aif aiff aifc	AIFF（Audio Interchange File Format，音频交换文件格式）是一种文件格式存储的数字音频（波形）的数据，AIFF 应用于个人电脑及其他电子音响设备以存储音乐数据。AIFF 支持 ACE2、ACE8、MAC3 和 MAC6 压缩，支持 16 位 44.1kHz 立体声
WAV 声音	wav	WAV 为微软公司开发的一种声音文件格式，它符合 RIFF(Resource Interchange File Format)文件规范，用于保存 Windows 平台的音频信息资源，被 Windows 平台及其应用程序所广泛支持
MP3 声音	mp3	MP3（Moving Picture Experts Group Audio Layer III，第三代动态影像压缩标准音频）被设计用来大幅度地降低音频数据量。利用 MPEG Audio Layer 3 的技术，将音乐以 1:10 甚至 1:12 的压缩率，压缩成容量较小的文件，而对于大多数用户来说重放的音质与最初的不压缩音频相比没有明显的下降
Adobe 声音文档	asnd	ASND（Adobe Sound Document，Adobe 声音文档）是一种由 Adobe Soundbooth 或 Adobe Audition 软件编码的声音文档
Sun AU	au snd	Sun 公司为 UNIX 系统开发的一种音乐格式，和 WAV 非常相像，在大多数的音频编辑软件中也都支持它们这几种常见的音乐格式。在 JAVA 自带的类库中能得到播放支持
Sound Designer II	sd2	SD2（Sound Designer II，第二代音效设计师）是一种单声道/立体声音频文件格式，最初由 Digidesign 开发用于其基于 Macintosh 的录音/编辑产品。它是单声道音效设计师 I 音频文件格式的继起之物
Ogg Vorbis	ogg oga	Ogg(Ogg Vorbis)是一种新的音频压缩格式，类似于 MP3 等的音乐格式。Ogg 是完全免费、开放和没有专利限制的。Ogg 文件格式可以不断地进行大小和音质的改良，而不影响旧有的编码器或播放器
无损音频编码	flac	FLAC（Free Lossless Audio Codec，自由无损音频编码）其特点是无损压缩。不同于其他有损压缩编码如 MP3 及 AAC，它不会破坏任何原有的音频资讯，所以可以还原音乐光盘音质。现在它已被很多软件及硬件音频产品所支持

Flash 在处理以上这些类型的素材时允许设计者将其直接导入库，或在导入库的同时也导入到当前舞台中。

如设计者仅需要将素材导入到库中备用，可在 Flash 中执行【文件】|【导入】|【导入到库】命令；而如果设计者需要在将素材导入到库的同时还直接放入到舞台中，则可以执行【文件】|【导入】|【导入到舞台】命令。在选择素材文件之后，即可完成一般导入操作。

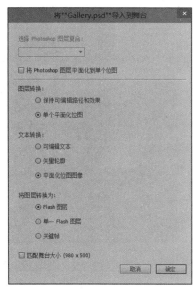

2. 导入 Photoshop 设计方案

Photoshop 设计方案是一种由多个图层构成的复杂图像文档，其可以内嵌文本、矢量图形、位图以及这些元素的滤镜效果。Flash 在处理 Photoshop 设计方案时，可以直接读取设计方案内的各种信息，并进行有针对性的处理。

图 4-8 将文档导入到舞台

在选择了导入 Photoshop 设计方案的方式后，Flash CC 会弹出【将文档导入到舞台】或【将文档导入到库】对话框，允许用户设置和定义导入的具体方式，如图 4-8 所示。

在【将文档导入到舞台】对话框中，用户可以设置对各种类型的 Photoshop 图层的处理方法，如表 4-6 所示。

表 4-6 处理 Photoshop 图层的设置

处 理 方 式		作　　用
将 Photoshop 图层平面化到单个位图		将 Photoshop 文档所有图层和内容合并为单一位图，然后导入到舞台或库
图层转换	保持可编辑路径和效果	保持 Photoshop 位图图层、矢量图层的所有路径以及滤镜效果
	单个平面化位图	将 Photoshop 位图图层和矢量图层的路径、滤镜效果等合并为位图图层
文本转换	可编辑文本	保留 Photoshop 文本图层，将其转换为 Flash 文本
	矢量轮廓	将 Photoshop 文本图层中的文本转换为矢量路径
	平面化位图图像	将 Photoshop 文本图层打散为位图图像
把图层转换为	Flash 图层	将 Photoshop 图层转换为 Flash 图层，保持各图层之间的层叠关系
	单一 Flash 图层	将 Photoshop 图层转换为单一 Flash 图层，每个 Photoshop 图层均定义为该 Flash 图层中的一个元件
	关键帧	将 Photoshop 图层内的内容合并到一个关键帧中
匹配舞台大小		根据导入的 Photoshop 设计方案尺寸重新更改舞台尺寸

通常情况下，如设计者仅仅需要导入 Photoshop 设计方案作为一幅图像素材，则可以选择【将 Photoshop 图层平面化到单个位图】选项，直接单击【确定】，Flash 将合并所有该设计方案中的图层、路径、滤镜、效果，使之成为一整幅位图。

而如果设计者需要导入所有 Photoshop 设计方案中的元素，在 Flash 中以元件的方式进行编辑修改，则可以设置图层、文本等转换处理方式，将 Photoshop 设计方案中的元素均转换为 Flash 元件来使用，如图 4-9 所示。

图 4-9　导入外部 **Photoshop** 设计方案

注 意

【匹配舞台大小】选项仅在将素材导入舞台时可用，在将素材导入库时为不可用状态。

3．导入 Illustrator 矢量图形

Illustrator 矢量图形是由 Adobe Illustrator 绘制的一种特殊矢量图形文档，与 Photoshop 设计方案、Flash 动画设计方案文档类似，Illustrator 矢量图形文档也属于一种由若干图层叠加而成的复杂文档，其由若干矢量图形、矢量图形编组、文本对象、位图对象组成。

Flash CC 内置了完整的 Illustrator 素材导入支持，允许用户方便地将 Illustrator 格式的文档导入到库或导入到舞台，其基本导入方式与 Photoshop 设计方案类似，其区别在于选择文件后导入时的处理方式有所不同，如用户选择导入 Illustrator 矢量图形文档，则同样会显示【将文档导入到库】或【将文档导入到舞台】对话框，如图 4-10 所示。

在导入 Illustrator 矢量图形时，其处理对话框与导入 Photoshop 设计方案的对话框区别在于，其允许选择 Illustrator 矢量图形中的画板，并根据画板来决定导入设置。除此之外，在导入 Illustrator 矢量图形时，Flash 会生成"不兼容性报告"，告知设计者那些 Illustrator 的效果或图形元素不被 Flash 支持。

4．导入多媒体

在处理多媒体视频时，Flash 允许用户导入多种途径类型的视频，根据实际的视频类型来处理 Flash 文档和视频的关系。在 Flash 中执行【文件】|【导入】|【导入视频】命令，然后即可打开【导入视频】对话框，如图 4-11 所示。

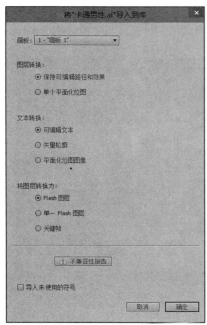

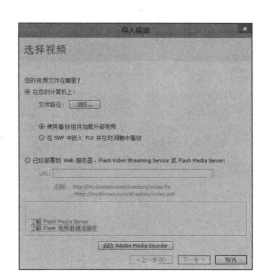

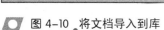 图 4-10 将文档导入到库   图 4-11 导入视频

在该对话框中，用户可以选择两种类型的视频，并针对这两种视频类型来进行下一步处理。如果用户需要导入的是本地视频，则可以选择【在您的计算机上】选项，然后单击【文件路径】后的【浏览】按钮，选择该视频，然后再选择外部加载或嵌入到 SWF 文件中等两种方式进行导入。

提 示

如果导入的视频较小，用户完全可以选择第二种方式，即选中【在 SWF 中嵌入 FLV 并在时间轴中播放】选项。而如果导入的视频较大，则可以选择【使用播放组件加载外部视频】选项，将其以外部加载的方式导入。

如果用户需要导入的是基于互联网的流媒体，则可以选择【已经部署到 Web 服务器、Flash Video Streaming Service 或 Flash Media Server】选项，并输入其 URL 地址，进行导入工作。

【导入视频】对话框还提供了启动 Adobe Media Encoder 视频编解码工具的入口，单击【启动 Adobe Media Encoder】按钮，即可启动该工具，快速处理视频。

注 意

使用 Flash 加载的外部视频格式支持有限，通常情况下需要使用 Adobe Media Encoder 进行转码编码之后才能使用。

（1）加载外部视频

如果设计者以加载外部视频的方式导入，则可以选择【使用播放组件加载外部视频】选项，单击【下一步】按钮，在"设定外观"步骤中选择视频播放控制器的外观和颜色，如图 4-12 所示。

然后，即可单击【下一步】，完成视频的导入，生成一个用于播放视频的 Flash 影片，如图 4-13 所示。

图 4-12 选择控制器外观和颜色

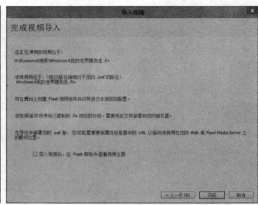

图 4-13 完成视频导入

（2）嵌入 FLV

如果设计者需要将 FLV 格式的视频嵌入到 Flash 影片中，则可以选择【在 SWF 中嵌入 FLV 并在时间轴中播放】选项，单击【下一步】按钮，如图 4-14 所示。

在该对话框中，用户可以设置 FLV 视频的相关属性，如表 4-7 所示。

表 4-7 嵌入 FLV 的设置

属 性		作 用
符号类型	嵌入的视频	将视频作为库元素（视频类型资源）的方式嵌入
	影片剪辑	在嵌入视频时创建同名影片剪辑对象
	图形	在嵌入视频时创建同名图形对象
将实例放置在舞台上		在嵌入视频之后将对应的资源、影片剪辑对象、图形对象放置在舞台上，如取消此项选择，则将仅嵌入到库中
如果需要，可扩展时间轴		允许根据视频的长度扩展 Flash 影片的时间轴，如取消此项选择，则会根据现有时间轴截断视频
包括音频		在嵌入视频的同时载入音轨，如取消此项选择，则视频将为无声

在设置完成嵌入的属性之后，即可单击【下一步】按钮，完成视频导入，如图 4-15 所示。

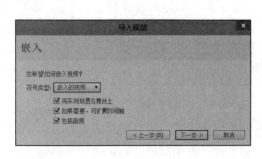

图 4-14 嵌入 FLV 视频设置

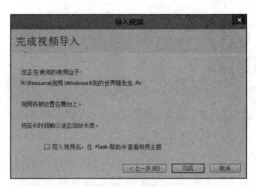

图 4-15 完成嵌入 FLV 的导入

4.3 绘制矢量几何图形

Flash 是一种基于矢量图形的动画设计软件，其提供了多种矢量图形绘制工具，允许设计者绘制线条、矩形、椭圆、多角形以及多边形等多种几何图形。

4.3.1 线条工具和铅笔工具

线条是构成矢量几何图形的基本元素，在 Flash 中，设计者可以使用其内置的工具直接绘制直线和曲线。

1. 绘制直线线条

Flash 提供了【线条】工具 / 来绘制直线线条。在【工具箱】中单击【线条】工具 /，然后即可在【属性】检查器中设置线条的各种属性，在舞台中绘制直线，如图 4-16 所示。

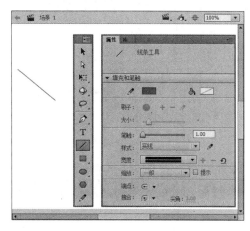

图 4-16 使用【线条】工具

【线条】工具 / 的【属性】检查器支持用户设置多种线条属性，定义直线的样式，如图 4-17 所示。

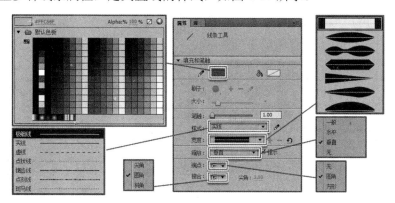

图 4-17 【线条】工具的【属性】检查器

在绘制直线时，用户可以在【属性】检查器中快速更改【线条】工具 / 的基本属性，绘制各种样式的线条，其设置如表 4-8 所示。

表 4-8 【线条】工具的属性

属　　性	作　　用
✏	定义线条的笔触颜色
笔触	定义线条的宽度
样式	定义线条的基本样式，如极细线（忽略宽度）、实线、虚线、点状线、锯齿线、点刻线、斑马线等
编辑笔触样式 ✏	自定义个性化的线条样式
宽度	定义线条的宽度变化规则

属　　性	作　　用
缩放	定义缩放影片时线条变化的锯齿修复方式
端点	用于设置直线或曲线的开始点及终止点的样式
接合	也可称为拐角点，即多条直线交叉时的接合位置
尖角	定义拐角点变换的弧度

通常情况下，Flash 预置的 7 种线条样式已经可以满足设计者的一般绘制需求。如果设计者需要绘制更加丰富的样式线条，则可以在【属性】检查器中单击【编辑笔触样式】按钮 ✐，打开【笔触样式】对话框，如图 4-18 所示。

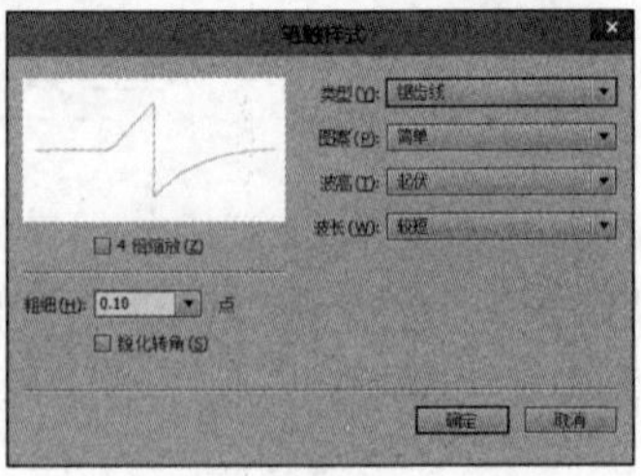

在该对话框中，各选项的作用如表 4-9 所示。

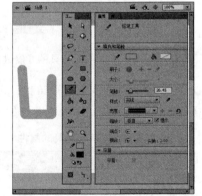

图 4-18　笔触样式设置

▦ 表 4-9　笔触样式的设置

设　　置	作　　用
4 倍缩放	启用该复选框，可以放大 4 倍来预览笔触样式
粗细	用于设置笔触预览效果的大小
锐化转角	启用该复选框，可以使笔触的拐角变得尖锐
类型	选择笔触的样式。不同的笔触样式，其下方的设置选项也会发生变化
其他设置	根据类型设置来更改笔触的其他进阶设置

在该对话框中，用户可以通过修改笔触样式的【类型】选项，来更改和设置其下方的各种其他设置。

技·巧

在绘制图形时，为了避免由于重叠形状或线条而意外改变它们，可以在【工具箱】中单击选择【对象绘制】按钮 ▣ 以对象的方式绘制形状，这样绘制的任何形状都将被自动转换为图形对象。

2．绘制任意曲线线条

Flash 提供了【铅笔】工具 ✐ 来绘制任意的自由曲线线条，这些线条可以组成简单的任意图形，或元件的运动路径等。【铅笔】工具 ✐ 的使用方法与【线条】工具 ／ 类似，在【工具箱】中选择【铅笔】工具 ✐ 之后，即可在舞台中绘制曲线，如图 4-19 所示。

【铅笔】工具 ✐ 具备三种平滑模式，在【工具箱】底部，设计者可以单击【伸直】 ↳、【平滑】 S 或【墨水】 ✑ 按钮，快速在三种平滑模式中切换。

图 4-19　使用【铅笔】工具

（1）伸直模式

在该模式下，Flash 可以自动规则所绘制的线条，使其更贴近规则形状。诸如绘制直线、椭圆、矩形、多边形等的大致轮廓，Flash 会自动将其转换为对应的图形，如图 4-20 所示。

（2）平滑模式

在该模式下，Flash 会自动根据【属性】检查器中设置的【平滑】属性来定义曲线的曲率，将绘制的曲线平滑化，使线条或封闭图形接近于圆弧或椭圆，如图 4-21 所示。

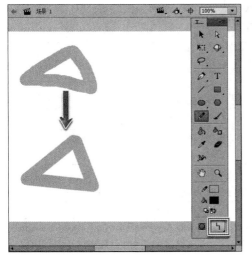

图 4-20 绘制伸直线条

图 4-21 绘制平滑线条

（3）墨水模式

在该模式下，Flash 会完全保留设计者徒手绘制的线条内容，不加任何更改，使之更接近设计者手绘的效果。

4.3.2 矩形工具和基本矩形工具

Flash CC 通过【矩形】工具 ■、【基本矩形】工具 ■ 来绘制各种矩形和圆角矩形。其区别在于，通过【矩形】工具 ■ 绘制的矩形会被打散为由笔触和填充构成的普通矢量形状元素，而通过【基本矩形】工具 ■ 绘制的矩形则会被保留为一个矩形图形对象，并完整地保留可编辑性。

在【工具箱】中选择【矩形】工具 ■ 或【基本矩形】工具 ■ 之后，设计者可以在【属性】检查器中设置矩形图形的填充和笔触、圆角弧度等属性，然后再在舞台中拖曳鼠标，Flash 会将鼠标按下的点和鼠标弹起的点分别作为矩形对角线的起点和终点，生成矩形形状，如图 4-22 所示。

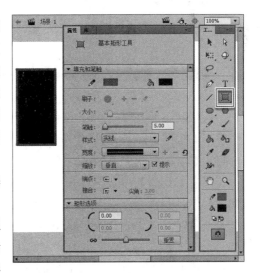

图 4-22 绘制基本矩形形状

【矩形】工具 ■ 和【基本矩形】工具 ■ 都是由矢量笔触和填充构成，因此其【属性】

检查器中完整地包含了【线条】工具 / 的所有矢量笔触属性，除此之外，还增加了一部分新的属性，如表 4-10 所示。

▦ 表 4-10 绘制矩形的属性

选项卡	属性	作用
填充和笔触	🖌	单击其右侧的【颜色拾取器】按钮 ▮，可更改绘制的矩形填充颜色
矩形选项	╭	定义矩形左上角的圆角弧度
	╰	定义矩形左下角的圆角弧度，仅当锁定矩形四角圆角弧度的按钮处于非激活状态（⇄）时可用
	╮	定义矩形右上角的圆角弧度，仅当锁定矩形四角圆角弧度的按钮处于非激活状态（⇄）时可用
	╯	定义矩形右下角的圆角弧度，仅当锁定矩形四角圆角弧度的按钮处于非激活状态（⇄）时可用
	⊝	锁定矩形四个角的圆角弧度，使之为一个统一的值
	重置	重置设计者自定义的圆角弧度为默认弧度，即四个角弧度均为 0

如果设计者使用【矩形】工具 ▢ 来绘制矩形，则在绘制完成矩形之后，只能通过【选择】工具圈选该矩形，在【属性】检查器的【位置和大小】选项卡与【填充和笔触】选项卡来对其进行编辑操作，修改其位置、尺寸、填充和笔触等属性。

【基本矩形】工具 ▣ 绘制的矩形可编辑性更强，则在绘制完成矩形之后，可以通过【选择】工具 ▶ 直接单击选择该矩形，然后在【属性】检查器中通过【位置和大小】选项卡、【填充和笔触】选项卡和【矩形选项】选项卡来对其进行修改，除了编辑位置、尺寸、填充、笔触等属性外，还可以修改其圆角弧度。

注 意

在使用【矩形】工具 ▢ 或【基本矩形】工具 ▣ 绘制矩形时，设计者可以按住 Shift 功能键，绘制正方形或基于正方形的圆角矩形。

4.3.3 椭圆工具和基本椭圆工具

与绘制矩形类似，Flash 提供了【椭圆】工具 ⬭ 和【基本椭圆】工具 ⬭ 等两种工具来绘制普通矢量椭圆和基于对象的矢量椭圆对象。

在【工具箱】中选择【椭圆】工具 ⬭ 或【基本椭圆】工具 ⬭，然后即可在【属性】检查器中设置其属性，在舞台中绘制椭圆形状或基于对象的椭圆对象，如图 4-23 所示。

与矩形形状类似，在绘制椭圆形状时，用户也可以在【属性】检查器中设置其【填充和笔触】属性，

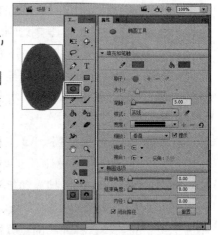

⬭ 图 4-23 绘制椭圆形状

除此之外，还可以额外设置其【椭圆选项】属性，其主要包含以下几种属性，如表 4-11 所示。

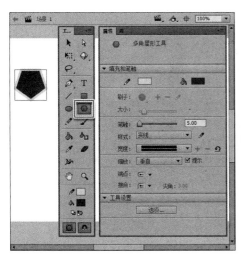 表 4-11 椭圆选项的属性

属 性	作 用
开始角度	定义椭圆形状或基于对象的椭圆形状的圆弧边起始点角度，用于绘制扇形
结束角度	定义椭圆形状或基于对象的椭圆形状的圆弧边结束点角度，用于绘制扇形
内径	定义椭圆形状或基于对象的椭圆形状的同心圆半径，用于绘制圆环或扇环
闭合路径	指定椭圆的路径是否闭合。如果指定了内径，则包含多个路径；如果指定了一条开放的路径，但未对生成的形状应用任何填充，则仅绘制笔触
重置	重置为默认选项，即定义【开始角度】、【结束角度】和【内径】值均为 0，并选中【闭合路径】选项

如果设计者采用【基本椭圆】工具  来绘制椭圆，则在绘制完成基于对象的椭圆形状之后，仍然可以通过【选择】工具 直接单击选择该形状，修改其【椭圆选项】相关属性。

注 意

在使用【椭圆】工具 或【基本椭圆】工具 绘制椭圆时，设计者可以按住 Shift 功能键，绘制圆形或基于圆形的扇形、扇环以及圆环。

4.3.4 多角星形工具

除了绘制矩形和椭圆形之外，Flash CC 还提供了【多角星形】工具 ，以绘制多边形、星形等复杂的几何图形。

在【工具箱】中选择【多角星形】工具 ，在【属性】检查器中设置【工具设置】属性，然后即可在舞台中绘制多边形或星形，如图 4-24 所示。

【多角星形】工具 的【属性】检查器除了【填充和笔触】选项之外，还提供了【工具设置】选项卡，其包含一个选项按钮，单击该按钮之后，可打开【工具设置】对话框，以定义多角形或多边形的属性，如图 4-25 所示。

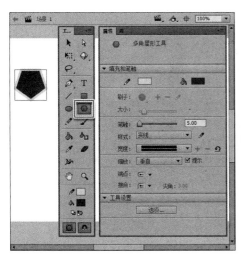

 图 4-24 绘制多边形 图 4-25 【工具设置】对话框

在该对话框中，用户可以对绘制的多边形或星形进行具体的设置，如表 4-12 所示。

表 4-12 多角星形的工具设置

属	性	作 用
样式	多边形	默认值，绘制一个多边形（形状的边数与下方【边数】值相等）
	星形	绘制一个星形（形状的角数与下方【边数】值相等，但边数为下方【边数】值的两倍）
边数		定义多边形的边数或星形的角数
星形顶点大小		指星形多边形角的度数，范围为 0~1 之间的小数，数字越大则角度越大

4.4 编辑颜色

颜色是构成矢量形状的重要样式。Flash 提供了多种方式来识取和定义颜色，包括调色板、【颜色】面板等。在定义颜色之后，设计者即可通过【墨水瓶】工具 和【颜料桶】工具 将其应用到矢量图形中。

4.4.1 调色板

调色板是 Flash 中最基本的色彩编辑和识取工具，其可以为设计者提供包含 Alpha通道的 218 种基本颜色和 7 种常用的渐变色，并允许用户自行定义更多基于 RGB 色系的颜色。

调色板可以应用于几乎所有 Flash 软件的颜色识取和调制中，诸如舞台、各种文本、笔触、填充等。在为这些元素进行调制颜色时，只需要单击【颜色拾取器】按钮，然后即可调出调色板，其主要由 7 个部分组成，如图 4-26 所示。

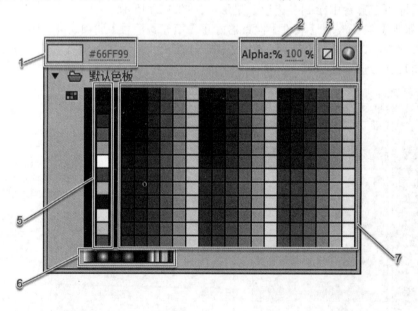

图 4-26 调色板的组成部分

组成 Flash 调色板的 7 个部分主要包括 1-颜色编辑器、2-Alpha 通道编辑器、3-【清除颜色】按钮、4-【颜色选择器】按钮、5-基本纯色、6-基本渐变色以及 7-216 安全色等。

1．颜色编辑器

颜色编辑器主要包括两个部分，即左侧的【色彩预览】，以及右侧的【颜色代码】文本框等。其中【色彩预览】显示的是当前所选择颜色的预览效果，而【颜色代码】文本框将显示当前所选择颜色的代码，其由井号"#"和 6 位十六进制数字组成。

当设计者通过调色板的色彩识取功能在 Flash 中识取颜色时，色彩预览会显示当前识取颜色的效果，而【颜色代码】文本框会显示该颜色的代码。设计者可以直接单击【颜色代码】文本框，在其中输入某个颜色的代码，将其作为当前选择的颜色，应用到调色板中。

2．Alpha 通道编辑器

Alpha 通道编辑器的作用是定义当前所选纯色的透明度，其值为百分比值，当其值为"100%"时，表示完全不透明，而当其值为"0%"时，表示完全透明。

3．【清除颜色】按钮

【清除颜色】按钮 的作用是清除设计者当前选择的颜色，设置对应的 Flash 元素（如笔触、填充等）为无色状态。

4．【颜色选择器】按钮

【颜色选择器】按钮 可以帮助设计者调出【颜色选择器】对话框，帮助用户识取和选择更多丰富的颜色。在单击该按钮之后，即可打开【颜色选择器】对话框，如图 4-27 所示。

在该对话框中，用户可以在左侧的色度识取区域选择颜色的基本色度，然后在中间的明度识取区域选择明度，定义颜色，其设置项目如表 4-13 所示。

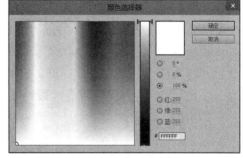

图 4-27 【颜色选择器】对话框

表 4-13 颜色选取器的设置项目

设　置		作　用	
取色基准	色相	根据色相来决定颜色选取的方式	

设　　置		作　　用
取色基准	饱和度	根据饱和度来决定颜色选取方式
	亮度	根据亮度来决定颜色选取的方式
	红	以红色为基准色来取色
	绿	以绿色为基准色来取色
	蓝	以蓝色为基准色来取色
#		直接通过颜色代码来取色

当然，用户也可以直接在井号"#"后输入颜色的代码以识取颜色，单击【确定】按钮完成颜色的调制。

5. 基本纯色

基本纯色区域提供了 12 种基本的颜色，包括从黑色（#000000）到白色（#FFFFFF）的 6 种灰度颜色、红（#FF0000）、绿（#00FF00）、蓝（#0000FF）三原色和黄色（#FFFF00）、青色（#00FFFF）以及品红（#FF00FF）等（黄色、青色、品红与黑色构成 CMYK 四分色）。设计者可以从基本纯色区域快速选取这些颜色，将其应用到图形中。

6. 基本渐变色

基本渐变色区域提供了 7 种简单的渐变色，用于快速渐变色的选取与应用。

7. 216 安全色

早期的 Flash 仅用于网页动画的设计，后续的版本也保留了很多网页设计的特色。调色板中的 216 安全色快速选择也正是由此继承而来。

216 安全色又被称作 216 网页安全颜色，其指在不同硬件环境、不同操作系统、不同浏览器中都能够正常显示的颜色集合，这些颜色在任何终端浏览用户显示设备上的显示效果都是相同的。所以使用 216 网页安全颜色进行网页配色可以避免原有的颜色失真问题。

4.4.2　颜色面板

【颜色】面板是对调色板的进阶升级，其可以为设计者提供更加丰富的色彩以及颜色类型，可为矢量笔触以及矢量填充应用更多的颜色内容。在 Flash 中执行【窗口】|【颜色】命令，或在压缩面板栏中单击【颜色】按钮 <img />，然后即可打开该面板，如图 4-28 所示。

【颜色】面板可以定义矢量笔触和矢量填充的颜色，其可分为两个部分，一部分为【颜色类型】设置，另一部分则是根据填充的类型而定义的【颜色选项】。

在【颜色类型】设置中，定义了【颜色】面板向矢量笔触和矢量填充应用颜色的方式，如表 4-14 所示。

图 4-28　【颜色】面板

表 4-14　颜色类型设置

设　置	作　用
笔触颜色 ✏	单击此按钮可使【颜色】面板中定义的颜色应用到当前矢量笔触
填充颜色 🪣	单击此按钮可使【颜色】面板中定义的颜色应用到当前矢量填充
黑白	快速将黑色应用到笔触颜色，将白色应用到填充颜色
无色	快速清除当前笔触颜色或填充颜色
交换颜色	将当前定义的笔触颜色和填充颜色快速交换
颜 色 类 型　无	清除当前笔触颜色或填充颜色
纯色	为当前笔触颜色或填充颜色应用纯色
线性渐变	为当前笔触颜色或填充颜色应用线性渐变，即直线延伸的渐变效果
径向渐变	为当前笔触颜色或填充颜色应用径向渐变，即由中心向四周发散的渐变效果
位图填充	载入一幅位图，以该位图填充笔触或填充区域

【颜色选项】区域会根据设计者选择的【颜色类型】选项来自动更新设置选项，变换选项内容。如选择"无"颜色，则【颜色选项】区域将为空。

1．纯色的颜色选项

当设计者为笔触或填充选择"纯色"的颜色选项之后，【颜色选项】将显示为一个颜色拾取器，允许设计者通过【色相】、【饱和度】、【亮度】、【红】、【绿】和【蓝】等取色基准来识取颜色，如图 4-29 所示。

图 4-29　纯色的颜色选项

"纯色"的【颜色选项】与【颜色选取器】对话框类似，其区别在于提供了【A】选项来定义 Alpha 通道，同时在下方提供了一个颜色预览区域，该区域上半部分为当前调制的颜色，下半部分为当前已选择的颜色。

2．线性渐变和径向渐变的颜色选项

当设计者选择"线性渐变"或"径向渐变"等两种渐变的【颜色类型】后，【颜色选项】将显示用于渐变的颜色选项。

其在"纯色"的颜色选项基础上增加了设置渐变的【流】选项，定义渐变的方式，另外提供了【线性RGB】选项，定义以线性计算的渐变色彩变换方式，同时提供了渐变色编辑功能，允许设计者自行为渐变色添加取色点，定义取色点的颜色，如图4-30所示。

图4-30 用于渐变的颜色选项

3．位图填充的颜色选项

当设计者选择"位图填充"的【颜色类型】之后，Flash将会弹出一个【导入到库】对话框，允许设计者从本地计算机打开一个位图文件，将其导入到库。然后，【颜色选项】区域将显示该位图的预览效果。

4.4.3 墨水瓶工具

【墨水瓶】工具是一种用于为矢量图形添加笔触的实用工具，其作用是自动判断当前用户选择的填充区域，为该填充区域添加笔触或更改当前填充区域的笔触。在【工具箱】中选择【墨水瓶】工具，然后即可在【属性】检查器中设置其笔触属性，单击舞台中的填充区域，为该区域添加或更改其笔触，如图4-31所示。

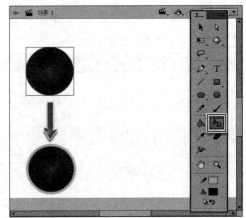

图4-31 为图形添加笔触

【墨水瓶】工具的【属性】检查器设置与【线条】工具、【铅笔】工具相同，出于篇幅的限制，在此将不再赘述。

4.4.4 颜料桶工具

【颜料桶】工具的作用与【墨水瓶】工具正好相反，【墨水瓶】工具用于为矢量填充添加笔触，而【颜料桶】工具则用于为矢量笔触添加或修改其矢量填充。

在【工具箱】中单击【颜料桶】工具，然后即可在【属性】检查器中通过【填充颜色】的颜色拾取器，或【颜色】面板等方式来设置填充颜色，将其应用到绘制的矢量图形中，如图4-32所示。

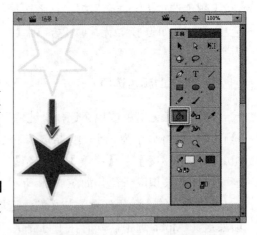

图4-32 用【颜料桶】工具填充颜色

Flash在【工具箱】底部为【颜料桶】工具提供了几种填充方式的设置，如表4-15

所示。

表 4-15 【颜料桶】工具的填充方式设置

图标	选 项	作 用
○	不封闭空隙	只有区域完全闭合时才能填充
○	封闭小空隙	系统忽略一些小的缺口进行填充
○	封闭中等空隙	系统将忽略一些中等空隙，然后进行填充
○	封闭大空隙	系统可以忽略一些较大的空隙，并对其进行填充
▨	锁定填充	对填充颜色进行锁定，使其无法被修改

4.5 处理矢量文本

文本是构成网页的重要元素，早期的 Flash 通过内嵌的基本文本引擎来提供动画中的文本支持，从操作系统中调取字体来显示文字内容。如果设计者采用了非操作系统预安装的字体，则必须将文本打散为矢量形状来实现文本的显示。

在 Flash CS5 之后，Adobe 通过全新的 TLF 文本布局框架技术来嵌入 Flash 文本，使得 Flash 影片能够自行嵌入字体，以更丰富的方式呈现文本内容。在 Flash CS6 版本之后，Adobe 摒弃了传统的 Flash 基本文本引擎，使 TLF 文本布局框架技术成为了 Flash 默认的文本引擎，帮助 Flash 以更高效的方式来处理文本内容。

4.5.1 文本的分类

Flash 支持三种类型的文本内容，即静态文本、动态文本以及输入文本。这三种文本分别被应用到各种动画场景中。

❑ **静态文本**

静态文本是 Flash 中最基本的文本类型，其特点是在创建时无法定义一个固定的尺寸，文本的尺寸会根据内容的数量自行扩展或收缩。

需要注意的是，静态文本是真正"静态"的文本，其更像是可以更改内容的矢量图形，Flash 内嵌的 ActionScript 3.0 脚本语言通常情况下是无法直接对静态文本进行修改的。静态文本也无法被实例化为 ActionScript 对象。

❑ **动态文本**

动态文本可以显示动态更新的文本，其与静态文本的区别在于在创建时就允许设计者为其定义一个固定的尺寸，无论其包含多少内容，其固定尺寸都不会改变。

同时，动态文本可被实例化为 ActionScript 对象，使得设计者可以通过 ActionScript 3.0 脚本语言动态地修改其文本内容。这一特性使得在一些 Flash 应用程序中，设计者更愿意使用这种文本类型来呈现文本内容。

❑ **输入文本**

输入文本是动态文本的扩展形式。在 Flash 影片中，动态文本的显示内容只能由 ActionScript 3.0 脚本程序修改，无法由用户直接输入内容来修改。输入文本则更类似网页中的文本框，在 Flash 影片发布后，开发者可以直接单击输入文本，在其内部输入文本内容。

4.5.2 文本工具

Flash 提供了【文本】工具 T 来创建动画文本，其使用方式与矢量图形工具类似，在【工具箱】中单击【文本】工具 T ，然后即可在【属性】检查器中设置文本的属性，在舞台中指定位置单击鼠标，创建文本并输入内容，如图 4-33 所示。

在创建文本时，【文本】工具 T 的【属性】检查器主要包括三种设置，即该工具自身的设置、【字符】设置以及【段落】设置，分别定义文本的类型、文本中的字符样式和段落排版信息等。

1．文本工具设置

【文本】工具 T 设置主要用于定义所创建文本的类型，以及文本流的方向，如图 4-34 所示。

图 4-33 创建 Flash 文本

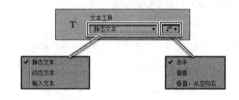

图 4-34 【文本】工具设置

在创建文本时，用户可以通过【文本】工具 T 设置文本的两种基本属性，如表 4-16 所示。

表 4-16 【文本】工具设置选项

设　　置		作　　用
文本类型	静态文本	创建静态文本，或将当前选择的文本转换为静态文本
	动态文本	创建动态文本，或将当前选择的文本转换为动态文本
	输入文本	创建输入文本，或将当前选择的文本转换为输入文本
文本流向	水平	默认值，定义文本以水平方式自左向右流动
	垂直	定义文本以垂直方式自左向右流动
	垂直，从左向右	定义文本以垂直方式自有向左流动

通过文本流向属性，用户可以方便地创建基于东亚语言习惯的动画文本，例如古典中文、日文风格的文本等。

2. 字符设置

字符设置面向的是文本中的各种字符，其可以定义单个字符的样式，将其应用到即将创建的文本中，或更改已选择的文本，如图 4-35 所示。

在【字符】的选项卡中，设计者可以设置字符的【系列】、【样式】、【大小】、【字母间距】等一系列属性，如表 4-17 所示。

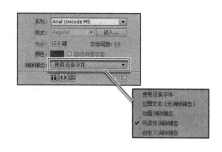

图 4-35 字符设置属性

表 4-17 字符设置的属性

属　　性	作　　用
系列	为文本设置字体
样式	设置字体的样式，如斜体、加粗等，仅对特定的字体有效
嵌入...	将现操作系统安装的字体嵌入到 Flash 影片中，以维持影片中文本在其他用户的计算机中的效果与当前设计者的计算机效果一致
大小	定义字体的尺寸
字母间距	定义字母文字中每个字母之间的间距
颜色	定义字符的前景色
自动调整字距	对字母文字调整字距使之更加均衡（在使用设备字体消除锯齿模式下不可用）
消除锯齿	运用数学算法消除字体的锯齿，使之更加柔和
T	将字符设为可选，在影片发布后仍然允许用户在播放器中选择这些文本
<>	将文本呈现为 HTML 代码，允许发布后的复制操作
▣	在发布影片后允许在文本周边显示边框
T'	定义所选字符以上标的方式显示
T,	定义所选字符以下标的方式显示

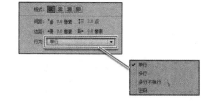

图 4-36 段落设置

需要注意的是，仅当文本类型为静态文本或动态文本时，才允许在发布影片后选择这些文本；仅当文本类型为动态文本或输入文本时，才允许将文本呈现为 HTML 代码和显示周边边框。

3. 段落设置

【段落】选项卡的作用是定义由字符组成的段落集合的相关属性，其更注重字符之间的关系，如图 4-36 所示。

在【段落】的选项卡中，设计者可以定义以下几种属性，如表 4-18 所示。

表 4-18 段落设置的属性

属　　性		作　　用
格式	▤	定义文本居左对齐
	▤	定义文本居中对齐
	▤	定义文本居右对齐
	▤	定义文本两端对齐
段首缩进 ▤		定义段落第一行内容向右缩进的距离
间距 ▤		定义段落行之间的距离

属　　性		作　　用
边距	![左缩进]	定义段落与文本区域左侧的距离
	![右缩进]	定义段落与文本区域右侧的距离
行为	单行	定义文本仅以单行的方式显示（对静态文本无效）
	多行	定义文本可以多行的方式显示（对静态文本无效）
	多行不换行	定义文本以多行的方式显示，但不换行（对静态文本无效）
	密码	定义文本以密码域的方式显示（所有字符被星号"＊"或圆点"●"显示，仅对输入文本有效）

通过段落设置，设计者可以方便地定义字符集合的各种效果，使文本内容更符合普通 Web 文本的显示习惯。

4.6　课堂练习：绘制矢量 Logo

Logo 是网站的标志，也是网页界面中网站标识体系的核心。在设计网页 Logo 时，设计者往往需要使用一些矢量图形绘制软件来绘制 Logo 中的图形，并对 Logo 中的文字做一些特殊处理。本练习就将使用 Flash CC 中的矢量图形绘制功能，绘制一个矢量 Logo，如图 4-37 所示。

图 4-37　矢量 Logo

操作步骤：

1 在 Flash 中执行【文件】|【新建】命令，在弹出的【新建文档】对话框中设置【类型：】为 "HTML 5 Canvas"，创建一个尺寸为 550 像素×400 像素的动画文档，单击【确定】，如图 4-38 所示。

图 4-38　新建文档

2 在【时间轴】面板中选中 Flash 默认创建的图层，在图层名称上右击鼠标，执行【属性】命令，如图 4-39 所示。

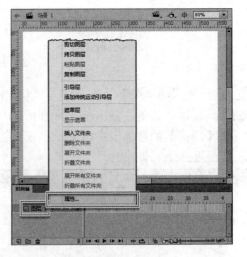

图 4-39　查看图层属性

3 在弹出的【图层属性】对话框中，设置图层

的【名称】为"background"，单击【确定】
按钮，如图 4-40 所示。

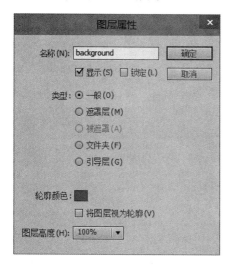

图 4-40 设置图层名称

设计者也可以在【时间轴】面板中直接双击图
层的名称，对其进行更改。

4 执行【文件】|【导入】|【导入到舞台】命
令，从本书配套光盘中导入
"background.jpg"素材图像，将其置于舞
台中，然后在舞台中选中此位图，在【属性】
检查器中设置其宽度和高度，使之与舞台尺
寸一致，如图 4-41 所示。

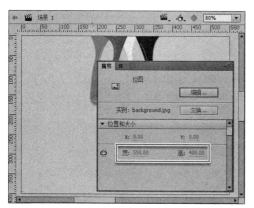

图 4-41 导入素材并设置背景尺寸

5 在【库】面板中选中导入的素材图像，右击
鼠标执行【属性】命令，如图 4-42 所示。

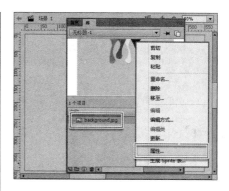

图 4-42 查看素材图像属性

6 在弹出的【位图属性】对话框设置【压缩】
为"无损（PNG/GIF）"，单击【更新】按钮，
然后再单击【确定】按钮，如图 4-43 所示。

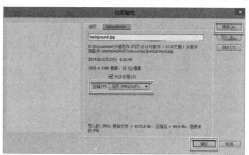

图 4-43 更新位图属性

7 在时间轴面板中选择 background 图层，再
次右击图层名称，执行【属性】命令，在弹
出的【图层属性】对话框中单击【锁定】复
选框，单击【确定】按钮，如图 4-44 所示。

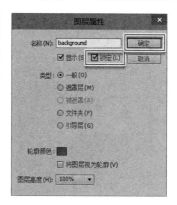

图 4-44 锁定背景图层

8 在【时间轴】面板的左下角单击【新建图层】
按钮，创建一个新的图层，用同样的方

式将其命名为"vector"，如图 4-45 所示。

图 4-45 创建图层

9 在【工具箱】中单击选择【多角星形】工具
 ，然后在【属性】检查器中设置笔触颜
色为白色（#FFFFFF），填充颜色为黑色
（#000000），笔触宽度为 2 像素，样式为实
线，如图 4-46 所示。

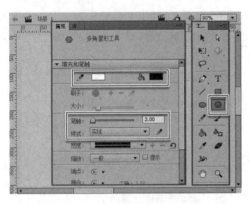

图 4-46 设置图形笔触与填充

10 在【属性】检查器的【工具设置】选项卡中
单击【选项】按钮，如图 4-47 所示。

图 4-47 打开【多角星形】工具的选项

11 在弹出的【工具设置】对话框中设置【样式】
为"多边形"，【边数】为 3，单击【确定】
按钮，如图 4-48 所示。

图 4-48 定义工具设置

12 在舞台中绘制一个等边三角形图形，如图
4-49 所示。

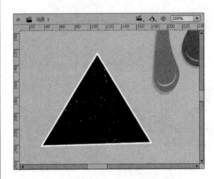

图 4-49 绘制等边三角形

13 选择【选择】工具 ，将等边三角形右下
角的端点向左上角方向拖曳，使之成为斜角
三角形，如图 4-50 所示。

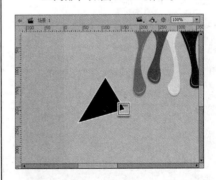

图 4-50 拖曳端点

14 将鼠标光标置于三角形右侧的边上，当鼠标
指针转换为指针+弧形时，将三角形右侧
的边向左上方向拖曳，制成风帆形状的图
形，如图 4-51 所示。

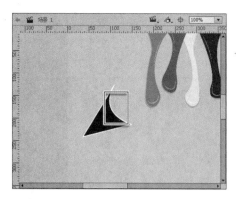

图 4-51 制成风帆图形

15 圈选整个风帆图形，然后执行【窗口】|【颜色】命令，打开【颜色】面板，如图 4-52 所示。

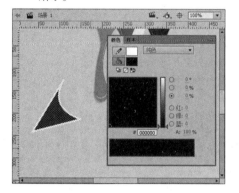

图 4-52 打开【颜色】面板

16 在【颜色】面板中选择【笔触颜色】按钮，然后设置【颜色类型】为"线性渐变"，在下方设置渐变调节的左侧调节柄颜色为黑色（#000000），右侧为白色（#ffffff），如图 4-53 所示。

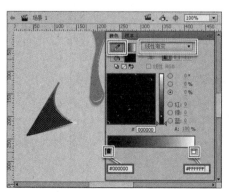

图 4-53 设置笔触的渐变颜色

17 在【颜色】面板中选择【填充颜色】按钮，然后设置【颜色类型】为"线性渐变"，在下方设置渐变调节的左侧调节柄颜色为蓝色（#01AFEF），右侧为黄色（#FEF300），如图 4-54 所示。

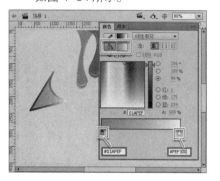

图 4-54 设置填充渐变

18 用同样的方式锁定此图层，并新建一个名为"text"的图层，如图 4-55 所示。

图 4-55 创建文本图层

19 在【工具箱】中选择【文本】工具，然后即可在【属性】检查器中设置字体的【系列】为"汉仪雁翎体简"，【大小】为"72磅"、颜色为"天蓝色"（#01AFEF），在舞台输入"风帆"文本，如图 4-56 所示。

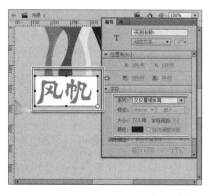

图 4-56 输入 Logo 中文文本

20 用同样的方式再创建一段文本，输入"时尚设计"，设置其【大小】为"36 磅"，【颜色】为"灰色"（#363536）如图 4-57 所示。

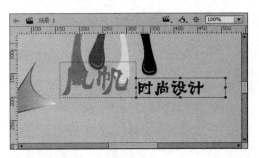

图 4-57 输入 Logo 文本

21 创建第三段文本，设置其文本的【系列】为"Bauhaus LT Medium"，【大小】为"27 磅"，【颜色】为"灰色"（#363536），并输入"Sails Fashionable Design"文本内容，如图 4-58 所示。

图 4-58 输入 Logo 英文文本

22 在【工具箱】中单击【选择】工具，分别选择这三段文本，拖曳其位置，使之上下对齐，如图 4-59 所示。

图 4-59 对齐 Logo 文本

23 按下 Ctrl+A 组合键，全选三段文本，然后执行两次【修改】|【分离】命令，将这些文本内容打散为矢量图形，如图 4-60 所示。

图 4-60 打散文本

24 在【工具箱】中选择【墨水瓶】工具，设置【笔触颜色】为"灰色"（#363536），【笔触】为"2.00"，【样式】为"实线"，为"风帆"二字添加笔触，如图 4-61 所示。

图 4-61 为文本添加笔触

25 用同样的方式，为其他两段文本添加【笔触颜色】为"天蓝色"（#01AFEF）的笔触，即可完成整个 Logo 的制作，如图 4-62 所示。

图 4-62 完成 Logo 案例

4.7 课堂练习：绘制三维按钮

Flash CC 的绘制功能除了可以绘制矢量 Logo 之外，还可以绘制一些简单的矢量图形，以此构成网页中的矢量元素。本练习就将使用 Flash 的图形功能，绘制一个首页按钮的矢量图形，如图 4-63 所示。

操作步骤：

1. 在 Flash 中执行【文件】|【新建】命令，在弹出的【新建文档】对话框中设置【类型：】为 "HTML 5 Canvas"，创建一个尺寸为 550 像素×400 像素的动画文档，单击【确定】，如图 4-64 所示。

图 4-63 绘制三维按钮

台中，然后在舞台中选中此位图，在【属性】检查器中设置其宽度和高度与舞台尺寸一致，然后锁定此图层，如图 4-67 所示。

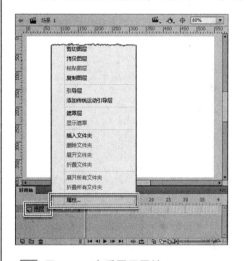

图 4-65 查看图层属性

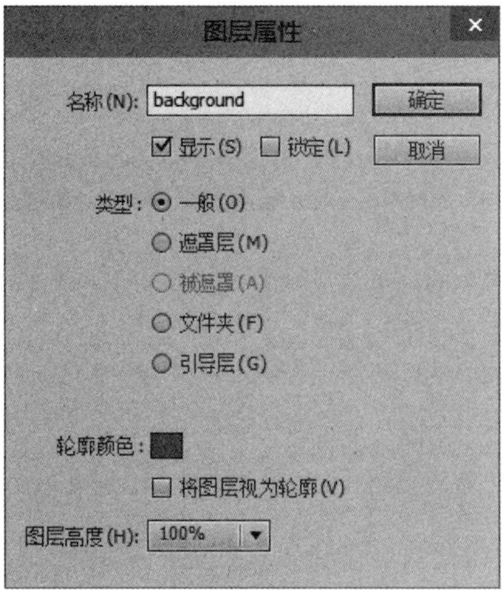

图 4-64 新建文档

2. 在【时间轴】面板中选中 Flash 默认创建的图层，在图层名称上右击鼠标，执行【属性】命令，如图 4-65 所示。

3. 在弹出的【图层属性】对话框中，设置图层的【名称】为 "background"，单击【确定】按钮，如图 4-66 所示。

4. 执行【文件】|【导入】|【导入到舞台】命令，从本书配套光盘中导入 "background.jpg" 素材图像，将其置于舞

图 4-66 更改图层名称

图 4-67 导入素材图像

5　新建名为"shadow"的图层，在【工具箱】中选择【基本矩形】工具 ，在【属性】检查器中设置填充颜色为蓝色（#003366），清除笔触，然后再设置【矩形选项】选项卡中的圆角弧度为"20"，如图 4-68 所示。

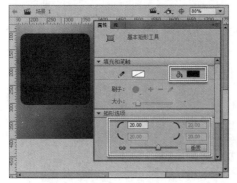

图 4-68 绘制圆角矩形

6　在【工具箱】中单击【选择】工具 ，选中该圆角矩形，然后在【属性】检查器中设置其水平坐标、垂直坐标以及宽度和高度，然后锁定此图层，如图 4-69 所示。

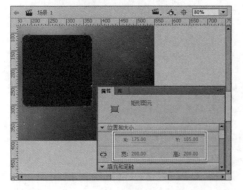

图 4-69 完成按钮投影

7　新建名为"button"的图层，用同样的方式绘制一个与之前步骤相同的圆角矩形，设置其水平坐标为"175"，垂直坐标为"100"，如图 4-70 所示。

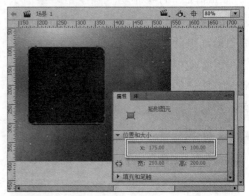

图 4-70 绘制按钮背景

8　选中绘制的按钮背景，执行【窗口】|【颜色】命令，在弹出的【颜色】面板中单击【填充颜色】按钮 ，设置【颜色类型】为"径向渐变"，然后设置渐变色的左侧端点为浅蓝色（#00ccff），右侧端点为蓝色（#006699），最后，锁定按钮背景的图层，如图 4-71 所示。

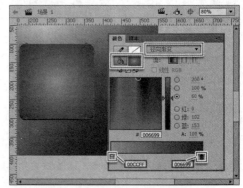

图 4-71 设置按钮渐变

9　新建名为"triangle"的图层，使用【多角星形】工具 在该图层绘制一个填充为灰色（#cccccc）的等边三角形，如图 4-72 所示。

10　单击【选择】工具 ，将鼠标光标置于等边三角形顶部端点，当鼠标光标转换为"端点调节"状态 时，按下鼠标左键向下拖曳，将其转变为等腰三角形，如图 4-73 所示。

网页设计与网站建设（CC 中文版）标准教程

图 4-72 绘制等边三角形

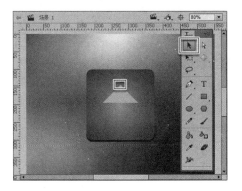

图 4-73 修改三角形端点

11 选择【墨水瓶】工具 ![icon]，在【属性】检查器中设置【笔触颜色】为"灰色"（#666666），【笔触】为"2.00"像素，然后为等腰三角形添加轮廓，如图 4-74 所示。

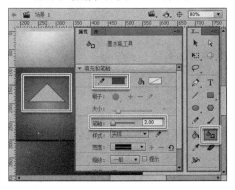

图 4-74 添加轮廓笔触

12 在【工具箱】中单击【选择】工具 ![icon]，分别选择等腰三角形下方和右上方的笔触，按下 Delete 键将其删除，然后锁定此图层，如图 4-75 所示。

13 新建名为"rectangle"的图层，选择【矩形】工具 ![icon]，然后在【属性】检查器中设置【笔

触颜色】为"灰色"（#666666），【填充颜色】为"灰色"（#cccccc），【笔触】为"2.00"像素，在舞台绘制一个矩形，如图 4-76 所示。

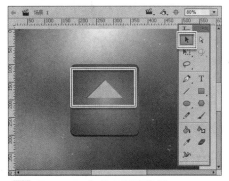

图 4-75 完成内阴影效果

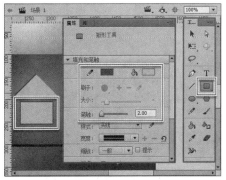

图 4-76 绘制矩形

14 在【工具箱】中单击【选择】工具 ![icon]，分别选中矩形右侧和下方的笔触线，按 Delete 键将其删除，完成矩形的内阴影效果，并锁定此图层，如图 4-77 所示。

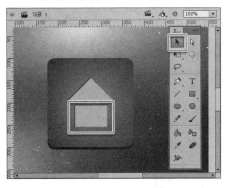

图 4-77 完成矩形内阴影

15 新建"highlight"图层，在【工具箱】中选择【基本矩形】工具 ![icon]，然后绘制一个与

按钮背景尺寸和位置均相同的圆角矩形，如图 4-78 所示。

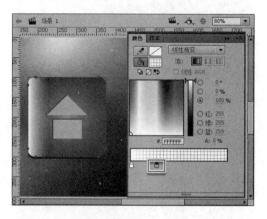

图 4-78 绘制高亮区域

16　选中绘制的圆角矩形，执行【窗口】|【颜色】命令，在【颜色】面板中单击【填充颜色】按钮 ，设置【颜色类型】为"线性渐变"，如图 4-79 所示。

图 4-79 设置渐变类型

17　在【颜色】面板中设置渐变的左侧端点为白色（#ffffff），透明度为 100%，右侧端点为白色（#ffffff），透明度为 0%，如图 4-80 所示。

18　拖曳渐变颜色的右侧端点至整个渐变色块的 25% 处，使之以非均衡的方式进行渐变，如图 4-81 所示。

图 4-81 设置渐变端点位置

19　在【工具箱】中选择【渐变变形】工具 ，然后将圆角矩形右上角的旋转调节柄拖曳至其右下方，即可完成按钮绘制，如图 4-82 所示。

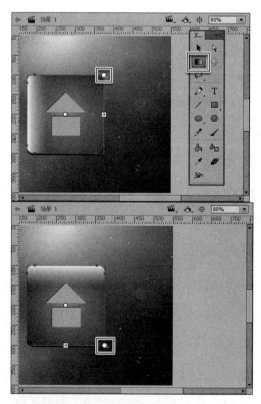

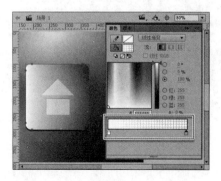

图 4-80 设置渐变颜色

图 4-82 修改渐变方向

4.8 思考与练习

一、填空题

1．Flash CC 可以创建包括_____、_____、_____、_____等 4 种类型的动画。

2．AIR 技术可以编译基于_____、_____以及_____等 3 种平台的富互联网可执行程序。

3．Flash 文档本身基本是由_____→_____→_____→_____→_____等 5 个层级构成。

4．在绘制曲线线条时，可采用三种模式，即_____、_____以及_____等。

5．【多角星形】工具的作用是绘制_____以及_____等复杂的几何图形。

6．【颜色】面板可以提供_____、_____、_____、_____等 4 种填充方式。

二、选择题

1．当同时打开多个动画设计方案是，Flash CC 的【文档窗口】会显示_____？
- A．【标题菜单栏】
- B．【选项卡】栏
- C．【状态】栏
- D．【舞台】区域

2．Flash CC 在创建基于网页和脚本的矢量图形时，需要设置文档类型为_____？
- A．HTML 5 Canvas
- B．WebGL
- C．ActionScript 3.0
- D．AIR

3．帧频是指_____？
- A．动画文档中包含的帧数
- B．动画文档中某一场景的帧数
- C．动画播放时每一帧在屏幕中显示时所占的时间
- D．动画文档所有场景的帧数平均值

4．在 Flash 中绘制圆角矩形后，如果还需要对圆角矩形的圆角弧度进行更改，可使用_____来绘制圆角矩形。
- A．矩形工具
- B．圆角矩形工具
- C．椭圆工具
- D．基本矩形工具

5．多角星形工具和矩形工具都可以绘制成的图形是_____？
- A．正方形
- B．六边形
- C．五角星形
- D．梯形

6．要调节渐变填充的颜色方向，可使用_____？
- A．渐变变形工具
- B．颜色面板
- C．调色板
- D．颜色拾取器

三、简答题

1．Flash CC 允许使用哪些脚本语言来控制动画元素？

2．如何快速更改 Flash 文档的尺寸？

3．Flash CC 允许导入哪些类型的素材文件？

4．如何将互联网的视频导入到 Flash 文档中？

5．绘制一个正方形图形都有哪些方法？

6．如何为矢量图形快速添加轮廓？

第 5 章

设计交互动画

之前章节已经介绍了 Flash 动画中各种素材、矢量图形以及文本的处理方法，然而真正要使这些动画元素动起来，还需要将这些资源转换为元件，然后再通过 Flash 的动画制作工具对这些元件进行处理，最终实现动画效果。

本章将介绍 Flash 动画元件的创建、使用方法，以及 Flash 滤镜、补间动画、引导动画、遮罩动画等动画效果的实现方法。

本章学习目标：

➢ 动画元件
➢ 元件库
➢ 滤镜
➢ 补间动画
➢ 补间形状
➢ 引导动画
➢ 遮罩动画

5.1 使用动画元件

元件是 Flash 中一种比较独特地、可重复使用的对象。在创建影片动画时，利用元件可以更容易地编辑动画及创建复杂的交互。Flash 提供了名为"库"的机制来管理所有影片中的元件，也就是说，设计者创建的所有元件都会被预存储到库中。

当设计者将元件从库中调用时，这种被调用的具体元件被称作"实例"。这种机制有助于实现元件的复用性，即允许设计者多次重复调用某一个元件，而无须再将该元件的内容重制一次。

如果要更改动画中的重复元素，设计者只需对该元素所在的那个元件进行更改，

Flash 就会更新所有该元件的调用。元件除了可以直接在 Flash 中使用外，也可以被 ActionScript 脚本以类和实例的方式调用，通过脚本对其进行控制。

根据元件的作用和类型，Flash 将其划分为三种基本形式，即影片剪辑元件、图形元件和按钮元件。在实际的动画设计中，设计者应针对实际的需求来选择元件的类型，针对类型来处理这些元件以及元件中的元素。

在 Flash 中创建元件，可执行【插入】|【新建元件】命令，在弹出的【创建新元件】对话框中设置元件的属性，如图 5-1 所示。

该对话框分为两个部分，分别用于定义元件的基本属性和高级属性，其作用如表 5-1 所示。

图 5-1 创建新元件对话框

表 5-1 创建新元件的属性

属 性	作 用
名称	定义元件在库中的名称
类型	定义元件的类型，包括影片剪辑、图形和按钮等三种
文件夹	定义元件在库中的位置，默认为"库根目录"
启用 9 切片缩放比例辅助线	为原件添加 9 切片辅助线，辅助元件中内容的定位
为 ActionScript 导出	允许设计者通过 ActionScript 脚本语言调用该元件
在第 1 帧中导出	在该元件创建后直接导出到第一帧（仅当【为 ActionScript 导出】选项被选中时使用）
类	定义 ActionScript 调用该元件时的类名称，设计者可以单击【验证类定义】✔对其进行验证，也可以单击【编辑类定义】✐在脚本中重写一段新的定义代码
基类	根据元件的类型，定义该元件所所属的基类，设计者可以单击【验证基类定义】✔对其进行验证，也可以单击【编辑基类定义】✐在脚本中重写一段新的定义代码
为运行时共享导出	将元件作为库项目保存，并最终输出为其他影片的资源导出
为运行时共享导入	从外部 URL 库中导入元件内容
URL	导入元件的外部库 URL 地址
源文件	在创建元件的同时也将共享到外部的 Flash 源文件
元件	在创建元件的同时将共享到其他元件
自动更新	当该元件被修改时，保持共享的 Flash 源文件和元件同时得到更新

【高级】选项下的各项功能通常用于脚本控制元件或多人协作创造动画，其并非创建元件的必须选项。如果设计者只需要创建简单的动画元件，可以完全忽略【高级】选项，仅设置元件的名称、类型，单击【确定】即可。

5.1.1 图形元件

图形元件的作用是存储导入的位图图像、矢量图形以及文本对象，为这些资源和内容提供最基本的可复用性解决方案。图形元件是最基本的矢量元件，当该类元件被作为实例添加到舞台时，会和舞台的时间轴同步播放。

图形元件无法被导出到 ActionScript 脚本的实例中，说明在 Flash 中创建的所有图形元件（ActionScript 脚本创建的 Sprite 对象除外）均无法被 ActionScript 脚本调用。图形元件不支持声音类素材，也不能捕获鼠标和键盘事件，也就是说该类元件不具备可交互性。

在实际的动画设计中，图形元件通常被用于显示静态的图像、图形和文本等内容。在【创建新元件】对话框中设置【类型】为"图形"，即可创建一个图形元件，如图 5-2 所示。

在创建图形元件之后，Flash 会自动在【文档窗口】中打开该图形元件，并将该元件视为当前场景下的一个元素，在【文档窗口】的【状态】栏中体现这种层级关系。默认的图形元件不包含任何内容，需要设计者导入素材或手工绘制和输入内容，如图 5-3 所示。

图 5-2　创建图形元件

图 5-3　展开的图形元件

在图形元件内部的舞台中，显示有一个十字形状的图标，该图标表示此处为图形元件的原点（或称注册点，即横坐标 0，纵坐标 0）。在创建该图形元件之后，设计者即可在该图形元件的舞台上绘制内容，将其保存在该图形元件中以备调用，如图 5-4 所示。

图 5-4　绘制图形元件

5.1.2　影片剪辑元件

影片剪辑元件实际上是一个微缩版的 Flash 影片，其内部可以嵌入任何舞台上的对象，如图形元件、按钮元件等，也可以内嵌图像、图形、文本、音频、视频乃至 Flash 组件等各种 Flash 资源。

创建影片剪辑元件的方法与创建图形元件类似，在【创建新元件】对话框中设置【类型】为"影片剪辑"，然后即可单击【确定】按钮，如图 5-5 所示。

如果设计者需要创建由 ActionScript 脚本控制和调用的影片剪辑元件，也可以单击【高级】选项，在更新的对话框中选择【为 ActionScript 导出】选项，定义其类的名称，单击【确定】，如图 5-6 所示。

图 5-5　创建影片剪辑元件

注　意

通常情况下，影片剪辑元件的基类都属于 ActionScript 脚本中的 MovieClip 基类（即 flash.display.MovieClip），当然设计者也可以自行建立一个基于该基类的新类，作为影片剪辑元件的基类，并为其定义自定义的属性和方法。

影片剪辑元件可以支持几乎所有 Flash 的交互操作，如监听鼠标操作、键盘操作等，也可以内嵌诸如视频、音频、Flash 影片等多种多媒体资源，这些特性使得其成为 Flash 中应用最广泛的元件。

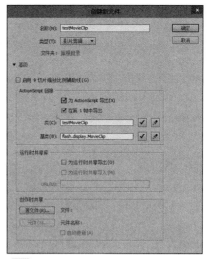

5.1.3 按钮元件

按钮元件是 Flash 中的一种重要交互元件，其与其他两种元件相比，具备对鼠标滑过、鼠标按下以及鼠标单击等类型的动画事件具有更好的支持性，因此在一些需要获取用户鼠标操作的影片中被广泛地应用。

图 5-6 为 ActionScript 导出影片剪辑

创建按钮元件的方法与其他两种元件类似，在 Flash 中执行【插入】|【新建元件】命令，然后即可在弹出的【创建新元件】对话框中设置元件的名称，设置其【类型】为"按钮"，单击【确定】按钮，如图 5-7 所示。

按钮元件也可以被 ActionScript 脚本语言调用，如果设计者需要通过 ActionScript 脚本语言来调用和控制该按钮元件，也可以单击【高级】按钮，在更新的对话框中将其为 ActionScript 导出，按钮元件的一般基类通常为 SimpleButton，即 "flash.display.SimpleButton" 类。

按钮元件的【时间轴】比较特殊，与普通舞台、影片剪辑元件、图形元件的区别在于，按钮元件的时间轴面板中，只允许设计者定义 4 个帧，表现为按钮的 4 种鼠标交互状态，如图 5-8 所示。

图 5-7 创建按钮元件

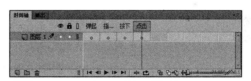

图 5-8 按钮元件的时间轴

在前 3 个状态帧中，可以放置除了按钮元件本身以外的所有 Flash 对象，在【点击】中的内容是一个图形，该图形决定着当鼠标指向按钮时的有效范围，它们各自功能如表 5-2 所示。

表 5-2 按钮元件的帧和作用

帧	作 用
弹起	该帧代表指针没有经过按钮时该按钮的状态
指针经过	该帧代表当指针滑过按钮时，该按钮的外观
按下	该帧代表单击按钮时，该按钮的外观
点击	该帧用于定义响应鼠标单击的区域，在影片中通常处于不可见状态

在创建按钮元件时，设计者可以依次选中每一个帧，为帧编辑内容，然后即可完成按钮元件的制作。

5.2 动画元素的效果

Flash 的动画元素包括文本、矢量形状、图形元件、影片剪辑元件和按钮元件等几种，为丰富这些动画元素的显示效果，Flash 为这些元素提供了多种效果设置，包括显示效果、色彩效果以及滤镜等。

5.2.1 显示效果

显示效果的作用是定义动画元素在舞台或影片剪辑中的显示方式和基本效果，其可被应用到图形元件、影片剪辑元件和按钮元件中。在选中这些动画元素之后，即可在【属性】检查器中的【显示】选项卡中设置此类效果属性，如图 5-9 所示。

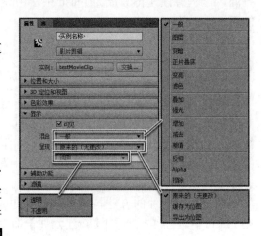
图 5-9 显示效果的设置

在该对话框中，设计者可以定义动画元素的【可见】性、【混合】模式、【呈现】模式、【透明】状态以及不透明的背景色等。

其中，【可见】属性默认会处于被选中状态，如取消该选择项目，则所选的动画元素将被隐藏起来。

1. 混合模式

所谓的混合模式，是指元件实例同其重叠的对象相互改变透明度或颜色的过程。其工作原理类似于 A+B=C。通常，在设计创作时，利用混合模式，可以混合重叠元件中的颜色，从而创作出较独特的艺术效果。

Flash 允许设计者为动画元素定义混合模式，就像 Photoshop 为图层定义混合模式一样，其支持的混合模式类型也与 Photoshop 的图层混合模式大体类似，其具体含义如表 5-3 所示。

表 5-3 动画元素的混合模式

混合模式	含　　义
正常	正常应用颜色，不与基准颜色发生混合
图层	可以层叠各个影片效果，而不影响其颜色
变暗	只替换比混合颜色亮的区域，比混合颜色暗的区域将保持不变
增加	将基准颜色与混合颜色复合，从而产生较暗的颜色
变亮	只替换比混合颜色暗的区域，比混合颜色亮的区域将保持不变
滤色	将混合颜色的反色与基准颜色复合，从而产生漂白效果
叠加	复合或过滤颜色，具体操作需取决于基准颜色
强光	复合或过滤颜色，具体操作需取决于混合模式颜色。该效果类似于用点光源照射对象
差异	从基色减去混合色或从混合色减去基色，具体取决于哪一种的亮度值较大。该效果类似于色彩底片

混合模式	含　义
加色	通常用于在两个图像之间创建动画的变亮分解效果
减色	通常用于在两个图像之间创建动画的变暗分解效果
反色	反转基准颜色
Alpha	应用 Alpha 遮罩层
擦除	删除所有基准颜色像素，包括背景图像中的基准颜色像素

需要注意的是，擦除和 Alpha 混合模式要求将图层混合模式应用于父级元件，不能将背景更改为擦除并应用它，因为该对象将是不可见的。

2. 呈现模式

呈现模式的作用是对动画元素中的矢量图形进行预处理，根据设计者所选的模式来决定其在 Flash 影片内部的存储状态。在 Flash CC 中，为动画元素提供了三种呈现模式，如表 5-4 所示。

表 5-4　动画元素的呈现模式

呈现模式	作　用
原来的（无更改）	定义文本、矢量图形为默认的存储显示模式，即贝塞尔曲线模式
缓存为位图	为文本、矢量图形建立位图缓存，在播放影片时根据屏幕的尺寸进行适配，如为小屏幕设备则以位图的方式播放，而如为大屏幕设备则以矢量动画的方式进行播放
导出为位图	强制将文本、矢量图形以位图的方式导出和播放

Flash 影片中的矢量图形通常是实时演算出来再播放的，其优点在于可以无损缩放任意尺寸而不会产生模糊、锯齿的现象。但是，实时演算的矢量图形往往会消耗更多的系统资源（对手持设备而言这点这些系统资源意味着设备的续航力的降低）。

在 Flash 影片播放时，显示位图可以有效地降低系统资源消耗，但是位图的缩放性能较差，同时往往也会使影片的文件尺寸更大。

旧版本的 Flash 无法对矢量图形进行自动转换，也就是说只能强制以矢量图形的方式实时演算播放。Flash CC 中的呈现模式功能意义在于，其允许在发布时由用户根据需求来决定是否将 Flash 影片中的矢量元素转换为位图，以降低播放时的资源消耗。

呈现模式这一功能对用于小屏幕的手持设备来说意义重大。在设计基于小屏幕或手持设备的 Flash 影片时，设计者完全可以缓存为位图或导出为位图的方式来设置动画元素，提升这些设备的续航能力。

● 5.2.2　色彩效果

色彩效果的作用是通过动画元素的颜色来进行数学运算，以改变这些元素的显示颜色。Flash 允许设计者为所有类型的动画元件添加色彩效果，改变其颜色外观。在 Flash 中选择元件，然后即可在【属性】检查器中的【色彩效果】选项卡中选择色彩效果的【样式】，应用色彩效果，如图 5-10 所示。

Flash 提供了 4 种类型的色彩效果，即亮度、色调、高级以及 Alpha 等，其具体作用如下所示。

图 5-10 色彩效果设置

1．亮度

该选项用于调整元件实例的相对亮度或暗度，度量范围是从黑（-100%）到白（100%），亮度值越大，则颜色越亮，反之则越暗。如果要调整亮度，只需单击三角形滑块并拖动即可，也可以直接在后面的数字框中，输入具体的数值，如图 5-11 所示。

图 5-11 亮度的色彩效果

2．色调

该选项用于使用相同的色相为实例着色。选择该样式后，其下面会显示多个选项，其包括【色调】，以及对应的【红】、【绿】、【蓝】等。其中，【色调】属性决定应用颜色的深度，【红】、【绿】、【蓝】等属性用于定义应用的颜色值。

如果需要设置元件实例的色调百分比（从透明到完全饱和），可以直接设置色调后面的参数；如果需要选择颜色，只需在各自的框中输入红、绿、蓝的值，或者单击颜色色块，打开【拾色器】对话框，自定义选择颜色。

例如，为元件应用蓝色（#0000FF），设置应用颜色的深度为 30%，如图 5-12 所示。

3．高级

该选项主要用于分别调整元件实例的红色、绿色和透明度。对于在位图对象上创建具有微妙色彩效果的动画，此选项非常有用。其中，左侧的选项设置可以按指定的百分比降低颜色或透明度的值；右侧的选项设置可以按常数值降低或者增大颜色或透明度的值。

通常所调整的色彩效果，应该是当前红、绿。蓝和 Alpha 值都乘以百分比值，然后加上右列中的常数值，产生新的颜色值。例如，如果当前的红色值是 100，此时将左侧的滑块设置为 50%，并将右侧滑块设置为 100%，则会产生一个新的红色值 150[（100×0.5）+100=150]，如图 5-13 所示。

图 5-12 应用 30%蓝色色调　　　　　　图 5-13 高级色彩效果

4．Alpha

该选项用于调整元件的透明度，调整范围从透明（0%）到完全饱和（100%），如图 5-14 所示。

图 5-14 Alpha 色彩效果

5.2.3 滤镜

在 Flash 中，可以为文本、按钮和影片剪辑对象添加滤镜，从而产生投影、模糊、发光等特殊效果。要使用滤镜功能，需要先在舞台上选择文本、按钮或影片剪辑对象，然后进入【滤镜】面板，单击【添加滤镜】 ➕▾ 按钮，从弹出的【滤镜】菜单中选择相应的滤镜选项，如图 5-15 所示。

对象每添加一个新的滤镜，在【属性】检查器中就会将其添加到下方的滤镜列表中。设计者可以对同一个对象应用多个滤镜效果，这些滤镜效果都会显示在【滤镜】选项卡下方的列表中。当设计者单击选择列表中的某一个滤镜项目时，可以单击【删除滤镜】 ➖ 按钮，将该滤镜删除。在【滤镜】菜单中，共包含 7 种滤镜功能，以及【删除全部】、【启用全部】和【禁用全部】等三个快捷批量命令。

1．投影滤镜

投影滤镜以对象的轮廓为基准，向对象轮廓之外指定的倾斜角度发散某种颜色的渐淡模糊颗粒，以实现该对象在表面的投影效果，如图 5-16 所示。

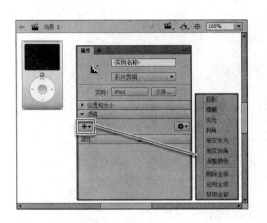

图 5-15 添加滤镜

图 5-16 投影滤镜

在添加投影滤镜后，可以通过【滤镜】选项组中的参数来更改投影的效果，如表 5-5 所示。

表 5-5 投影滤镜的参数设置

参　数	作　用
模糊 X	控制投影在水平方向发散的宽度
模糊 Y	控制投影在垂直方向发散的高度
强度	该选项用于设置阴影的明暗度，数值越大，阴影就越暗
品质	该选项用于控制投影的质量级别，设置为"高"则近似于高斯模糊；设置为"低"可以实现最佳的回放性能
角度	该选项用于控制阴影的角度，在其中输入一个值或单击角度选取器并拖动角度盘
距离	该选项用于控制阴影与对象之间的距离
挖空	选择此复选框，可以从视觉上隐藏源对象，只显示投影
内阴影	启用此复选框，可以在对象边界内应用阴影
隐藏对象	启用此复选框，可以隐藏对象并只显示其阴影，从而可以更轻松地创建逼真的阴影
颜色	单击此处的色块，可以打开【颜色拾取器】，设置阴影的颜色

2. 模糊滤镜

模糊滤镜的作用是将对象中每一条矢量笔触、填充色块以及引用的位图图元像素进行柔化处理，使之在视觉效果上更加柔和，如图 5-17 所示。

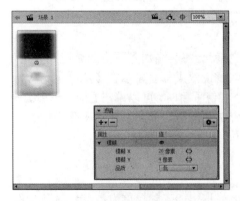

图 5-17 模糊滤镜

模糊滤镜包含的参数仅有三种，这些参数的作用与投影滤镜大体类似，如表5-6所示。

表5-6 模糊滤镜的参数设置

参 数	作 用
模糊 X	控制对象内所有视觉元素在水平方向发散的宽度
模糊 Y	控制对象内所有视觉元素在垂直方向发散的高度
品质	该选项用于控制投影的质量级别，设置为"高"则近似于高斯模糊；设置为"低"可以实现最佳的回放性能

通过设置模糊的水平方向和垂直方向宽度或高度，还可以使对象呈现出一种动感效果。例如，当【模糊 X】的参数值比【模糊 Y】大一些时，呈现水平方向晃动的效果，反之则呈现垂直方向晃动的效果。

3．发光滤镜

发光滤镜与投影滤镜的区别在于，投影滤镜会向指定的角度方向来发散渐变颜色颗粒，而发光滤镜则是向四周所有方向来发散渐变颜色颗粒，如图5-18所示。

发光滤镜和模糊滤镜相比，绝大多数参数设置都是相同的，唯独多出一项【内发光】选项，用于定义发光的范围为对象轮廓以内。

4．渐变发光滤镜

渐变发光滤镜是对发光滤镜的增强。普通发光滤镜只能向四周发散某一种颜色的渐淡颗粒，无法对这种渐淡的颜色进行更加复杂的设置，而渐变发光滤镜则可以为发光的效果应用更丰富的颜色，以及更多的色相，使得发光的效果更加丰富，如图5-19所示。

图 5-18 发光滤镜

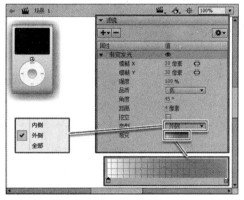

图 5-19 渐变发光滤镜

Flash 允许设计者为渐变发光滤镜定义两种特殊的参数设置，即渐变发光的【类型】和【渐变】，其作用如表5-7所示。

表5-7 渐变发光滤镜的特殊参数设置

参 数		作 用
类型	内测	将渐变发光的效果应用到对象轮廓内部
	外侧	将渐变发光的效果应用到对象轮廓外部
	全部	将渐变发光的效果同时应用到对象的内部和外部

参　　数	作　　用
渐变	定义发光的渐变颜色，其左侧为完全透明，右侧则为不透明，设计者可以单击渐变预览区域任意位置添加一个取色点，定义一个新的渐变色

5．斜角滤镜

斜角滤镜可以向对象应用加亮效果，使其看起来凸出于背景表面。在 Flash 中，此滤镜功能多用于按钮元件或需要显示为立体效果的其他动画元素，如图 5-20 所示。

斜角滤镜的参数在投影的基础上，添加了【阴影】和【加亮显示】两个参数，如表 5-8 所示。

表 5-8　斜角滤镜的参数设置

参　　数	作　　用
阴影	定义指定方向的投影颜色
加亮显示	定义指定方向的高亮区域

斜角滤镜也可以定义类型以规定高亮区域和投影区域的位置，其具体使用方法与渐变发光滤镜类似，限于篇幅在此将不再赘述。

6．渐变斜角滤镜

渐变斜角滤镜是渐变发光滤镜和斜角滤镜的结合产物，其产生一种凸起效果，使得对象看起来好像从背景上凸起，且斜角表面有渐变颜色。渐变斜角同样要求渐变中间有一种颜色的 Alpha 值为 0，如图 5-21 所示。

图 5-20　斜角滤镜　　　　　　图 5-21　渐变斜角滤镜

渐变斜角滤镜的【渐变】参数默认即具有三个取色点，其 Alpha 透明度为"0%"、"0%"和"100%"，设计者可以增添多种渐变颜色，但是这三个透明度值是无法修改的。

7．调整颜色滤镜

调整颜色滤镜的作用是设置对象的各种色彩属性，在不破坏对象本身填充色的情况下，转换对象的颜色，以满足动画设计的需求，其本质是将 Flash 动画元素的"亮度"、"色调"、"高级"等三个色彩效果合并起来，通过综合的滤镜属性来改变动画元素的色彩，如图 5-22 所示。

图 5-22 调整颜色滤镜

调整颜色滤镜具备的 4 个参数设置都是面向颜色变换的,其具体作用如表 5-9 所示。

表 5-9 调整颜色滤镜的参数设置

参　　数	作　　用
亮度	调整对象的明亮程度,其值范围是-100~100,默认值为 0。当亮度为-100 时,对象被显示为全黑色。而当亮度为 100 时,对象被显示为白色
对比度	调整对象颜色中黑到白的渐变层次,其值范围是-100~100,默认值为 0。对比度越大,则从黑到白的渐变层次就越多,色彩越丰富。反之,则会使对象给人一种灰蒙蒙的感觉
饱和度	调整对象颜色的纯度,其值范围是-100~100,默认值为 0。饱和度越大,则色彩越丰富,如饱和度为-100,则图像将转换为灰度图
色相	色彩的相貌,用于调整色彩的光谱,使对象产生不同的色彩,其值范围是-180~180,默认值为 0。例如,原对象为红色,将对象的色相增加 60,即可转换为黄色

5.3 制作动画

Flash 是一款优秀网页动画设计软件。它是一种交互式动画设计工具,用它可以将音乐、声效、动画以及富有新意的界面融合在一起,以制作出高品质的网页动态效果。

5.3.1 动画的原理

人类的肉眼具有"视觉暂留"的特性,即人在使用肉眼捕捉外部光线,到在视网膜形成视觉的行为具备一定的滞后性,每次形成的视觉至少会在视网膜停留 0.034 秒(约 29.41 分之一秒)才会消失。

这一特性使得静态的图片能够通过一些特殊的手段在人的肉眼视觉下动起来,形成具有动感的画面。应用这一特性,需要将若干具有细微差距的图片按照顺序排列播放,每一幅这样的图片被称作一个"帧",这种以大量帧构成的动态图片技术被称作逐帧动画。电影、电视以及最初的动画基本上都属于逐帧动画。

在逐帧动画的播放过程中,帧的播放速度直接关系到播放的效果,每一秒播放的帧数就是动画的帧频(针对计算机屏幕的帧频又被称作刷新频率)。基于"视觉暂留"特性,如果帧频超过 29.41 帧/秒,则这些画面就会在人的视网膜形成一个完整地、毫无迟滞感的连贯动态效果。绝大多数电影、电视采用的帧频就是 29.9 帧/秒,略超过"视觉停留"的最低限度。

1. 传统动画

传统动画片是通过画笔画出一张张具有细微变化的连续图像,经过摄影机或者摄像机拍摄,然后再根据指定的刷新频率连续播放而形成,如图 5-23 所示。

图 5-23 传统动画

由于传统动画的画帧需要人工绘制,每一幅画帧都需要耗费较高的成本,设计者通常以 24 帧/秒的刷新频率来设计动画,这一频率基本略低于人类肉眼捕捉信息的速度,但是有能够勉强满足动画的流程度,被称作"全画幅"。

一些低成本的动画往往会采用更低的刷新频率来设计,诸如 18 帧/秒乃至 12 帧/秒等,被称作 3/4 画幅和半画幅等。这些低刷新频率的动画往往可以通过较低的成本获得尚可的播放效果。

2. 计算机动画

计算机技术为动画的设计带来了新的突破,由于计算机具备较强的数学演算与分析能力,可以根据设计者绘制的两个较为重要的帧(被称作关键帧)来进行计算,自动补充这两个帧之间的内容(这种行为被称作计算机自动补间,简称补间,使用这一技术来制作的动画被称作补间动画),极大地降低了动画制作的成本。

随着计算机图形学、各种编成脚本技术在动画设计领域的应用,如今的计算机技术已经可以用更低的成本来设计出更丰富的动画内容,如图 5-24 所示。

图 5-24 计算机动画

网页设计与网站建设(CC 中文版)标准教程

5.3.2 使用时间轴

时间轴是 Flash 为动画设计者提供的一种重要工具，其将动画播放的时间、画幅（帧）和图层等重要元素结合起来，为设计者提供可视化操作、设计动画的工具，在默认的 Flash 工作区布局下，【时间轴】面板会显示在 Flash 文档窗口下方，如图 5-25 所示。

图 5-25 【时间轴】面板

Flash 时间轴面板主要分为左右两个部分，即左侧的【图层】操作区和右侧的【帧】操作区。

1. 图层操作区

图层操作区的作用是为设计者提供 Flash 图层的编辑、操作以及显示功能，如图 5-26 所示。

图层操作区主要分为三个部分，其最上方为图层属性编辑区，中间为图层预览区，底部则为图层编辑区。

图 5-26 图层操作区

（1）图层属性编辑区

图层属性编辑区用于编辑所有图层的三种属性，其提供了三个按钮，如表 5-10 所示。

表 5-10 图层属性编辑区的按钮

按钮	作　用	作　用
👁	显示或隐藏所有图层	将时间轴面板下所有图层置于显示状态或隐藏状态
🔒	锁定或解除锁定所有图层	将时间轴面板下所有图层置于锁定状态或取消所有图层锁定状态
▯	将所有图层显示为轮廓	将时间轴面板下所有图层以轮廓的方式显示或完整显示轮廓和填充

任意单击其中一个按钮，即可改变影片中所有图层的状态（遮罩层和被遮罩层除外，这两种图层总是显示为锁定状态）。

（2）图层预览区

图层预览区可以显示当前影片包含的所有图层，并允许用户编辑图层的类型和基本属性。Flash CC 支持 7 种类型的图层，并允许设计者通过图层文件夹的方式来对图层进行组织管理，如表 5-11 所示。

表 5-11　Flash CC 的图层类型

图标	图层类型	作　用
	普通图层	普通图层是指普通状态的图层，这种类型的图名称的前面将出现普通图层图标
	引导层	在引导层中可以设置运动路径，用来引导被引导层中的图形对象引导运动路标。在引导层未与被引导层建立关联时，显示为丁字尺图标
		已与被引导层关联的引导层被显示为由点构成的运动轨迹图标
	被引导层	该图层与其上面的引导层相辅相成，当上一个图层被设定为引导层时，这个图层会自动转变成被引导层，并且图层名称会自动进行缩排
	遮罩层	是指放置遮罩物的图层，该图层是利用本图层中的遮罩物来对下面图层的被遮罩物进行遮挡
	被遮罩层	该图层是与遮罩层对应的、用来放置被遮罩物的图层
	补间层	该图层用于存放基于各种类型补间的动画元素
	图层文件夹	主要用于组织和管理图层，其内可以包含各种其他图层或图层文件夹

在图层预览区，设计者可以直接拖曳图层或图层目录，以更改其相互的从属关系和层级关系。同时，设计者也可以在选定图层或图层目录之后，右击鼠标来对其进行各种编辑操作，如插入新图层、删除图层、复制、粘贴、剪切等。

（3）图层编辑区

图层编辑区为设计者提供了三个按钮，依次为【新建图层】按钮、【新建文件夹】按钮和【删除】按钮，用于建立新图层、新图层文件夹以及删除所选的图层或图层文件夹等。

2. 帧操作区

帧操作区的作用是显示当前 Flash 影片各图层中的帧，包括普通的空帧、关键帧以及补间帧等，这些帧会按照时间的顺序和图层的层叠关系来显示，如图 5-27 所示。

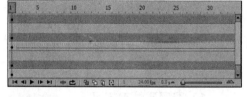

图 5-27　帧操作区

帧操作区分为上下两个部分，上半部分显示当前帧的编号以及各图层中帧的内容状况，设计者可以在该区域内单击选择图层的空白位置或某一帧，右击鼠标执行对应的命令，以对帧进行处理，其主要支持以下几种帧处理命令，如表 5-12 所示。

表 5-12　时间轴帧操作区的帧处理命令

命　令	作　用
插入帧	在当前位置插入一个普通帧（如选择的位置为空白位置，则会将当前图层的最后一帧到该位置之间所有空白位置转换为普通帧）
删除帧	删除当前所选的帧。如果当前所选的帧不是当前图层最后一帧，删除这些帧之后所有这些帧之后的帧依次向左侧移动
插入关键帧	在当前位置插入一个关键帧（该帧会自动复制其之前最后一个关键帧的内容，如选择的位置为空白位置，则会将当前图层的最后一帧到该位置之间所有空白位置转换为普通帧）

命　　令	作　　用
插入空白关键帧	在当前位置插入一个空白关键帧（如选择的位置为空白位置，则会将当前图层的最后一帧到该位置之间所有空白位置转换为普通帧）
清除关键帧	清除所选关键帧中的内容，使之变成空白关键帧
转换为关键帧	如所选帧为普通帧，则会直接将其转换为关键帧，并复制之前最后一个关键帧的内容，或保留当前帧补间的状态；如所选位置为空白，则其作用与【插入关键帧】命令相同
转换为空白关键帧	如所选帧为普通帧、关键帧、空白关键帧，则会直接将其转换为空白关键帧，如所选位置为空白，则其作用与【插入空白关键帧】相同
剪切帧	剪切当前帧
复制帧	复制当前帧
粘贴帧	将剪切或复制的帧粘贴到当前位置，并将之后所有的帧向右移动
清除帧	将所选的普通帧、关键帧转换为空白关键帧
选择所有帧	选中当前图层所有帧

帧操作区下半部分则提供了一批功能按钮，辅助设计者对帧进行各种预览或编辑操作，其作用如表 5-13 所示。

表 5-13　帧操作区的按钮作用

按　钮	名　　称	作　　用
⏮	转到第一帧	快速将焦点转至当前时间轴第一帧处
◀	后退一帧	将焦点转至当前帧的前一帧（更早的帧）
▶	播放	从当前焦点开始播放时间轴
▶	前进一帧	将焦点转至当前帧的后一帧（更晚的帧）
⏭	转到最后一帧	快速将焦点转至当前时间轴最后一个有效帧处
中	帧居中	将当前焦点帧显示于帧操作区水平中央位置
⤴	帧循环	在当前时间轴的有效帧中获取一个连续帧的集合，在播放时从该集合的起始帧到结束帧之间循环播放
⊡	绘图纸外观	在当前时间轴的有效帧中获取一个连续帧的集合，在舞台上显示这些连续帧的逐帧效果
⊡	绘图纸外观轮廓	在当前时间轴的有效帧中获取一个连续帧的集合，在舞台上以轮廓的方式显示这些连续帧的逐帧效果
⊡	编辑多个帧	在当前时间轴的有效帧中获取一个连续帧的集合，批量对这些帧进行编辑操作
⊡	修改标记	对连续帧的集合标记进行修改
-	当前帧	当前帧的编号
-	帧速率	当前帧频值
-	运行时间	当前帧在整个影片中的播放时间点
▭	视图中放入更多帧	缩小帧操作区中帧的预览尺寸，使时间轴同时显示更多的帧
▱	视图中放入较少帧	放大帧操作区中帧的预览尺寸，使时间轴同时显示较少的帧

在帧操作区中，设计者可以直接修改当前帧值或运行时间值，将焦点置于对应的帧位置，也可以直接修改帧速率值，更改当前场景的帧频，提升或降低帧播放的速度。

5.3.3　创建补间动画

补间动画是 Flash 根据两个关键帧之间动画元素的变化趋势进行运算，从而形成的一种动画类型。在 Flash CC 中，允许设计者通过动画元件的位置、缩放、倾斜、旋转、颜色以及滤镜等条件来创建补间动画。

在创建补间动画时，需要在指定的图层内放置若干影片剪辑元件，然后再在【时间轴】面板中选中该图层，右击鼠标，执行【创建补间动画】命令，将图层更改为补间图层，如图 5-28 所示。

在执行此命令之后，该图层中所有的帧都会被转换为薄荷色（#B0D6FF）以示与其他类型图层的灰色（#AFAFAF）的区别，如图 5-29 所示。

在创建补间动画之后，设计者可以在时间轴中选择起始关键帧之后任意某一帧，右击鼠标，执行【插入关键帧】命令，在弹出的菜单中选择补间的类型，创建对应类型的补间动画，如图 5-30 所示。

图 5-28 创建补间动画

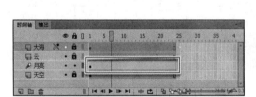

图 5-29 补间图层

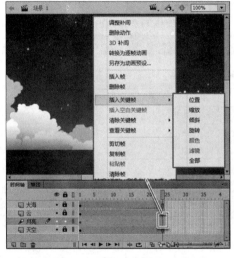

图 5-30 插入对应类型的关键帧

如果设计者需要创建的是简单的单种类型补间动画，可直接执行【位置】、【缩放】、【倾斜】、【旋转】、【颜色】以及【滤镜】等命令，如果需要创建复杂的多种类型补间动画，则可以执行【全部】命令，允许补间所有类型的动画条件。

以最常见的"位置"类型补间动画为例，在创建了基于位置的关键帧之后，设计者可以选中新创建的补间关键帧，然后在舞台中拖曳该图层内的动画元件，完成基于位置的补间动画制作，如图 5-31 所示。

提 示

在创建补间动画之后，Flash 会在舞台上显示补间元件的运动轨迹，并通过圆形调节柄来显示动画元件在每一帧的具体位置。设计者可以拖曳这些调节柄，快速改变元件的运动轨迹。

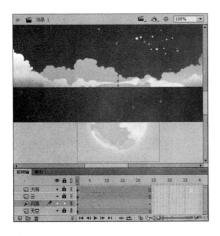

图 5-31 完成补间动画

5.3.4 创建补间形状

补间形状是基于两个不同形状对象之间的变化过程，其原理是通过对这两个不同形状的贝塞尔曲线公式来进行数学计算，取得这些形状对象变化的函数趋势。补间形状动画是基于形状的，因此在创建此类动画时不需要通过元件来实现。

创建补间形状的方式与创建补间动画有所区别，需要设计者先在动画的起始关键帧中绘制形状，然后在【时间轴】面板中选择需要转换为结束关键帧的帧，右击鼠标，执行【转换为关键帧】命令，如图 5-32 所示。

然后，即可在该关键帧中对需要变化的形状进行修改，诸如拖动其端点、修改其轮廓、颜色等，如图 5-33 所示。

图 5-32 转换关键帧

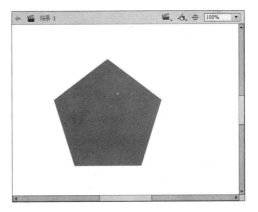

图 5-33 绘制变化目标形状

在时间轴面板中选择两个关键帧中任意一个普通帧，右击鼠标，执行【创建补间形状】命令，即可将两个关键帧中的普通帧都转换为补间形状帧，使之变成浅绿色（#C6F7C6）以示与其他类型图层的灰色（#AFAFAF）的区别，如图 5-34 所示。

在创建形状补间时，设计者也可以在其结束关键帧中重新绘制一个形状，Flash 会自动计算两个形状之间的差别，生成形状补间帧。

第 5 章 设计交互动画

179

5.3.5 创建引导动画

早期的 Flash 补间动画在处理元件的位置运动动画时，只能根据起始关键帧和结束关键帧之间元件的距离，制作匀速直线运动的动画。

为了解决动画元件的曲线运动问题，Flash 提供了名为引导动画的动画类型，其原理就是在一个特殊图层（引导层）中绘制一条直线或曲线（被称作引导线），然后在补间层的起始关键帧、结束关键帧中将动画元件与引导线的两端分别绑定，从而使动画元件能够按照引导线的轨迹来运动。

随着 Flash 补间动画的改进，如今普通位置补间动画已经可以提供运动轨迹的编辑，因此引导动画逐渐被补间动画所取代，但 Flash CC 仍然保留了引导动画这一功能，以及与之相结合的传统补间动画等功能。

在 Flash 中创建引导动画，首先需要在包含元件的图层上方新建一个空白图层，在该图层标签上右击鼠标，执行引导层命令，如图 5-35 所示。

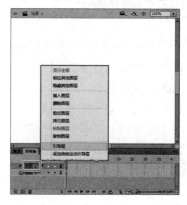

图 5-34 创建形状补间   图 5-35 制作引导层

然后，即可选中要绑定关联关系的被引导层，将其向引导层下方拖动，直至在引导层下方显示出一个由圆形和横线组成的辅助标记，松开鼠标，即可完成关联，如图 5-36 所示。

在建立了引导关联之后，设计者即可扩展两个图层的时间轴帧数，并在引导层绘制引导线，如图 5-37 所示。

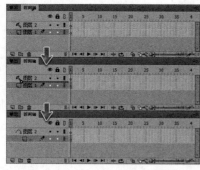
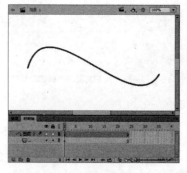

图 5-36 建立引导关联   图 5-37 扩展时间轴并绘制引导线

在被引导层的起始关键帧中制作动画元件，创建结束关键帧，使起始关键帧和结束关键帧都包含这一需要被引导运动的元件，如图 5-38 所示。

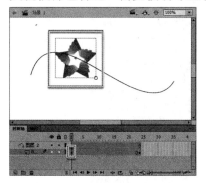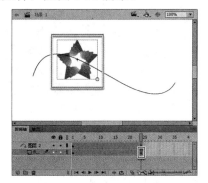

图 5-38　创建关键帧和动画元件

　　选择起始关键帧，拖动该帧内的动画元件，将元件的中心点（十字标记）拖动至引导线的其中一个端点，待出现圆形绑定标记后松开鼠标，如图 5-39 所示。

　　选择结束关键帧，用同样的方式将该关键帧内的动画元件与引导线另一侧端点相绑定，如图 5-40 所示。

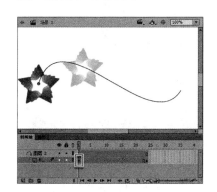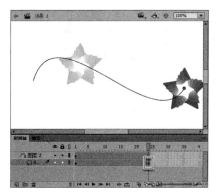

图 5-39　绑定引导线一侧端点　　　　　图 5-40　绑定引导线另一侧端点

　　最后，选择被引导层两个关键帧之间任意一帧，右击鼠标执行【创建传统补间】命令，即可完成引导动画的制作，如图 5-41 所示。

5.4　课堂练习：节约用水广告设计

　　节约用水广告属于公益广告的一个方面，其目的是号召人们对水资源的珍惜。在设计该广告时，水是整个动画的主角，也是所要表现的主题。因此，广告以水龙头"哗哗"流水为开场，给浏览者一种视觉上的刺激，从而产生较为深刻的印象。最后，以黑色背景为衬托突出"节约用水，从我做起"的宣传口号，如图 5-42 所示。

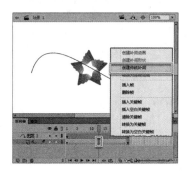

图 5-41　创建引导动画的补间

图 5-42 节约用水广告

操作步骤：

1. 新建 680 像素×550 像素的空白文档，将绘制好的"背景"图形拖入到舞台，并将其转换为图形元件，如图 5-43 所示。

图 5-43 拖入背景图像

2. 新建"水池"图层，在舞台的左下角绘制一个"水池"图形，并将其转换为图形元件，如图 5-44 所示。

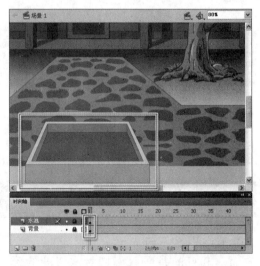

图 5-44 绘制水池

3. 新建"水龙头"图层，在水池的左侧绘制一个"水龙头"图形，并将其转换为图形元件，如图 5-45 所示。

4. 新建"流水[动画]"影片剪辑元件，在舞台中绘制一个"水流"图形，并将其转换为图形元件，如图 5-46 所示。

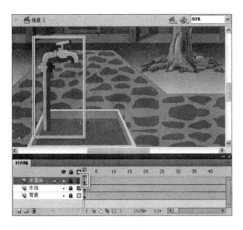

图 5-45 绘制水龙头

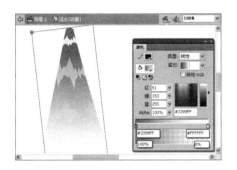

图 5-46 绘制水流图形

5 在第 3 帧处插入空白关键帧，在舞台的相同位置绘制"水流"的另一状态图形，并将其转换为图形元件，如图 5-47 所示。

图 5-47 绘制另一水流图形

6 返回场景。新建"流水"图层，将"流水[动画]"影片剪辑拖入到舞台中的"水龙头"处，如图 5-48 所示。

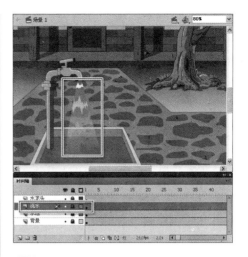

图 5-48 拖入流水影片剪辑

7 新建"水面"影片剪辑元件，在舞台中绘制一个四边形，并为其填充蓝白渐变色，如图 5-49 所示。

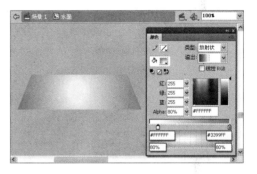

图 5-49 绘制水面

8 在第 6 帧处插入关键帧，使用【选择工具】向外调整四边形的 4 个角，使其产生水面上升的效果，如图 5-50 所示。

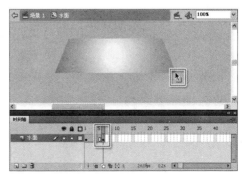

图 5-50 调整图形大小

9 使用相同的方法，在第 6 帧的后面插入多个关键帧，并调整其大小，效果如图 5-51 所示。

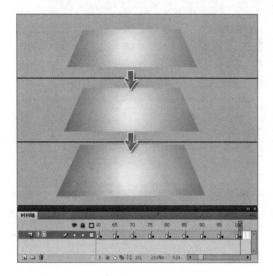

图 5-51 水面上升动画

10 返回场景。在"水龙头"图层下新建图层，将"水面"影片剪辑拖入到"水池"影片剪辑的上面，如图 5-52 所示。

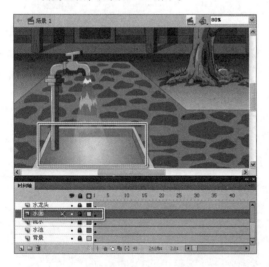

图 5-52 拖入水面影片剪辑

11 新建"水波纹"影片剪辑，在舞台中绘制一个"波纹"图形，然后插入其他关键帧，并对该图形进行修改，使其产生水波流动的效果，如图 5-53 所示。

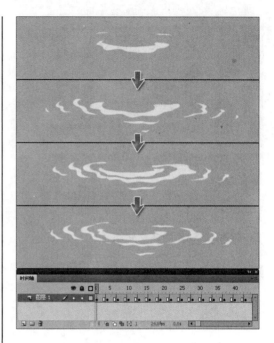

图 5-53 创建水波纹动画

12 返回场景。新建"水波纹"图层，将"水波纹"影片剪辑拖入到"水面"的中间，使其与水流冲击下的位置相对应，如图 5-54 所示。

图 5-54 拖入水波纹影片剪辑

13 新建"黑幕"图层，在第 90 帧处插入关键帧，绘制一个与舞台大小相同的透明黑色矩形。然后，在第 103 帧处插入关键帧，设置矩形的 Alpha 值为 75%，并创建补间形状动画，如图 5-55 所示。

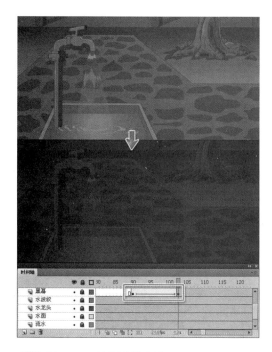

图 5-55 创建黑幕动画

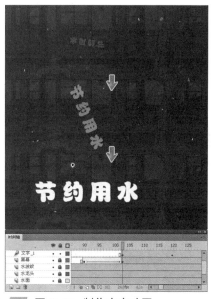

图 5-56 制作文字动画

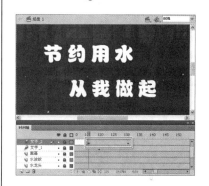

图 5-57 宣传语动画

14 新建"文字_1"图层，在舞台中输入"节约用水"文字，并将其分离。然后在第 103 帧至第 120 帧之间制作文字旋转放大的补间动画，如图 5-56 所示。

15 新建"文字_2"图层，使用相同的方法在第 116 帧至第 130 帧之间制作另一文字的旋转放大动画，如图 5-57 所示。

5.5 课堂练习：制作日出特效动画

在设计日出特效时，可以使用 Flash CC 自带的各种滤镜为绘制的太阳添加效果。例如，添加模糊、发光等特效，模拟日出时太阳发射的各种光线。除此之外，还可以为远处的各种对象添加模糊滤镜，使其看起来有一种朦胧效果，如图 5-58 所示。

图 5-58 日出特效

操作步骤:

1 新建文档,并设置【文档属性】中的【尺寸】为 1020px × 400px。然后,绘制一个矩形,为其填充渐变颜色,作为背景图像,如图5-59 所示。

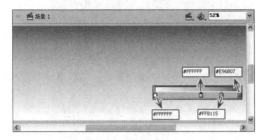

2 新建"太阳"图层,然后在图层中绘制一个圆形,填充"放射渐变"效果以作为太阳。再按 F8 快捷键将太阳转换为影片剪辑元件,如图 5-60 所示。

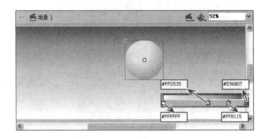

图 5-60 绘制太阳并转换为元件

3 选择"太阳"元件,在【属性】检查器中打开【滤镜】选项卡,为元件添加发光滤镜,如图 5-61 所示。

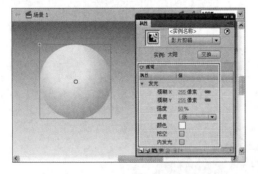

图 5-61 为太阳添加滤镜

4 用同样的方式再为太阳的影片剪辑元件,添

加一个红色的发光滤镜,如图 5-62 所示。

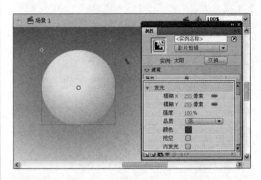

图 5-62 再为太阳添加发光滤镜

5 为太阳的影片剪辑元件添加模糊滤镜,并设置模糊的属性,如图 5-63 所示。

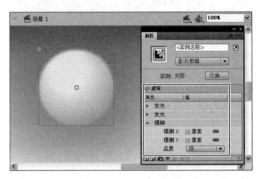

图 5-63 为太阳添加模糊滤镜

6 新建"云层"图层,绘制云彩并为其填充颜色,如图 5-64 所示。

图 5-64 绘制云彩并填充颜色

7 新建"山脉"图层,绘制远处的山峰,并为其填充颜色,将所有山峰转换为影片剪辑元件,如图 5-65 所示。

8 在【属性】检查器中,为山峰的元件添加模糊滤镜,设置【模糊 X】和【模糊 Y】值均为"10",如图 5-66 所示。

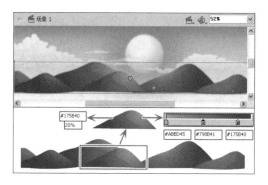

图 5-65 绘制山峰并填充颜色

图 5-66 添加模糊滤镜

9 新建"小树"图层，绘制山峰附近的小树，并为其填充颜色。将几棵小树转换为影片剪辑元件，如图 5-67 所示。

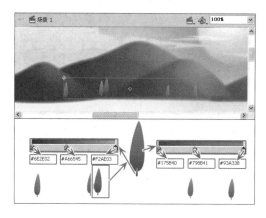

图 5-67 绘制小树并转换颜色

10 在【属性】检查器中为小树的元件添加模糊滤镜，设置【模糊 X】和【模糊 Y】值为"3"，如图 5-68 所示。

图 5-68 添加模糊滤镜

11 新建"大树"图层，在小树旁边绘制近处的大树，并填充颜色，如图 5-69 所示。

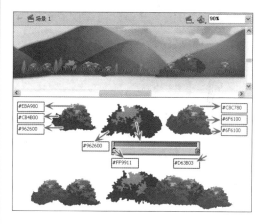

图 5-69 绘制大树并填充颜色

12 新建"大地"图层，在图层中绘制一个矩形并填充颜色，作为大地，如图 5-70 所示。

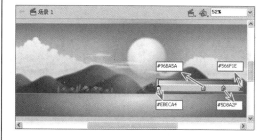

图 5-70 绘制大地

13 将大地转换为元件，然后为其添加模糊滤镜，并设置【模糊 X】值为"0"，【模糊 Y】值为"3"，如图 5-71 所示。

图 5-71 为大地添加模糊滤镜

14 新建"房屋1"图层，在场景左侧的大树前导入房屋的素材，如图5-72所示。

图 5-72 导入房屋

15 新建"房屋2"图层，在场景右侧再导入房屋的素材，如图5-73所示。

16 新建"道路"图层，在大地上绘制道路，并填充颜色，如图5-74所示。

17 将道路转换为影片剪辑元件，然后添加模糊滤镜，设置【模糊X】值为"0"，【模糊Y】值为"3"，即可完成日出特效的制作，如图5-75所示。

图 5-73 导入房屋素材

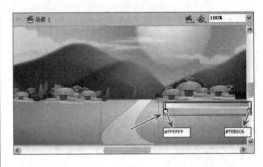

图 5-74 绘制道路

图 5-75 为道路添加滤镜

5.6 思考与练习

一、填空题

1. Flash支持_____、_____以及_____等三种元件。

2. 图形元件的作用是_____、_____以及_____，为这些资源和内容提供最基本的可复用性解决方案。

3. 按钮元件的4个状态帧包括_____、_____、_____以及_____等。

4. Flash允许使用_____、_____、_____、_____、_____、_____以及_____等几种滤镜来为影片剪辑元件和按钮元件添加效果。

5. Flash CC允许通过动画元件的_____、_____、_____、_____、_____以及_____等条件来创建补间动画。

6. 补间形状的原理是通过对这两个不同形

状的_____来进行数学计算，取得这些形状对象变化的函数趋势。

二、选择题

1. 以下哪种元件无法被导出到 ActionScript 脚本的实例中_____？

　　A．图形元件

　　B．影片剪辑元件

　　C．按钮元件

　　D．动画元件

2. _____被限定了只能有指定数量的帧数_____。

　　A．图形元件

　　B．影片剪辑元件

　　C．按钮元件

　　D．动画元件

3．以下哪种样式不属于色彩效果_____？

　　A．亮度

　　B．色调

　　C．Alpha

　　D．滤镜

4．在绘制引导线时，需要将其放置到哪种图层中_____？

　　A．补间层

　　B．普通图层

　　C．引导层

　　D．被引导层

5．以下哪种补间动画不需要依赖动画元件_____？

　　A．补间动画

　　B．遮罩动画

　　C．引导动画

　　D．补间形状

6．在创建基于滤镜的补间动画时，需要首先为动画元件添加_____。

　　A．引导线

　　B．遮罩

　　C．滤镜

　　D．色彩效果

三、简答题

1. Flash 支持哪些类型的动画元件？这些动画元件之间有什么区别？

2. 为动画元件添加效果有什么意义？其与直接修改动画元件有什么区别？

3. 图形元件与普通的图形对象之间有什么区别？

4. 什么是补间动画？

5. 如何操作图层？

第 6 章

制作网页文档

　　静态网页通常由 HTML 网页文档、CSS 样式表文件、JavaScript 脚本文件以及各种相关多媒体资源（如图像、音频、视频、动画）组成。传统的静态网页设计方式是由开发者根据设计师设计的界面方案以手工的方式编码开发而成，这种方式的特点是适合开发复杂的大型项目，以各种 HTML 代码、CSS 样式表、JavaScript 脚本代码共同构成项目，但其缺陷在于所有代码内容都需要开发者手工输入而成。

　　Dreamweaver 可以为开发者提供一个基本的可视化网页设计制作工具，允许开发者通过鼠标拖曳以及一些简单的输入操作即可完成基本的网页框架，这一特性可以大为降低网页开发的成本，提高网页开发的效率。

　　本章将以 Dreamweaver CC 为核心，介绍使用 Dreamweaver 创建网页文档、构建站点，处理网页中的文本、图像、超链接等元素的方法。

本章学习目标：

➢ 了解 Dreamweaver 软件的界面
➢ 掌握 Dreamweaver 站点的构建
➢ 使用 Dreamweaver 创建网页文档
➢ 使用 Dreamweaver 处理网页文本
➢ 在 Dreamweaver 下为网页插入图像
➢ 在 Dreamweaver 下为网页插入超链接

6.1　Dreamweaver 使用基础

　　Dreamweaver 是一种面向网页设计师以及初级开发者的网页设计与网站建设工具，其提供一系列可视化操作来帮助网页设计师制作静态网页，并提供了基本的动态网页支持，使其也能满足一些中级开发者的开发需求，对于网页设计的初学者而言，

Dreamweaver 具有使用简单、操作便捷等特色，特别适合入门级别的网页设计工作。

6.1.1 Dreamweaver 简介

　　Adobe Dreamweaver，简称"DW"，是一款最初由美国 Adobe System 公司出品的网页设计与网站建设套件，其提供了可视化的网页元素插入、编辑功能，以及较为完善的 HTML、CSS 以及 JavaScript 脚本开发辅助工具，可以帮助网页设计师和开发者实现完整的网页设计与网站建设功能，除此之外，Dreamweaver 可以和 Adobe System 公司出品的 Photoshop、Fireworks、Flash 等诸多创意工具完美地结合，共同协作来实现网页设计与网站建设工作。

　　1997 年底发布的 Dreamweaver 软件向开发者提供了基本的静态网页可视化编辑功能，允许开发者通过可视化的方式制作网页，向网页中插入文本、图像、表格、表单等静态网页元素，制成基本的网页。

　　1999 年 6 月，Macromedia 公司以 Dreamweaver 3.0 为基础，出品了一个名为 Dreamweaver UltraDev1.0 的 Dreamweaver 系列产品，首次在 Dreamweaver 中加入站点管理功能，并增添了动态网页编辑功能，支持 ASP、CGI 等几种重要的动态交互技术。

　　2005 年 9 月，Macromedia 公司出品了 Dreamweaver 8.0，其时，Dreamweaver 的功能已经相当完善，对当时的网页标准化结构语言 XHTML1.0、标准化表现语言 CSS2.1 以及标准化行为语言 JavaScript 具备了完善的支持，并允许开发者通过 Dreamweaver 来编写基于 VBScript、ASP、PHP、Perl、Coolfusion、C#等多种编程语言的富交互式网站。

　　2005 年底，Adobe System 公司收购了 Macromedia 公司，以 Macromedia Dreamweaver 替代 Adobe Golive 软件，加入 Adobe Creative Suite（创意套件）体系中，使得 Dreamweaver 正式成为 Adobe Creative Suite（创意套件）的主打产品之一。

　　随着移动互联网技术的发展和现代 Web 富交互技术的应用、新的 HTML 5 以及 CSS 3 等 Web 开发标准的推广，Adobe 在 2011 年开始为 Dreamweaver 增加更多丰富的网页设计与开发功能，支持使用 Dreamweaver 来开发新标准化的网站以及基于移动设备的富响应式交互网站。

　　今天的 Dreamweaver 增强了对 HTML 5、CSS 3 以及 jQuery 脚本框架的支持，内置了大量基于 jQuery 框架开发的富交互组件，并增强了对 Adobe Photoshop 的协作功能，允许在 Dreamweaver 中直接导入 Adobe Photoshop 创建的网页界面设计方案，直接生成静态网页，极大地减轻了开发者的切图负担。这些功能的推出，使得 Dreamweaver 在如今的网页开发软件市场上具备了更强的竞争力。

6.1.2 Dreamweaver CC 基本界面

　　Adobe 公司在引入了 Creative Cloud 概念（云端创意平台）之后，对 Dreamweaver 的软件界面进行了较大的改进，默认采用 Extract 工作区方案以展示 Dreamweaver CC 的最新功能，满足现代开发者的实际需求，如图 6-1 所示。

图 6-1 **Dreamweaver CC 主体界面**

Dreamweaver CC 的主体界面相比 Dreamweaver CS6 具有较大的改观，其主要分为 4 个区域，即标题菜单栏、Extract 面板、文档窗口以及压缩面板栏等。

1. 标题菜单栏

Dreamweaver CC 的【标题菜单栏】延续了 Adobe Photoshop 以及 Adobe Flash 的整体风格，整合了普通 Windows 应用程序的标题栏与菜单栏，在其最左侧是 Dreamweaver 的软件图标，然后是 10 个菜单选项，如表 6-1 所示。

表 6-1 标题菜单栏的菜单选项

菜单选项	作　　用
文件	用于文件级别的操作，包括网页文档、网站项目的打开、关闭、保存以及资源的导入、导出、浏览器预览、标准的验证以及软件的退出等功能
编辑	用于对当前所选网页内容元素的复制、剪切、查找、替换粘贴、删除，以及 Dreamweaver 自身的软件环境配置等
查看	管理当前开发环境的视图拆分、视图模式、代码或预览的显示方式、辅助工具等
插入	提供各种可插入网页文档的网页元素、组件、内容元素、模板等
修改	提供页面、模板、超链接的修改，以及表格、图像、列表的编辑，和库、模板的管理功能
格式	提供文本、段落的样式管理，以及基本的 HTML 文本元素设置、CSS 样式表管理
命令	提供一些开发环境的宏命令，并管理当前所有创建的宏
站点	用于管理 Dreamweaver 站点，以及站点中的各种资源与文档
窗口	管理 Dreamweaver 中的各种面板和工具
帮助	提供软件的帮助信息和技术支持

【标题菜单栏】还有一个作用就是在右侧提供工作区方案的选项、Adobe CC 同步工具以及软件的使用向导功能。在默认的"Extract"工作区布局下，开发者可以单击【标题菜单栏】右侧的【管理工作区】按钮 Extract ，在弹出的菜单中选择工作区布局方案，或管理当前的工作区，如图 6-2 所示。

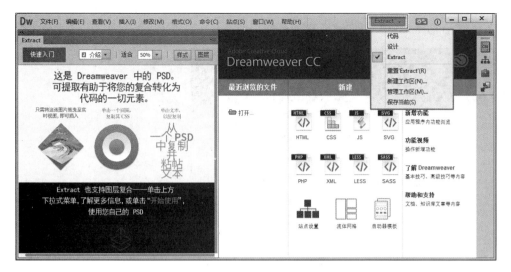

图 6-2 管理工作区方案

Adobe CC 相比旧的 CS6 版本，最大的特点就是为所有开发者提供了设置、内容等同步功能，在单击【管理工作区】按钮 Extract ▾ 右侧的【同步设置】按钮 ✿⇄ 之后，即可在弹出的菜单中查看当前登录的 Adobe 账户，并同步在云端存储的 Adobe 设置项目。

在【同步设置】按钮 ✿⇄ 右侧，Dreamweaver 提供了一个【Dreamweaver 使用向导】按钮 ⓘ，单击此按钮即可跳转到 Dreamweaver 的向导站点，学习 Dreamweaver 的各种功能和使用方法。

2．Extract 面板

【Extract】面板是 Dreamweaver CC 新增的一个功能面板，其可以帮助开发者直接将由 Adobe Photoshop 创建的网页界面方案直接导入到 Dreamweaver 中，并快速生成基于 HTML 5 和 CSS3 的标准化代码。

同时，开发者也可以通过该面板预览和修改 Dreamweaver 生成的代码，以根据网页界面设计方案实现更丰富的网页效果，如图 6-3 所示。

3．文档窗口

【文档窗口】的作用是显示当前正在编辑的网页文档的预览，或网页文档的代码，同时也可以根据开发者的实际需求来对网页文档的预览和代码拆分显示。

图 6-3 Extract 面板

在开启 Dreamweaver CC 之后，此处默认会显示 Dreamweaver CC 的【开始屏幕】，用于为开发者提供一些快捷功能，如图 6-4 所示。

Dreamweaver CC 的【开始屏幕】提供了三个方面的功能，其左侧【最近浏览的文件】选项可以打开各种 Dreamweaver 支持的文档，诸如各种代码文档、文本文档、结构文档等，同时显示已经打开的文档历史记录，允许开发者快速打开这些曾打开的文档。

【新建】选项提供了一些常用的网页文档的创建快捷方式，以及【站点设置】、【流体网格】、【启动器模板】等创建向导的链接。

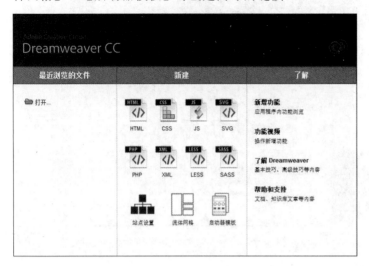

图 6-4　**Dreamweaver CC 开始屏幕**

【了解】选项提供了 Dreamweaver CC 新增功能、功能视频、了解 Dreamweaver、帮助和支持的快捷方式，帮助开发者更好地学习 Dreamweaver 的功能和使用方法。

关于 Dreamweaver 文档窗口的其他用法，请参考之后管理 Dreamweaver【工作区】的相关小节。

4.压缩面板栏

Dreamweaver CC 的【压缩面板栏】作用与 Photoshop CC、Flash CC 类似，都用于为开发者提供某些工作面板的快捷按钮，开发者可以单击【压缩面板栏】中的各种按钮，展开对应的面板来进行操作。

6.1.3　管理 Dreamweaver 工作环境

在默认状态下，Dreamweaver CC 采用"Extract"工作区方案，该方案主要用于帮助网页设计师快速导入 Photoshop 界面设计方案，适合网页设计师来使用，而对于初学者以及网页开发者而言，此工作环境明显受到诸多的限制。

Dreamweaver 实际上还提供了两个工作环境方案，用于帮助初学者和网页开发者更好地进行制作和开发。

1."设计"工作环境

"设计"工作环境方案更多地类似传统的 Dreamweaver 工作环境，其主要面向网页设计的初学者，帮助初学者采用更多可视化的方式来设计网页的元素。

在【标题菜单栏】中单击【管理工作区】按钮 Extract ，然后即可执行【设计】命令，以采用"设计"风格的【工作区】方案，如图 6-5 所示。

图 6-5 "设计"工作环境方案

在该工作环境方案下，【文档窗口】位于主界面左上方，下方则为【属性】检查器，用于对网页效果预览中各种开发者选择的项目进行修改和定义。

在主体界面右侧，"设计"工作环境方案提供了几个重要的面板，其作用如表 6-2 所示。

表 6-2 "设计"工作环境方案的面板集合及作用

面　　板	作　　　　　用
CSS 设计器	以可视化的方式显示当前网页文档所调用的 CSS 选择器，以及相关的选择属性样式，帮助开发者快速编辑网页元素的样式
文件	显示本地操作系统、站点以及互联网站点中的文件结构，帮助开发者管理网站项目中的各种文件
资源	该面板类似 Flash 的【库】面板，允许开发者将网站设计过程中积累的资源收藏起来，以供再次开发时快速调用
插入	提供各种网页元素的可视化插入方式
代码片段	提供各种编程语言的常用代码库，为开发者提供快速调用这些代码的交互方式

2. "代码"工作环境

该工作环境主要面向进阶的网站项目开发者，其省略了各种可视化操作的面板，仅保留了【文件】和【代码片段】等两个面板，以期将最大的【工作区】面积留给代码显示以及内容预览，提高开发者工作效率。该工作环境的界面如图 6-6 所示。

图 6-6 "代码"工作环境方案

6.2 创建网页文档

Dreamweaver CC 提供了便捷的方式来创建各种类型的网页文档,并可以预置模板的方式生成网页文档的初始化内容,帮助开发者快速对其进行编辑、开发以及发布。

6.2.1 网页文档的类型

网页文档是存储网页各种数据、样式代码以及脚本代码的载体。作为一款强大的网页开发工具,Dreamweaver 支持很多类型的网页文档,在 Dreamweaver CC 中,开发者可以创建和编辑几乎所有应用于网页的文档类型。但在日常开发中,开发者需要编辑的网页文档主要有以下几种,如表 6-3 所示。

表 6-3 Dreamweaver 支持的常用网页文档类型

网 页 文 档	扩展名	作　　用
HTML 文档	.htm	以 HTML 4.01、XHTML 1.0 以及 HTML 5 编写的网页结构文档
	.html	
	.htc	应用于 IE 浏览器的公用控件库文件
	.hta	基于 HTML 的 Windows 可执行程序文件
XHTML 文档	.xhtml	以 XHTML 1.0 编写的网页结构文档
XML 文档	.xml	以 XML 结构语言编写的文本文档
	.dtd	用于定义 XML 结构文档的语义、规则的文本文档
CSS 样式表	.css	以 CSS2.1、CSS3.0 标准语法编写的样式表文档
	.less	以 LESS 框架编写的样式表文档
	.scss	以 SASS 框架编写的样式表文档
	.sass	
ASP 文档	.asp	以 VBScript 脚本和 ADO 技术开发的 ASP 文件
	.asa	应用于 ASP 网站项目的全局脚本文件
ASP.NET 文档	.aspx	ASP.NET 网页文档
	.cs	应用于 ASP.NET 网站项目的 C# 源代码
	.vb	应用于 ASP.NET 网站项目的 Visual Basic 源代码
PHP 文档	.php	由 PHP 语言编写的 PHP 脚本文件
	.php3	由 PHP 3.0 语言编写的 PHP 脚本文件
	.php4	由 PHP 4.0 语言编写的 PHP 脚本文件
	.php5	由 PHP 5.0 语言编写的 PHP 脚本文件
	.phtml	由 PHP 脚本控制的 HTML 结构文档
SQL 脚本	.sql	SQL 数据库语句编写的数据库命令
SVG 图形	.svg	以基于 XML 的 SVG 语言编写的网页矢量图形文档
JavaScript 脚本	.js	由 JavaScript 脚本语言编写的脚本文档

使用 Dreamweaver CC,开发者可以方便地创建、编辑以上类型的文档,正是这些文档共同构成了网站项目。

6.2.2 新建文档

在 Dreamweaver CC 中，开发者可以通过两种方式来创建网页文档，即通过【开始屏幕】的快捷方式或【新建】命令等。

1. 开始屏幕快捷方式

开发者可以直接在 Dreamweaver CC 的开始屏幕单击【新建】选项下的几种网页文档快捷方式，其可以直接创建对应类型的文档，诸如 HTML 文档、CSS 文档、JavaScript 文档等，如图 6-7 所示。

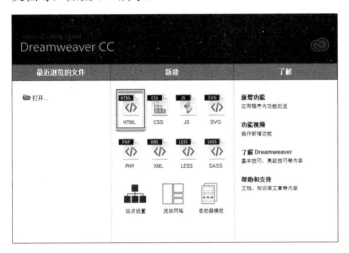

图 6-7　创建 HTML 文档

【开始屏幕】的快捷方式可以为这些类型的网页文档创建最基本的格式以及预置内容，例如，创建 HTML 文档时，可创建基于 HTML 5.0 的基本 HTML 文档，如图 6-8 所示。

图 6-8　基本的 HTML 5.0 文档

2.【新建】命令

如果开发者需要创建更多规范或更复杂的网页文档，则需要使用 Dreamweaver 提供的【新建】命令，通过向导来创建网页文档。

在 Dreamweaver CC 中执行【文件】|【新建】命令，即可打开【新建文档】对话框，如图 6-9 所示。

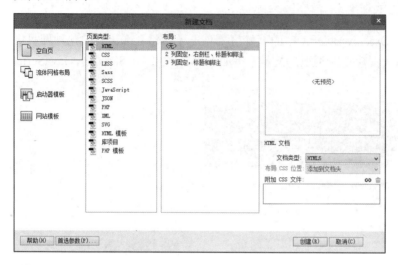

图 6-9 【新建文档】对话框

在该对话框中，开发者可以创建 4 种类型的网页文档，即【空白页】、【流体网格布局】、【启动器模板】和【网站模板】。

（1）空白页

【空白页】用于创建各种类型的基本网页文档，并允许开发者定义文档的类型。例如，在创建 HTML 文档时，开发者可以选择"HTML 4.01 Transitional"等多种文档类型，如表 6-4 所示。

表 6-4 Dreamweaver 支持的 HTML 文档类型

文 档 类 型	作　　用
HTML 4.01 Transitional	基于 HTML 4.01 过渡模式的 HTML 文档
HTML 4.01 Strict	基于 HTML 4.01 严格模式的 HTML 文档
HTML5	基于 HTML 5.0 的 HTML 文档
XHTML 1.0 Transitional	基于 XHTML 1.0 过渡模式的 HTML 文档
XHTML 1.0 Strict	基于 XHTML 1.0 严格模式的 HTML 文档
XHTMl 1.1	基于 XHTML 1.1 的 HTML 文档（已废弃）
XHTMl Mobile 1.0	基于 XHTML Mobile 版本 1.0 的 HTML 文档（已废弃）

以上这些类型的 HTML 文档都可被保存成扩展名为".html"、".htm"的网页文档，但在文档的头部信息方面有所区别。在创建 HTML 文档时，开发者还可以为其附加 CSS 文件，直接构成关联关系。

（2）流体网格布局

【流体网格布局】的作用是帮助开发者设计各种响应式布局的网页，以帮助开发者将网页文档适配到各种终端设备中，如图 6-10 所示。

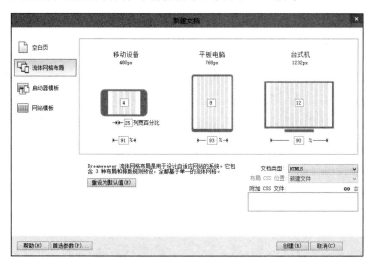

📀 **图 6-10** 流体网格布局

在该布局下，默认显示了三种类型的设备，即"移动设备"（手机）、"平板电脑"（如 iPad 等）以及"台式机"（普通 PC），开发者可以分别针对这些设备定义纵向网格的数量，以及整个网页占这些设备分辨率的百分比，然后再设置文档类型以及附加的 CSS 文件，快速创建带有 CSS 样式表的响应式网页。

（3）**启动器模板**

【启动器模板】的作用是根据 Dreamweaver CC 内置的示例来创建网页文档，目前其支持 5 种类型的示例页，如图 6-11 所示。

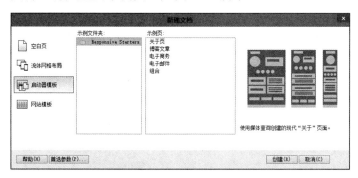

📀 **图 6-11** 启动器模板

（4）**网站模板**

【网站模板】可以根据站点以及开发者自行建立的 Dreamweaver 模板文件来创建网页文档，快速生成模板套页。

6.3 操作文档视图

Dreamweaver CC 为开发者提供了多种查看网页文档的方式，允许开发者查看网页文档的基本代码、设计效果，以及可展示各种完整页面浏览效果的实时视图效果等。

在 Dreamweaver 中，设计者可以通过位于【文档窗口】上方的【文档】工具栏来快速切换文档视图，包括切换为"代码"视图、"拆分"视图、"设计"视图以及"实时视图"等。

6.3.1 "代码"视图

在"代码"的工作环境下，Dreamweaver 默认对网页文档以"代码"视图的方式显示。如当前显示的为其他视图，则开发者可以在【文档】工具栏中单击【代码】按钮 代码 ，切换至该视图。

在该视图下，会以高亮的方式显示网页文档中的代码，以及操作这些代码的工具，如图 6-12 所示。

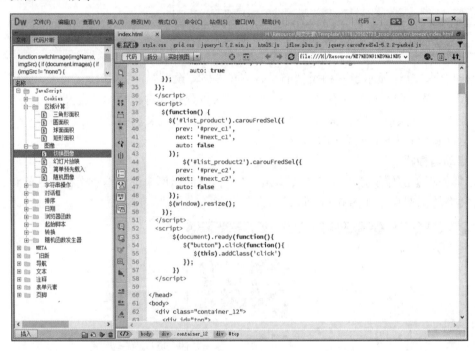

图 6-12 "代码"视图下的文档

在"代码"视图下，网页文档的编辑区域分为三个部分，即最左侧的【编码】工具栏、【行号】列，以及右侧的【代码】区域等。

其中，【编码】工具栏的作用是在开发者编写代码时提供各种查看、辅助以及格式化功能，其包含以下一些按钮，如表 6-5 所示。

表 6-5 编码工具栏的按钮及其作用

图标	按钮名称	作　　用
	打开文档	列出打开的文档供用户切换选择和显示
	显示代码导航器	显示代码导航器
	折叠整个标签	折叠一组开始和结束标签之间的内容（如位于<table>和</table>之间的内容）

网页设计与网站建设（CC 中文版）标准教程

图标	按钮名称	作 用
	折叠所选	折叠所选代码
	扩展全部	还原所有折叠的代码
	选择父标签	显示插入点的内容及其两侧的开始和结束标签
	平衡大括弧	在插入点所在行的内容及其两侧放置圆括号、大括号或方括号
	行号	使可以在每个代码行的行首隐藏或显示数字
	高亮显示无效代码	用黄色高亮显示无效的代码
	自动换行	单击该按钮，一行中较长的代码，将自动换行
	信息栏中的语法错误警告	启用或禁用页面顶部提示语法错误的信息栏。当检测到语法错误时，语法错误信息栏会指定代码中发生错误的那一行
	应用注释	在所选代码两侧添加注释标签或打开新的注释标签
	删除注释	如果所选内容包含嵌套注释，则只会删除外部注释标签
	环绕标签	在所选代码两侧添加选自【快速标签编辑器】的标签
	最近的代码片断	从【代码片断】面板中插入最近使用过的代码片断
	移动或转换 CSS	将 CSS 移动到另一位置，或将内联 CSS 转换为 CSS 规则
	缩进代码	将选定内容向右移动
	凸出代码	将选定内容向左移动
	格式化源代码	将先前指定的代码格式应用于所选代码。如果未选择代码，应用于整个页面

　　【行号】列的作用是显示各行代码的行号，开发者可以通过【行号】按钮 来决定关闭或开启该列。

　　【代码】区域会完整地显示网页文档的源代码，其支持诸多编程语言的语法高亮支持，包括 HTML、XHTML、JavaScript、jQuery、CSS、PHP、ActionScript、C#以及 VBScript 等。

提　示

> "代码"视图主要面向具有编程能力的网站开发者，为开发者提供了很多高效的工具或设计，诸如代码高亮、代码片段、代码提示和自动完成等。但在该视图下，很多可视化工具都无法使用，诸如【插入】面板就是如此。

6.3.2 "设计"视图

　　"设计"视图是"设计"工作环境下的默认文档视图，其作用是显示当前网页文档的预览效果，并为开发者提供可视化的编辑网页元素的方法。

　　如果当前显示的视图并非"设计"视图，则开发者可以直接单击【文档】工具栏中的【设计】按钮 设计 ，或单击【实时视图】按钮 实时视图 右侧的下拉箭头，执行【设计】命令，调出"设计"视图，如图 6-13 所示。

　　"设计"视图主要面向网页初学者，开发者可以完整地使用 Dreamweaver 提供的各种可视化工具对网页文档进行编辑。

图 6-13 "设计"视图下的文档

6.3.3 "实时视图"

"实时视图"是"设计"视图的增强版本。在普通的"设计"视图下，仅仅能显示网页文档的基本 HTML 结构、内容以及简化的 CSS 样式表，并不能执行各种交互行为脚本，也不能从网页的动态服务器中获取数据和信息。"实时视图"则对"设计"视图进行了大幅改进，其支持在 Dreamweaver 中显示真正浏览器意义的网页文档，帮助开发者测试网页的交互性，调试程序 Bug。

在 Dreamweaver 的"设计"工作环境或"代码"工作环境均提供了"实时视图"的快捷调用方式，开发者可以在【文档】工具栏中单击【实时视图】按钮 实时视图 ▼ 或单击【设计】按钮 设计 ▼ 右侧的下拉箭头，执行【实时视图】命令，调出"实时视图"界面，如图 6-14 所示。

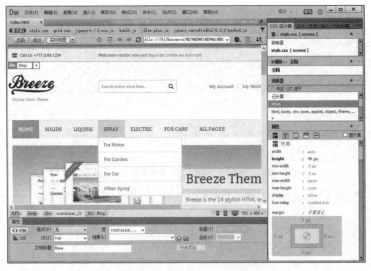

图 6-14 "实时视图"下的界面

在"实时视图"下，开发者可以真实的浏览器显示环境来测试网页文档的各种交互性，查看网页文档最终的输出效果。

6.3.4　"拆分"视图

"拆分"视图是 Dreamweaver 为网页开发者提供的一种便捷开发界面，在该界面中，开发者可以一边编辑网页文档的代码，一边即时查看代码生成的浏览效果。Dreamweaver 提供了多种类型的"拆分"视图，包括"拆分代码"视图、"拆分代码与设计"视图和"拆分实时视图与代码"视图等。

1. 拆分代码

"拆分代码"视图的作用是同时显示两个当前网页文档的代码内容，或同时显示当前网页文档和该文档引用的外部代码，以帮助开发者在开发源代码时进行即时对照和参考。在 Dreamweaver 中，开发者可以执行【查看】|【拆分代码】命令，切换至"拆分代码"视图，如图 6-15 所示。

图 6-15　"拆分代码"视图

在"拆分代码"视图下，开发者可以在【文档】选项卡下的【外部文件】工具栏中选择该网页文档加载的外部文件，同时编辑当前网页文档以及其引用的外部文件，例如，在编辑当前网页文档的同时编辑其引用的"style.css"样式表文件，即可在【外部文件】工具栏中单击"style.css"按钮 **style.css** ，在当前网页文档下方显示该外部文件，如图 6-16 所示。

2. 代码和设计

"代码和设计"视图的作用是同时显示网页文档的源代码和基本预览效果，辅助开发者在编写网页文档的结构代码和样式代码时即时预览，同时结合 Dreamweaver 的可视化操作来编辑网页文档。

在 Dreamweaver 中执行【查看】|【代码和设计】命令，即可以"代码和设计"视图的方式进行网页编辑，如图 6-17 所示。

图 6-16　同时显示文档和外部文件

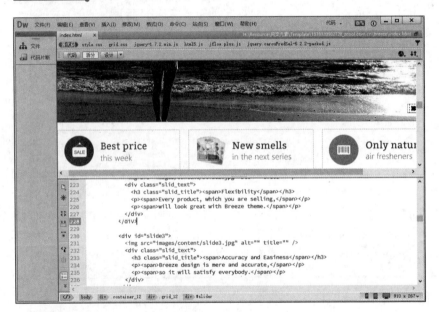

图 6-17　"代码和设计"视图

在默认的状态下，"代码和设计"视图中的"设计"视图会显示在【文档窗口】的上访，开发者可以执行【查看】|【顶部的设计视图】命令，取消该命令之前的对号"√"激活状态，从而将"设计"视图放置在【文档窗口】底部，并将"代码"视图放置在【文档窗口顶部】。

3. 代码和实时视图

"代码和实时视图"是"代码和设计"的进阶视图，其与"代码和设计"视图的区别在于其将"代码和设计"视图中的"设计"视图更换为更加能够体现网页文档最终效果的"实时视图"，以在开发者进行编码时提供更加准确的内容效果。

在 Dreamweaver CC 中，开发者可以首先切换至"代码和设计"视图，然后再执行【查看】|【切换实时视图】命令，将界面切换为"代码和实时视图"模式，如图 6-18 所示。

图 6-18 "代码和实时视图"模式

提 示

在"代码和实时视图"模式下，开发者同样可以执行【查看】|【顶部的设计视图】命令，取消该命令之前的对号"√"激活状态，从而将"设计"视图放置在【文档窗口】底部，并将"代码"视图放置在【文档窗口顶部】。

4．垂直拆分

在默认状态下，Dreamweaver 允许开发者以水平方式来拆分【文档窗口】，即以上下两个子窗口的方式显示拆分内容。实际上 Dreamweaver CC 还提供了"垂直拆分"模式，即以左右两个子窗口的方式显示拆分内容。

在进入"拆分"视图之后，开发者可以执行【查看】|【垂直拆分】命令，将被拆分的两个子窗口以左右方式排列，如图 6-19 所示。

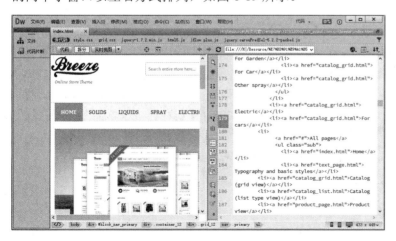

图 6-19 "垂直拆分"模式

在执行"垂直拆分"模式之后，开发者可以通过执行【查看】|【左侧的实时视图】命令或执行【查看】|【左侧的设计视图】命令，取消这两条命令的对号"√"激活状态，交换左右两个子窗口的位置。

6.4 处理网页文本

文本是网页文档中最基本的显示内容，其通常由各种编码的普通字符、特殊符号组成。Dreamweaver 为开发者提供了多种便捷方式以快速为网页文档插入各种类型的文本。

6.4.1 插入语义化的文本

网页文档中的文本通常以段落、标题以及预格式文本等语义单元来存储。在默认状态下，Dreamweaver 会在"设计"视图中将文本输入操作作为默认操作，开发者可以在【属性】检查器中选择要插入的文本类型，然后再将光标置于"设计"视图的文档窗口内，直接输入文本以创建一个语义单元。

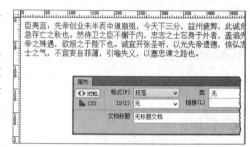

图 6-20 输入普通段落内容

例如，输入普通的段落文本，开发者需要先在【属性】检查器中设置【格式】为"段落"，然后再输入文本内容，如图 6-20 所示。

在输入文本后，开发者每按一次"回车键"，Dreamweaver 就会创建一个新的语义单元。例如，当前所设置的【格式】为段落，则每按一下回车，Dreamweaver 就会创建一个新的段落。

除了以段落的方式输入文本以外，Dreamweaver 也允许开发者以其他语义元素的方式来输入文本，诸如以"标题 1"到"标题 6"等 6 种标题，以及预格式文本等。开发者可以在属性选择器中分别选择这些【格式】类型，然后再输入文本。

6.4.2 设置文本属性

【属性】检查器是 Dreamweaver 提供的一个用于"设计"视图的元素属性检查与设置工具。当开发者在"设计"视图内选择了某些网页元素（如文本、图像、超链接、HTML 标记、动画、视频、表单等）时，【属性】检查器就会提供这些项目内容的属性设置，帮助开发者定义这些网页元素的属性。典型的文本内容【属性】检查器如图 6-21 所示。

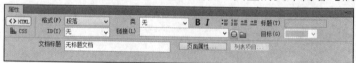

图 6-21 文本内容的【属性】检查器

在默认状态下，文本内容的【属性】检查器提供了基本的 HTML 文本设置，如表 6-6 所示。

表 6-6　文本内容的 HTML 属性

属　　性		作　　用
格式	无	以无格式的方式输入文本或将当前选择文本转换为无格式文本
	段落	以段落的方式输入文本或将当前选择文本转换为段落文本
	标题 1	以一级标题的方式输入文本或将当前选择文本转换为一级标题
	标题 2	以二级标题的方式输入文本或将当前选择文本转换为二级标题
	标题 3	以三级标题的方式输入文本或将当前选择文本转换为三级标题
	标题 4	以四级标题的方式输入文本或将当前选择文本转换为四级标题
	标题 5	以五级标题的方式输入文本或将当前选择文本转换为五级标题
	标题 6	以六级标题的方式输入文本或将当前选择文本转换为六级标题
	预先格式化的	以预格式文本的方式输入文本或将当前选择文本转换为预格式文本
CSS 类		定义当前语义单元的 CSS 类（即 HTML 标记的 class 属性）
B		为当前所选文本加粗或以粗体的方式创建文本（即 HTML 的 B 标记）
I		为当前所选文本设置倾斜效果（即 HTML 的 I 标记）
📋		创建一个无序列表（HTML 中的 UL 标记）并将当前所选文本转换为该无序列表中的项目（HTML 中的 LI 标记）
📋		创建一个有序列表（HTML 中的 OL 标记）并将当前所选文本转换为该有序列表中的项目（HTML 中的 LI 标记）
📋		清除文本的块引用状态（即 HTML 中的 BLOCKQUOTE 标记，如文本被多个块引用所环绕，则仅清除最近的一个块引用）
📋		为文本添加一个块引用状态（即 HTML 中的 BLOCKQUOTE 标记）
标题		在将当前文本转换为超链接之后为其添加标题（HTML 中 A 标记的 title 属性，即鼠标滑过该超链接时显示的工具提示内容）
ID		定义当前语义单元的 ID 值（即 HTML 标记的 id 属性）
链接		在此输入一个 URL 地址，可将当前所选的文本转换为文本超链接
◎		按住该图标后将鼠标拖曳至当前站点内的某个文件或目录，可直接创建针对该文件或目录的超链接
📁		单击此按钮，可在弹出的窗口中选择文本指向的超链接文档
目标	_blank	当选择的文本为超链接时，定义将链接的文档以新窗口的方式打开
	_parent	当选择的文本为超链接时，定义将链接文档加载到包含该链接的父框架集或窗口中。如果包含链接的框架不是嵌套的，则链接文档加载到整个浏览器窗口中。
	_self	当选择的文本为超链接时，定义在当前的窗口中打开链接的文档
	_top	当选择的文本为超链接时，定义将链接的文档加载到整个浏览器窗口中，并删除所有框架
	其他值	当选择的文本为超链接时，定义将链接的文档加载到浏览器窗口内指定 ID 的框架内
页面属性		单击该按钮，可打开【页面属性】对话框，定义整个文档的属性
列表项目		当选择的文本为项目列表或编号列表时，可通过该按钮在弹出的对话框中定义列表的样式

　　由于 Dreamweaver 在"设计"视图中将文本输入操作作为默认操作，因此当开发者并未选择任何网页元素时，【属性】检查器会显示文本内容的属性。而当开发者选择文本内容（诸如段落、标题、预格式文本）时，【属性】检查器也会切换至文本内容的属性。

6.4.3　特殊字符

　　Dreamweaver 允许开发者为网页插入一些符合 Unicode 编码的特殊字符，以表现一些特定的含义，在 Dreamweaver 中，开发者可以执行【插入】|【字符】命令，在弹出的

菜单中选择特殊符号，如图 6-22 所示。

除此之外，开发者也可以通过【插入】面板的【常用】选项卡下的【字符】按钮之前的下拉箭头，插入这些特殊符号，如图 6-23 所示。

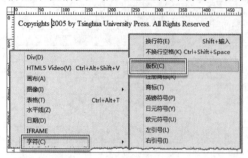

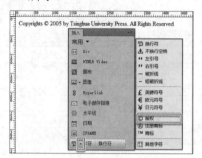

图 6-22 插入特殊符号 ◇ 图 6-23 从【插入】面板插入特殊符号

Dreamweaver 在这两个位置提供了 12 种基本的特殊符号，其作用如表 6-7 所示。

表 6-7 Dreamweaver 的基本特殊符号

图　标	名　称	显示（作用）
換行符	换行符	两段间距较小
↓	不换行空格	非间断空格
"	左引号	"
"	右引号	"
—	破折线	——
-	短破拆线	–
£	英镑符号	£
€	欧元符号	€
¥	日元符号	¥
©	版权	©
®	注册商标	®
TM	商标	TM

除以上 12 种基本的特殊符号外，开发者还可以在这两处位置选择【其他字符】选项，在弹出的【插入其他字符】对话框中选择更多的特殊字符，将其插入到网页文档中，如图 6-24 所示。

6.5　处理网页图像

图像是网页文档中重要的界面元素，相比文本内容，网页图像的表现能力更加丰富，也能体现出更加形象的内容。

6.5.1　网页图像的类型

绝大多数 Web 浏览器都支持显示图像，但是并非所有图像都被 Web 浏览器所支持。通常情况下，开发者可以使用的网页图像主要包括以下几种。

1. JPEG

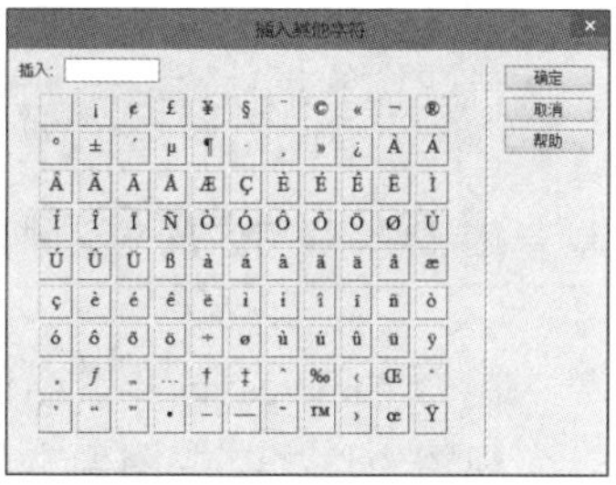

JPEG（Joint Photographic Experts Group，联合图像专家组推荐格式）图像支持显示更加丰富颜色的图像，并允许开发者根据压缩比来优化图像的尺寸，其缺点是不支持Alpha 通道（透明），因此在实际的网页设计中，这类图像更多地被用于显示照片等需要高清晰度内容的图像。

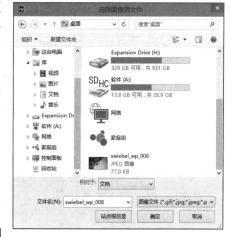

图 6-24 插入其他字符

2. GIF

GIF（Graphics Interchange Format，图像交换格式）图像的特点是提供基本的 Alpha 通道支持，同时也提供更好的压缩比以及逐帧动画支持。其缺点是仅支持 256 色，因此在网页设计中，此类图像主要用于显示简单的逐帧动画以及对色彩还原度要求较低的按钮背景等。

3. PNG

PNG（Portable Network Graphics，可移植网络图像）图像是一种功能性更强的图像，其兼顾了 JPEG 和 GIF 等两类图像的优点，既支持更加丰富的色彩还原效果，同时也支持 Alpha 通道（透明），可以在保障图像表现力的同时提供较好的压缩比，唯一缺陷是不支持动画内容。早期的 IE 浏览器（8.0 版本之前）对此类图像支持稍差，但是如今几乎所有的 Web 浏览器都预置了对此类图像优异的支持，成为目前互联网中应用最广泛的图像格式。

6.5.2 插入图像

在 Dreamweaver CC 中执行【插入】|【图像】|【图像】命令，然后即可打开【选择图像源文件】对话框，选择要插入的图像文件，如图 6-25 所示。

图 6-25 选择图像源文件

在该对话框中，用户除了可以选择图像文件的位置以外，还可以定义图像与网页文档之间的关联关系，当设置【相对于】选项值为"文档"时，Dreamweaver 会直接将该图像在本地计算机的绝对位置 URL 作为插入图像的链接路径。而当设置【相对于】选项值为"站点根目录"时，则Dreamweaver 会根据站点根目录的地址来生成一个图像与网页文档的相对链接。

在单击【确定】按钮之后，Dreamweaver 就会直接将图像文件显示到网页文档的"设计"视图中，如图 6-26 所示。

图 6-26 插入后的网页图像

开发者可以直接拖曳插入后图像的右侧、下方以及右下角的三个正方形调节柄，拖曳调节图像的尺寸。

6.5.3 设置图像属性

在 Dreamweaver 中，图像的属性也是通过【属性】检查器来设置的。当开发者在"设计"视图中选择某幅图像之后，Dreamweaver 的【属性】检查器就会自动切换至图像的【属性】检查器内容，如图 6-27 所示。

图 6-27 图像的【属性】检查器

在网页图像的【属性】检查器中，开发者可以快速定义图像的各种属性，并调用外部的程序来对图像进行直接编辑，其作用如表 6-8 所示。

表 6-8 网页图像的属性设置

属　　性		作　　用
ID		定义当前图像的 ID 属性（即 HTML IMG 标记的 id 属性）
Src		定义当前图像的 URL 地址（即 HTML IMG 标记的 src 属性）
链接		定义当前图像的超链接 URL 地址
Class		定义当前图像的 CSS 类（即 HTML IMG 标记的 class 属性）
编辑	Ps	调用相关的图像处理软件来编辑图像，如为普通图像，则调用 Adobe Photoshop，而如为 PNG 图像，则调用 Adobe Fireworks（前提是当前计算机已经安装相关软件）
		定义图像的发布属性，如为 JPEG 图像时定义图像的压缩处理级别等
		根据图像的源文件快速自动更新（仅对有 PSD 关联的图像有效）
		对图像进行裁剪操作，删除被裁剪掉的区域
		对已经调整大小的图像重新取样
		调整图像的亮度和对比度
		消除图像的模糊效果
宽		定义图像的水平尺寸
高		定义图像的垂直尺寸
替换		定义图像的替换文本（即 HTML IMG 标记的 alt 属性）
标题		定义图像的标题（HTML IMG 标记的 title 属性，即鼠标滑过该超链接时显示的工具提示内容）或图像所在超链接的标题（环绕该图像的超链接标记 A 的 title 属性）
地图		定义图像热区的 ID（即图像所关联的 HTML MAP 标记的 id 属性）
		选择图像上的热区，进行移动、删除等操作
		在图像上绘制一个矩形的热区
		在图像上绘制一个椭圆形热区
		在图像上绘制一个多边形热区
目标		定义图像超链接的打开方式，其与文本的【属性】检查器相关设置作用相同
原始		如使用的是 PSD 文档输出的图像文件，此处将显示 PSD 文档的 URL 路径

Dreamweaver 具有与 Adobe Photoshop、Adobe Fireworks 等同系列图像处理软件强大的兼容性，开发者可以使用 Dreamweaver 与这些软件进行协作设计和制作网页，并处理网页中的图像内容。

6.6　处理超链接

超链接是网页文档与相关其他网页文档、资源的连接桥梁，也是网页文档与其他类型计算机文档最重要的区别之一。使用超链接，终端用户可以通过鼠标单击的方式快速从当前网页文档跳转或直接打开外部的其他相关网页文档与资源。

Dreamweaver 提供了可视化的方式为网页中的文本、图像等网页元素添加超链接，快速与外部其他文档、相关资源建立连接关系，具体包括三种方式，即通过【Hyperlink】命令、【插入】面板，以及通过【属性】检查器等。

1．Hyperlink 命令

在选中文本或图像后，开发者可以直接执行【插入】|【Hyperlink】命令来将文本或图像转换为文本链接以及图像链接，如图 6-28 所示。

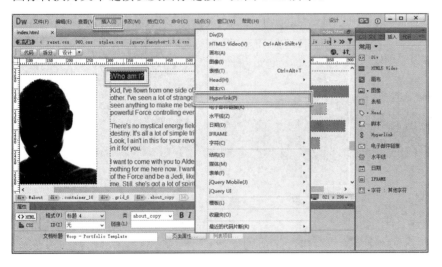

图 6-28　插入【Hyperlink】

此时，Dreamweaver 会弹出【Hyperlink】对话框，允许开发者设置超链接的属性，如图 6-29 所示。

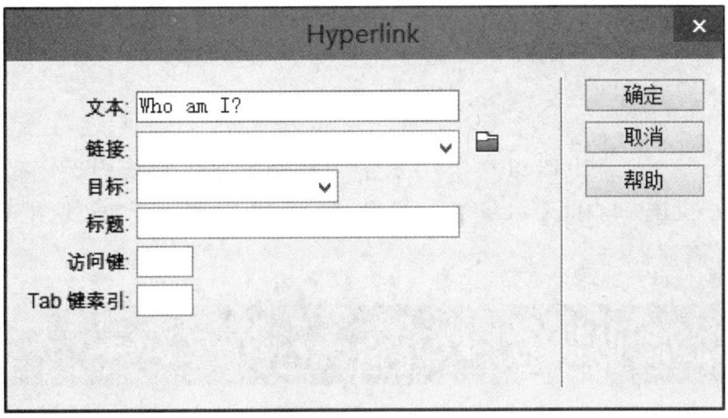

图 6-29　【Hyperlink】对话框

在该对话框中，开发者可以设置超链接的几乎所有属性，如表 6-9 所示。

表 6-9　超链接的相关属性

属　　性	作　　用
文本	超链接内含的文本内容
链接	超链接指向的 URL 地址（HTML A 标记的 href 属性）
目标	超链接所连接外部文档的打开方式（HTML A 标记的 target 属性）
标题	超链接的标题（HTML A 标记的 title 属性）
访问键	访问该超链接的快捷键（HTML A 标记的 accesskey 属性）
Tab 键索引	在整个网页文档中通过 Tab 键跳转焦点的顺序（HTML A 标记的 tabindex 属性）

2．面板插入

除了通过【Hyperlink】命令以外，开发者也可以通过【插入】面板中的指定按钮来插入超链接，其效果与【Hyperlink】命令基本类似。

以插入图像链接为例，在选中图像之后，开发者可以在【插入】面板的"常规"选项卡中直接单击【Hyperlink】按钮 ，插入超链接，如图 6-30 所示。

图 6-30　插入图像链接

然后，Dreamweaver 同样会弹出【Hyperlink】对话框来允许开发者定义超链接的属性，在此将不再赘述。

3．【属性】检查器

在选择图像或文本内容之后，开发者也可以直接在【属性】检查器中直接设置图像或文本内容的【链接】属性，定义超链接的【目标】属性和【标题】属性，完成其超链接的设置，具体方式在此将不再赘述。

6.7　课堂练习：配置本地服务器

在使用 Dreamweaver 进行 Web 开发时，Web 项目中的服务器程序以及前端的脚本交互功能往往都需要服务器环境才能运行,因此开发者需要首先为 Web 项目建立测试服务器环境,以对 Web 项目进行测试与调试。

以最基本的 ASP、ASP.Net 等服务器端程序为例,开发者以通过本地 Windows 操作系统的 Internet Information Services(简称 IIS)工具来配置一个本地服务器,建立虚拟站点来对 Web 项目进行测试。

本练习将以 Windows 8.1 x64 专业版作为平台,配置一个基于 IIS 工具的本地服务器,通过该工具来实现 ASP、ASP.Net 等服务器端程序的解析,以及本地 IP 发布。在配置完成本地服务器之后,开发者即可通过本地模拟远程 Web 访问,如图 6-31 所示。

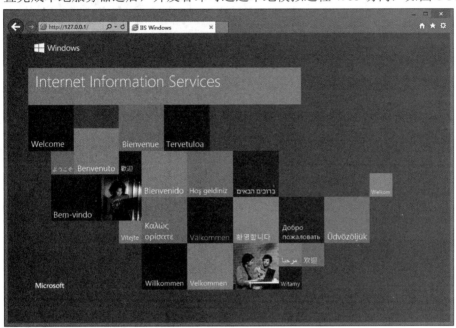

图 6-31 本地服务器站点

1. 安装 IIS

1️⃣ 在【任务栏】中单击【文件资源管理器】按钮，在弹出的【库】窗口拖曳左侧【导航窗格】的垂直滚动条,直至滚动到导航窗格底部,单击选择【控制面板】的导航项目,如图 6-32 所示。

图 6-32 展开库功能区

2️⃣ 在更新的【控制面板】窗口中,选择【程序】选项,进入程序设置,如图 6-33 所示。

图 6-33 选择【程序】选项

③ 在更新的【程序】窗口中，单击选择【启用或关闭 Windows 功能】选项，如图 6-34 所示。

图 6-34 启用或关闭 Windows 功能

④ 在弹出的【Windows 功能】对话框中，开发者可以单击【Internet Information Services】选项之前的复选框，然后再单击其左侧的【展开】按钮 ➕，展开 IIS 的安装项目，如图 6-35 所示。

图 6-35 选择 IIS 安装项目

⑤ 单击【万维网服务】选项左侧的【展开】按钮 ➕，再单击【应用程序开发功能】之前的【展开】➕ 按钮，根据 Web 项目的需求来选择对应的服务器端程序类型，如图 6-36 所示。

> **提 示**
>
> 开发者应根据实际的开发需求来决定选择哪些项目。例如，只开发 ASP 程序，可仅选择【ASP】、【ISAPI 扩展】、【ISAPI 筛选器】等选项。如果需要通过 IIS 来支持 PHP 开发，请选择【CGI】选项，并确保【ISAPI 扩展】、【ISAPI 筛选器】等选项被选中，然后再另外安装 PHP 服务器端。

图 6-36 选择服务器端程序

⑥ 如果开发者需要通过 FTP 协议来对服务器端数据进行上传和下载，可选择【Internet Information Services】选项下的【FTP 服务器】了选项，如图 6-37 所示。

图 6-37 FTP 选项设置

⑦ 如果在开发时需要使用 HTTP 重定向功能，以通过脚本来为客户端浏览器进行内容跳转，可在【万维网服务】选项下的【常见

HTTP 功能】子选项内选择【HTTP 重定向】选项，如图 6-38 所示。

图 6-38 设置 HTTP 重定向

8 选择【Internet Information Services】选项下方的【Internet Information Services 可承载的 Web 核心】选项，单击【确定】按钮，完成配置，如图 6-39 所示。

图 6-39 完成安装配置

提 示

在完成安装配置并单击【确定】按钮之后，系统会更新【Windows 功能】对话框，进行安装操作，待进度条完成后，开发者可单击【关闭】按钮完成安装操作。

2. 配置 Web 站点

1 按下 Windows 键+R 组合键，在弹出的【运行】对话框中输入 "InetMgr.exe"，单击【确定】按钮，启动 IIS 管理器，如图 6-40 所示。

图 6-40 启动 IIS 管理器

2 在弹出的【Internet Information Services（IIS）管理器】窗口中，展示了当前计算机可连接的所有本地和远程计算机的 IIS 服务器，如图 6-41 所示。

图 6-41 IIS 管理器窗口

3 单击左侧【连接】窗格内本地服务器左侧的【展开】按钮，选择【网站】项目，然后即可在右侧【网站】窗格中右击【Default Web Site】项目，执行【基本设置】命令，如图 6-42 所示。

图 6-42 配置基本设置

4 在弹出的【编辑网站】对话框中设置【物理

路径】值为"D:\WebSites",然后即可单击【确定】按钮,将该目录设置为本地服务器的根目录,如图 6-43 所示。

图 6-43 配置本地物理目录

5 返回【Internet Information Services(IIS)管理器】窗口,在【网站】窗格中选择【Default Web Site】,在【操作】窗格单击【浏览网站】选项卡下的【浏览*:80(http)】,即可浏览网站的默认页,如图 6-44 所示。

图 6-44 浏览 Web 站点

3. 配置 FTP 站点

1 在【Internet Information Services(IIS)管理器】窗口中的【连接】窗格中选中本地服务器,右击执行【添加 FTP 站点...】命令,如图 6-45 所示。

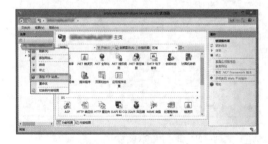

图 6-45 添加 FTP 站点

2 在弹出的【添加 FTP 站点】对话框中设置【FTP 站点名称】,然后即可单击【浏览】按钮 ，设置【物理路径】为"D:\WebSites",如图 6-46 所示。

图 6-46 设置站点信息

3 在更新的对话框中设置【SSL】为"无",禁止 FTP 站点的 SSL 加密功能,单击【下一步】按钮,如图 6-47 所示。

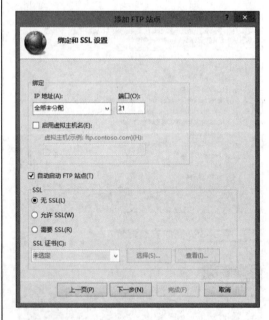

图 6-47 禁用 SSL 设置

4 在更新的对话框中先选中【匿名】、【基本】的【身份验证】,然后设置【允许访问】为"所有用户",选择【读取】和【写入】等复选框，最后单击【完成】按钮，如图 6-48 所示。

图 6-48 设置授权信息

5 返回【Internet Information Services（IIS）管理器】窗口，此时即可发现在【网站】的目录下已出现【Local Sites】的项目，如图 6-49 所示。

6 打开 Web 浏览器，在地址栏中输入 "ftp://127.0.0.1/"，按下回车键，即可打开此 FTP 站点，测试站点的可用性。当出现如图 6-50 所示之效果时，表示 FTP 站点配置完成。

图 6-49 查看 FTP 站点

图 6-50 测试站点可用性

6.8 课堂练习：管理本地站点

在使用 Dreamweaver 开发 Web 网站时，需要开发者创建一个本地的站点，以站点的方式来管理 Dreamweaver 中的各种资源，将其归纳和整理起来，方便相互调用。Dreamweaver 本身提供了站点管理工具，允许开发者创建、编辑本地站点，并调用站点的相关内容。

本练习就将介绍如何使用 Dreamweaver CC 创建本地站点，以及配置本地站点的方法。

操作步骤：

1 在 Dreamweaver 中执行【站点】|【新建站点】命令，在弹出的【站点设置对象】对话框中，设置站点的【站点名称】，并选择【本地站点文件夹】，如图 6-51 所示。

2 在左侧的列表中单击选择【服务器】选项，进入服务器类型配置，如图 6-52 所示。

图 6-51 设置站点名称与目录

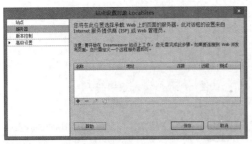

图 6-52 配置服务器

3 在更新的对话框中单击【服务器列表】左下方的【添加新服务器】按钮 ，如图 6-53 所示。

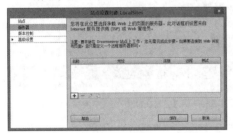

图 6-53 添加新服务器

4 在更新的对话框中设置【服务器名称】等服务器的相关属性，将本地 IIS 服务器的 FTP 站点与 Dreamweaver 绑定，如图 6-54 所示。

5 单击【测试】按钮，测试 FTP 服务器是否配置成功。如图 6-55 所示则表示配置完全成功，此时开发者可单击【确定】按钮，关闭测试提示对话框。

图 6-54 绑定 FTP 服务器

6 单击【高级】按钮，切换至服务器的高级配置，设置【服务器模型】的参数，诸如 ASP VBScript、PHP MySQL 等，然后即可单击【保存】按钮，如图 6-56 所示。

图 6-55 测试 FTP 服务器配置

7 在创建站点之后，开发者即可通过【文件】面板来查看当前站点的内容，并通过 FTP 功能与本地服务器同步数据，如图 6-57 所示。

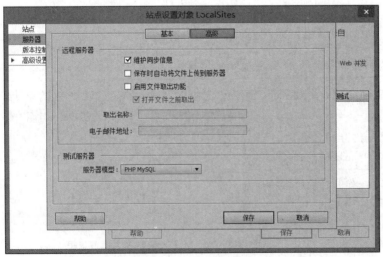

图 6-56 配置服务器模型

网页设计与网站建设（CC 中文版）标准教程

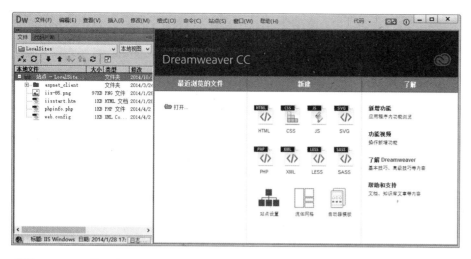

图 6-57 使用本地站点

6.9 思考与练习

一、填空题

1．静态网页通常由_____、_____、_____以及各种相关多媒体资源组成。

2．Dreamweaver CC 增强了对_____、_____以及_____的支持。

3．Dreamweaver CC 提供了_____、_____、_____以及_____等 4 种视图模式。

4．开发者可以通过_____、_____以及_____等方式来拆分视图。

5．文本是网页文档中最基本的显示内容，其通常由各种编码的_____、_____组成。

6．开发者可以为网页文档插入的图像主要包括_____、_____以及_____等几种。

7．在为网页文档插入高清晰度的照片时，可采用_____格式。

二、选择题

1．静态网页无法采用以下哪种多媒体资源？_____

A、图像

B、音频

C、三维模型

D、视频

2．Dreamweaver 无法直接编辑以下哪种数据？_____

A、HTML 代码

B、CSS 样式表

C、JavaScript 脚本代码

D、网页图像

3．以下哪种 Dreamweaver 工具可以直接将 Photoshop 设计方案导入到网页文档中？_____

A、【插入】面板

B、【属性】检查器

C、【Extract】面板

D、【代码片段】面板

4．Dreamweaver 的【属性】检查器无法实现以下哪种文字处理功能？_____

A、对齐

B、加粗

C、倾斜

D、下划线

5．以下哪种图像格式不被 Web 浏览器所支持？_____

A、PSD

B、JPEG

C、GIF

D、PNG

三、简答题

1．Web 站点通常由哪些部分构成？各部分的作用都是什么？

2．如何切换 Dreamweaver 的视图？

3．如何创建普通段落文本和标题文本？

4．Web 浏览器通常都支持哪些图像类型？

5．如何插入图像链接以及文本链接？

6．如何修改链接目标的打开方式？

第7章

HTML 5 结构语言

HTML 5 结构语言是对旧 HTML 4.01 的升级，其针对移动互联网以及更丰富的网页解析平台进行了大量的全新设计，使传统的网页结构语言具备了更多交互性，也具备更多多媒体特性。

随着移动互联网以及各种 Web 浏览器的快速发展，如今的 HTML 5 虽然仍处于草案阶段，却仍然被广泛地支持，应用到众多著名的网站中。除此之外，HTML 5 还得到了各种手机平台的支持，目前主流三大手机平台 iOS、Android 和 Windows 等都内置了HTML 5 的支持，允许开发者使用 HTML 5 编写手机应用程序。

本章将着重介绍 HTML 5 结构语言的语法、特性，以及各种网页元素在 HTML 5 结构语言中的编写方式。

本章学习要点：

➢ HTML 5 的特性与功能
➢ HTML 5 文档结构
➢ HTML 文本
➢ HTML 列表
➢ HTML 表格
➢ HTML 多媒体

7.1 HTML 技术概述

HTML 5 结构语言采纳了 HTML 4.01 和 XHTML 1.0 等结构语言的特色，同时增强了对多媒体和本地离线存储的支持，拓展了更多交互组件的支持，成为了目前最流行的Web 结构语言，有超越 XHTML 1.0 之势。

7.1.1　传统的 HTML 和 XHTML

传统的网页文档采用 HTML 4.01 或 XHTML 1.0 等结构语言来编写网页内容、组织网页内容的结构。但是这两种结构语言在其本身定位上具有一定的局限性，其由 SGML 这种用于学术文档的结构语言发展而来，更多面向电子文档的显示和打印输出，虽然对文本、图像以及各种文档结构标记具备完善的支持，但在多媒体方面的功能（如动画、矢量图形、视频、音频等）以及交互组件方面支持性较差。

因此，在使用这些结构语言编写的网页文档中，多媒体内容更多依赖 Flash、Windows Media Player 等第三方插件来实现，而交互组件则更多依赖开发者通过 JavaScript 脚本语言来自行编写。

这种对插件的依赖机制和简单交互组件支持的优点是可以降低结构语言本身的复杂程度，同时降低开发者的学习曲线，开发者在使用这些结构语言时完全可以借助各种可视化开发工具快速开发网站，无需了解复杂的 HTML 语法。

然而，这一特性也直接导致其在发布数据时必须受限于普通计算机平台，在对第三方插件支持性能较差的手机、PDA、平板电脑等移动设备上，HTML 和 XHTML 的应用十分有限，无法直接为终端用户提供矢量图形、动画、音频和视频的展示功能。同时，简单的交互组件也逐渐无法满足终端用户对网站交互越来越苛刻的需求。

传统的 HTML 和 XHTML 在语义化方面的功能也十分孱弱的，在使用这两种结构语言为网站项目布局时，很多开发者往往采用 DIV 标记包打天下的方式来设计各种网站显示容器，使得搜索引擎无法有效地快速抓取网站内容，降低了网站被搜索引擎的检索几率。

基于以上理由，W3C 重构了 HTML，定义了下一代标准化的 Web 结构语言，就是 HTML 5。相比 XHTML，HTML 5 采用了更加简化的语法，并对音频、视频、矢量图形、地理定位、Web 前端即时存储、结构语义化等现代响应式网页需求进行了增强。今天的 HTML 5 已经逐步在取代传统的 HTML 和 XHTML，在移动互联网甚至传统互联网方面发挥更多的作用。

7.1.2　HTML 5 的特性

全新设计的 HTML 5 结构语言采纳了 HTML 4.01 以及 XHTML 1.0 等传统 Web 结构语言的优点，具备严谨的结构，同时也根据现代互联网的实际需求，新增了更多现代结构语言的特性，其主要包括以下几点。

1. 单一文档模式

传统的 HTML 和 XHTML 为保持向下兼容性，定义了三种网页文档的模式，即过渡模式（Transitional）、严格模式（Strict）和框架模式（Frameset），这三种模式中，过渡模式主要用于兼容 HTML 3.2 等更旧版本的结构语言宽松语法，保持页面文档的兼容性；严格模式采用更加规范和严谨的模式，以保障文档的可读性与维护性，消除代码歧义；框架模式主要用于框架网页，即同时调用多个外部文档内容的网页。

在 HTML 5 中，完全摒弃了对旧版本 HTML 宽松语法，完全要求开发者以更加严格的语法来编码。另外，HTML 5 也删除了对框架网页的支持，要求开发者完全以嵌入帧（IFRAME 标记）的方式来嵌入外部网页文档，以使网页文档的代码可读性更优越。因此，HTML 5 不再需要区分三种文档模式，只需要一种标准模式即可满足所有需求。

2．语义化结构标记的支持

传统的 HTML 和 XHTML 结构语言对文档的语义化支持不足，在使用这些结构语言布局网页时，需要大量使用不体现任何语义化内容的文档层标记 DIV，使得网页文档内布满了令人眼花缭乱的 DIV 结构，使网页文档的代码可读性变成灾难，也不利于搜索引擎对网页文档的检索。

HTML 5 提供了一系列语义化的结构标记，用于实现特定的文档内容支持，诸如文档头标记 HEADER、文档导航标记 NAV、文档文章标记 ARTICLE、文档分节标记 SECTION、侧栏标记 ASIDE、页脚标记 FOOTER 等。这些语义化的结构标记将开发者从 DIV 结构中解放出来，增强了网页文档的语义化结构，也使得搜索引擎能更加方便地检索网页内容。

3．多媒体支持

HTML 5 结构语言预置了对 MP4、Ogg、WebM 等视频格式以及 Ogg、Mp3、Wav 等音频格式的直接编解码支持，并预置了一批相关的方法来控制这些媒体类型的播放，这使得终端用户的设备无须再安装任何插件即可直接播放这些视频与音频。

除此之外，还增强了 Canvas 矢量图形技术的支持，允许开发者直接通过 JavaScript 脚本语言在网页中绘制矢量图形。除此之外，HTML 5 还增强了 SVG 矢量图形格式的支持，允许开发者以 XML 结构语言来定义矢量图形，增强了网页的表现能力。

4．地理定位机制

HTML 5 结构语言内置了 Geolocation 对象，可以在终端用户许可的情况下通过网页浏览器直接获取其地理位置，从而根据该位置来为终端位置提供更加丰富的 Web 服务。

5．本地存储

传统的网站通过 Cookie 来在终端用户的计算机中存储各种交互过程中的数据。但是 Cookie 本身存在两个问题，首先 Cookie 本身存储数据必须依赖服务器的请求，并不适合存储大量的数据，其效率较低；其次，Cookie 本身也存在一定的安全问题，一些敏感信息一旦存储到终端用户计算机中，很容易被一些恶意程序获取。

HTML 5 结构语言提供了 localStorage 对象和 sessionStorage 对象，用于帮助开发者通过 JavaScript 脚本语言快速在终端用户的本地计算机中存储永久数据和基于会话的临时数据，提高存储效率并降低信息泄露的风险。

6．离线缓存

HTML 5 结构语言首次在网页结构文档中引入了离线缓存这一概念，允许网站项目在终端用户本地计算机中缓存数据，使终端用户可以在没有互联网连接时仍然能够通过离线缓存来访问数据。

7. 新交互组件的支持

传统的网页文档在为终端用户提供输入组件支持时，通常只支持一些基本的交互组件，诸如文本框、单选按钮、复选框、下拉菜单、列表框、按钮、密码域、文本区域等。这些交互组件只能满足终端用户最基本的交互需求。

HTML 5 结构语言为开发者提供了更加丰富的交互组件支持，允许开发者通过输入标记 INPUT 的属性设置，辅助终端用户输入诸如电子邮件、URL 地址、数字、范围限定值、日期选择器、搜索框和颜色拾取器等。这些富交互组件的支持，使得 HTML 5 结构语言可以为终端用户提供更好的交互体验。

提　示

并非所有 Web 浏览器都提供这些新交互组件的支持。目前完整支持这些交互组件的 Web 浏览器只有 Opera。但是未来会逐渐由更多 Web 浏览器增强此类支持。

7.2 HTML5 文档结构

传统的 HTML 4.01 和 XHTML 1.0 通过三种文档类型来实现过渡模式、严格模式和框架模式，但在 HTML 5 结构语言中，只需要通过一种标准的文档类型即可满足所有类型网页文档的需求，实现整体的结构布局和内容语义。

7.2.1 文档类型与基本结构

HTML 5 结构语言本身与 HTML 4.01 和 XHTML 1.0 的文档类型有所区别，但其文档结构都由根元素标记 HTML、文档头标记 HEAD、文档主体标记 BODY 组成。

1. 文档类型声明

HTML 5 需要在整个文档之前首先通过 DOCTYPE 标记声明文档的类型，然后再通过 HTML 根元素标记来构成整个文档。典型的 HTML 文档包含以下结构。

```
<!DOCTYPE HTML>
<html>
<head>
    <title>文档标题</title>
</head>
<body>
    文档主体内容
</body>
</html>
```

在 HTML 5 结构文档中，DOCTYPE 标记必须位于整个网页文档的首行，其本身不属于 HTML 标记，而是一条指令，用于告知 Web 浏览器当前网页文档采用的是什么标准结构语言。

2. 根元素标记及其子集

在 DOCTYPE 标记之后，紧随的是根元素标记 HTML，该标记为所有其他 HTML 标记的唯一根集，一个 HTML 5 网页文档只能有一个根元素标记 HTML。在 HTML 5 结构语言中，开发者不需要为根元素标记添加命名空间（这点与 XHTML 结构语言不同）。

根元素标记 HTML 应有也只能有两个子集，即文档头标记 HEAD 和文档主体标记 BODY。文档头标记 HEAD 和文档主体标记 BODY 不允许存在嵌套关系，其必须为同级并列关系，且文档头标记 HEAD 必须在文档主体标记 BODY 之前。

7.2.2　文档头结构

HTML 5 结构语言的文档头结构与 XHTML 1.0 结构语言最为类似，其支持 6 种子集标记，分别包括基准路径标记 BASE、外链标记 LINK、元数据标记 META、脚本标记 SCRIPT、样式标记 STYLE 以及标题标记 TITLE 等。

其中，标题标记 TITLE 为文档头标记 HEAD 的必须子集，也就是说，每一个文档头标记 HEAD 都必须内嵌一个标题标记 TITLE。

文档头标记 HEAD 对其内部子集标记之间的顺序没有硬性规定，开发者可以根据实际的个人习惯来书写其内部的标记。但需要注意的是，如果开发者需要定义基准路径，则应将其书写到文档头标记 HEAD 内的最上方。这 5 种文档头标记 HEAD 的子集用法如下。

1. 基准路径标记

该标记的作用是在当前网页文档中声明一个基本的 URL 地址，用于为所有超链接、图像、动画、视频、音频等网页元素提供引用路径的基本参考值，其可以作用于超链接标记 A、图像标记 IMG、外链标记 LINK、表单标记 FORM、视频标记 Video 和音频标记 Audio 等。

应用基准路径标记 BASE 之后，所有网页文档内的路径都将以基准路径为基础来扩展，例如，当定义基准路径为"http://www.microsoft.com/"之后，再引用该站点的图像时，只需要书写图像针对该基准路径的相对路径即可，代码如下。

```
<head>
    <base href="http://www.microsoft.com/" />
    <title>测试网页</title>
</head>
<body>
    <img src="eg_smile.gif" />
```

```
        <a href="#">Microsoft</a>
    </body>
```

2．外链标记

外链标记 LINK 的作用是将外部的 CSS 样式表文件加载和导入到当前文档中。外链标记 LINK 只能出现在文档头标记 HEAD 中，开发者可以同时使用多个外链标记 LINK 以导入多个 CSS 样式表文件，代码如下。

```
<head>
    <link rel="stylesheet" type="text/css" href="theme.css" />
    <link rel="stylesheet" type="text/css" href="style.css" />
</head>
```

在 HTML 5 结构语言中，外链标记 LINK 支持以下一些属性，如表 7-1 所示。

表 7-1　外链标记的属性

属　　性	属　性　值	作　　用
href	URL	链接外部样式表的 URL 地址
hreflang	语言代码	链接外部样式表
media	screen	定义外链文档用于 PC 显示器或其他计算机屏幕
	tty	定义外链文档用于电传打字机以及类似的使用等宽字符网格的媒介
	tv	定义外链文档用于电视机类型设备（低分辨率、有限的滚屏能力）
	projection	定义外链文档用于放映机
	handheld	定义外链文档用于手持设备（小屏幕、有限带宽）
	print	定义外链文档用于打印预览模式/打印页面
	braille	定义外链文档用于盲人点字法反馈设备
	aural	定义外链文档用于语音合成器
	all	定义外链文档适用于所有设备
rel	stylesheet	定义外链文档与网页文档的关系（仅支持 stylesheet）
type	text/css	定义外链文档的 MIME 类型（仅支持 text/css）

标准的 HTML5 结构语言语法为外链标记 LINK 提供了多种文档关系属性 rel 的值和 MIME 类型值，但是在实际的开发中，Web 浏览器仅支持 rel 属性的"stylesheet"值和 type 属性的"text/css"值。

3．标题标记

标题标记 TITLE 的作用是定义整个网页文档的标题。通常情况下，网页浏览器在现实网页文档时，会在浏览器窗口（或选项卡）的标题栏或选项卡栏上显示由标题标记 TITLE 定义的文档标题。

标题标记 TITLE 在文档头标记 HEAD 中的存在是唯一的，也就是说，每个网页文档只能在文档头标记 HEAD 内存放一个标题标记 TITLE，在下面的代码中，就定义了一个简单的标题标记，代码如下。

```
<html>
    <head>
```

```
        <title>HTML Tag Reference</title>
    </head>
    <body>The content of the document......</body>
</html>
```

4. 样式标记

样式标记 STYLE 的作用是存放当前网页文档内部的 CSS 样式表代码，以定义网页文档内各网页元素的样式。在下面的代码中，就为网页文档编写了一段 CSS 代码，以定义段落文本的样式，代码如下。

```
<head>
    <style type="text/css">
        p { text-indent : 2em ; }
    </style>
</head>
```

样式标记 STYLE 支持两种属性，即 type 属性和 media 属性，这两种属性的用法和相关属性值与外链标记 LINK 的同名属性相同，在此将不再赘述。

5. 脚本标记

脚本标记 SCRIPT 的作用是存放当前网页文档内部的 JavaScript 脚本代码，以为网页文档中的元素提供交互行为功能。在下面的代码中，就为网页文档编写了一段 JavaScript 代码，通过脚本标记 SCRIPT 输出"HelloWorld"信息，代码如下。

```
<script type="text/javascript">
document.write ( 'Hello World!' ) ;
</script>
```

脚本标记 SCRIPT 也支持一些属性，用于定义脚本的性质以及外链脚本的方式，如表 7-2 所示。

表 7-2　脚本标记 SCRIPT 的属性

属　　性	属　性　值	作　　用
async	async	定义该标记所链接的外部脚本以异步的方式执行
charset	字符集	定义该标记所链接的外部脚本的字符集编码
defer	defer	定义对该标记内含或者链接的脚本仅有在页面加载完毕时才开始执行
src	URL	定义链接外部脚本的 URL 地址
type	MIME 类型	必选项，脚本的 MIME 类型，通常为"text/javascript"或"text/vbscript"

虽然所有的 Web 浏览器都支持脚本标记 SCRIPT，以及其 type 必选属性，但是在绝大多数浏览器中，脚本标记 SCRIPT 只有当 type 属性值为"text/javascript"时才会被支持，只有微软 IE 浏览器支持脚本标记 SCRIPT 的 type 属性值为"text/vbscript"。

脚本标记 SCRIPT 并非只能书写在网页文档的文档头标记 HEAD 中，实际上该标记也可以被书写在文档主题标记 BODY 的内部，尤其在该标记的末尾书写，可以使浏览器优先加载网页文档的结构、内容和样式，提高页面显示的效率。

7.2.3 文档主体结构

文档主体结构是网页文档的主体内容，其作用是存放各种向终端用户展示的数据。通常情况下，一个标准的文档会分为页眉、导航、文章内容、侧栏和页脚 5 个部分，典型的一个网页文档如图 7-1 所示。

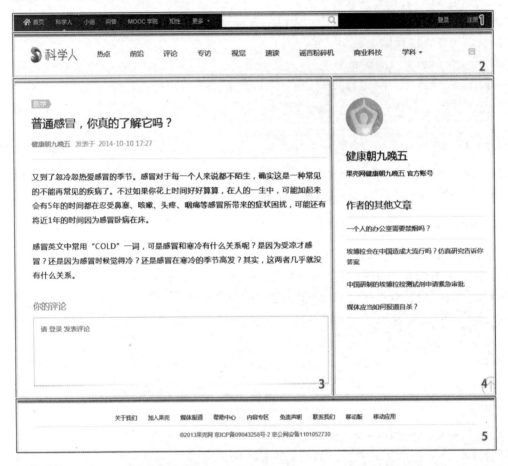

图 7-1 一个简单的网页文档

在图 7-1 中以数字编号和矩形选框标出了网页文档的 5 个组成部分，即 1-页眉、2-导航、3-文章、4-侧栏以及 5-页脚等。

HTML 5 增强了网页文档的语义化特性，新增了一系列语义化的标记来帮助开发者实现文档内容中各部分的语义。典型的一个语义化文档主体结构代码如下。

```
<body>
    <header>
        <!--页眉-->
    </header>
    <nav><!--导航--></nav>
    <article>
```

网页设计与网站建设（CC 中文版）标准教程

```
            <!--内容-->
        </article>
        <aside>
            <!--侧栏内容-->
        </aside>
        <footer>
            <!--页脚-->
        </footer>
    </body>
```

在上面的代码中，文档主体标记 BODY 包含了 5 种子元素标记，包括页眉标记 HEADER、导航标记 NAV、文章标记 ARTICLE、侧栏标记 ASIDE 以及页脚标记 FOOTER 等。这些语义化标记的出现，使得开发者不再需要像使用 HTML 4.01 和 XHTML 1.0 时一样大量采用文档层标记 DIV 来解决问题，而是代之以更加语义化的方式实现文档布局。

1. 页眉标记

页眉标记 HEADER 的作用是在文档顶部存放一些用于介绍文档信息的相关内容，诸如网站的 Logo、简短导航信息、用户登录的状况以及一些快捷按钮（如搜索、可用的服务）等。页眉标记 HEADER 是 HTML 5 新增的语义标记，其语法使用上与原文档层标记 DIV 大体类似，在此将不再赘述。

2. 导航标记

导航标记 NAV 的作用是在文档中显示一个导航条，为终端用户提供从当前网页跳转至其他网页文档的快捷方式。在 XHTML 1.0 时代，很多开发者都会通过设置文档层标记 DIV 的 id 属性为 nav 来实现语义化的导航，在 HTML 5 中，直接使用导航标记 NAV 即可。

导航标记 NAV 内可以放置绝大多数 HTML 的文本、列表等标记（当然也可以放置表格，虽然在此不推荐这么做）。典型的导航代码如下所示。

```
<nav>
    <h1>Navigation</h1>
    <ul>
        <li><a href="articles.html">Index of all articles</a></li>
        <li><a href="today.html">Things sheeple need to wake up for today
        </a></li>
        <li><a href="successes.html">Sheeple we have managed to wake</a>
        </li>
    </ul>
</nav>
```

导航标记 NAV 不仅可以被放置在页眉标记 HEADER 之后和文章标记 ARTICLE 之前，也可以被放置在这两个标记之内，具体的结构位置应根据页面结构设计而定。

3. 文章标记

文章标记 ARTICLE 也是 HTML 5 新增的语义化标记，其作用是存储网页文档要向终端用户展示的内容，包括标题、段落、小节、插图、表格乃至分类项目等。通常情况下文章标记 ARTICLE 可用作论坛帖子、报纸文章、博客条目以及用户的评论内容等。

文章标记 ARTICLE 的用法与 XHTML1.0 中的文档层标记 DIV 类似，在此将不再赘述。

4．侧栏标记

侧栏最初在网页设计中仅仅是一个布局方式的概念。早期的网页文档并没有对页面的内容过于详细划分，所有布局元素往往都以文档层标记 DIV 的方式划分，并通过 CSS 样式表定义各种文档层的位置。

随着文档布局设计的发展，网站界面通常由自上至下流动式布局逐渐发展为主侧栏、左中右三栏乃至更多分栏、矩阵等方式来布局。在这些复杂网页布局中，侧栏代表的就是页面左侧或者右侧的内容区域，主要用于显示对当前页面内容的介绍、总结、提纲或者一些附加的信息等。

在 HTML 5 中，首次提出侧栏标记 ASIDE 这一概念，将侧栏的附加信息作为语义内容，将之与文档的文章内容划分开来，允许开发者单独定义这一模块内容。侧栏标记 ASIDE 的用法也与文章标记 ARTICLE 类似，都可以支持各种显示内容。通常情况下，侧栏标记 ASIDE 会被存放在网页文档内文章标记 ARTICLE 之后。每个 HTML 5 文档只能有一个侧栏标记 ASIDE，即只能有一个侧栏。

注　意

侧栏标记 ASIDE 在 HTML 5 中更多是一种语义的概念，而非一个布局概念，Web 浏览器在解析 HTML 5 代码时，并不会因为开发者使用了侧栏标记 ASIDE 而将该标记置于整个网页文档的某一侧面。如果真正需要将侧栏标记 ASIDE 显示到网页文档的左侧或右侧，应通过 CSS 样式表定义该标记的样式来实现。

5．页脚标记

在网页设计中，页脚区域的作用是显示简介类导航、版权声明等相关信息。HTML 5 将该区域的内容以语义化的方式从网页主体剥离，使之成为一个独立的模块，并提供了语义化的页脚标记 FOOTER。

与侧栏标记 ASIDE 不同，每个 HTML 5 网页文档可以拥有多个页脚标记 FOOTER，由这些页脚标记共同组成网页文档的页脚。

7.3　基本文本结构

HTML 5 结构语言基本继承了 XHTML 1.0 结构语言对文本内容的处理，以保障对之前版本网页文档的兼容性。但在文章内容的分节处理方面新增加了名为分节标记 SECTION 的新标记，增强了文本内容的语义化结构处理。

7.3.1　文本标题与分节

一般网页文章通常会包含标题以及若干分节，其中，标题用于对文章各章节、小节进行引领和总结，分节则用于存放文章章节、小节等语义元素的内容。

1．文章的标题

标题是位于文章开头、章节开头的，用于标明文章、作品等内容的简短语句。标题通常以简洁的方式阐述下文的中心含义。在 Web 页中，标题元素具有特殊的意义，通常情况下，搜索引擎的检索功能会优先处理页面的关键字以及页内的标题元素。因此，合理地使用标题元素，可以使 Web 文档的结构更加语义化，更容易被搜索引擎检索。

HTML 5 继承了 XHTML 的 6 种标题标记，分别为 H1、H2、H3、H4、H5 和 H6，用于表示文档中的一级标题到六级标题，基本可以满足一般 Web 文档的排版和语义化需求。下面的代码就分别定义了这六种标题，如下所示。

```
<h1>第一章　这里是一级标题</h1>
<h2>1.1　这里是二级标题</h2>
<h3>1.1.1　这里是三级标题</h3>
<h4>1.1.1.1　这里是四级标题</h4>
<h5>1.1.1.1.1　这里是五级标题</h5>
<h6>1.1.1.1.1.1　这里是六级标题</h6>
```

在默认状态下，Web 浏览器将这 6 种标题加粗显示，并会根据标题的级别来决定其显示的字符尺寸，如图 7-2 所示。

2．文章的分节

早期的 HTML 4.01 或 XHTML 1.0 结构语言通过两种标记来为网页文档的文章内容分节，在需要划分块级别的分节时，采用文档层标记 DIV，而需要划分行内节时则使用内联跨度标记 SPAN，这两种标记的作用更多地偏向于网页视觉中的布局，通常用于实现独立的块元素和内联元素。

第一章 这里是一级标题

1.1 这里是二级标题

1.1.1 这里是三级标题

1.1.1.1 这里是四级标题

1.1.1.1.1 这里是五级标题

1.1.1.1.1.1 这里是六级标题

图 7-2　六级标题的显示效果

在 HTML 5 中，特别定义了一个文档节标记 SECTION，该标记用于实现语义化的章节、小节，可对整篇文章进行分段，以更加语义化的方式处理较长的文章。使用该标记可以更好地规划文章的层次结构，代码如下。

```
<h1>清华大学出版社</h1>
<section cite="http://www.tup.com.cn/gywm/default.asp">
    <p>清华大学出版社成立于1980年6月，是由教育部主管、清华大学主办的综合出版单位。
植根于"清华"这座久负盛名的高等学府，秉承清华人"自强不息，厚德载物"的人文精神，清华大
学出版社在短短二十多年的时间里，迅速成长起来。</p>
    <p>清芬挺秀，华夏增辉。我们相信，在严谨、勤奋、求实、创新的清华人的努力下，清华
大学出版社将会不断延续其辉煌的发展历程，发展成为世界著名的大学出版社，向世界人民展示其壮
丽雄伟的英姿！</p>
</section>
```

HTML 5 为文档节标记 SECTION 定义了一个名为 cite 的属性，该属性用于定义这

一节内容引用内容的来源。

7.3.2 段落与列表

在处理文本内容方面，HTML 5 全面继承了 XHTML 1.0 结构语言的段落内容特色以及相关的标记，为开发者提供了完整的文本处理支持，允许开发者定义文本段落、列表等内容类型。

1．文本段落

段落是一种文章内的内容单位，其通常为若干语句组成的句群，并且往往这些语句具有一个共同的意义。在 Web 页中，段落元素通常用于表现正文中的内容。HTML 5 继承了 XHTML 的段落标记 P，将文本或其他数据以正文段落的方式进行语义化显示。

段落标记是一种基本的语义化标记，在绝大多数 Web 文档中有重要的语义意义。在默认状态下，Web 浏览器会为段落标记前后创建一些补白并定义默认的行高。以下就是一个以段落标记定义的典型段落，代码如下。

```
<p>This is some text in a very short paragraph.</p>
```

依照英文的行文习惯，段落往往顶格书写。但是针对中文书写习惯，如果需要对段落进行特殊订制（例如段首缩进 2 个字符），可使用 CSS 样式表单独定义段落的样式。

2．有序列表

有序列表是指由若干带有前后顺序关系的项目共同组成的文本内容集合，在这一集合中，每一个项目被称作列表项目。HTML 5 结构语言继承了 XHTML 的有序列表标记 OL 和列表项目标记 LI，允许开发者结合这两种标记定义有序列表，代码如下。

```
<ol>
    <li>Coffee</li>
    <li>Tea</li>
    <li>Milk</li>
</ol>
```

在定义有序列表时，开发者不需要为该列表定义项目的序号。在实际浏览中，Web 浏览器会从 1 开始，自动为这些列表项目编号。如果开发者需要自行修改默认的序列，可使用有序列表标记 OL 的属性来实现修改，其属性如表 7-3 所示。

表 7-3　有序列表标记 OL 的属性

属　　性	值	作　　用
reversed	reversed	使用此属性后，有序列表将以倒序的方式排列元素顺序
start	整数	定义有序列表顺序的起始值
type	1	默认值，以阿拉伯数字作为有序列表的序号
	A	以大写字母定义有序列表的序号
	a	以小写字母定义有序列表的序号
	I	以大写罗马数字定义有序列表的序号
	i	以小写罗马数字定义有序列表的序号

虽然 HTML 5 允许开发者直接以 type 属性来定义有序列表的序号类型，但是在实际开发中，为保障结构与表现有足够的松耦合度，在此建议开发者使用 CSS 样式表来实现此定义功能。

3. 无序列表

无序列表是指由若干列表项目组成的无序集合。其与有序列表类似，都使用列表项目标记 LI 来表示其列表项目，但其区别在于无序列表中的项目不存在前后顺序关系。这一特性使得在实际开发中，很多开发者用无序列表来实现几个项目内容的并列结构。

HTML 5 继承了 XHTML 1.0 结构语言中的无序列表标记 UL，用于表现网页文档中的无序列表。

无序列表布局通常应用于 Web 页的导航部分，或者需要呈现若干同一级别的整齐数据（I 如新闻列表、用户名列表等），在处理单列的数据时，无序列表完全可以替代表格，使 Web 页的结构更加简单。下面的代码就是采用无序列表制作的一个页面导航条，代码如下。

```
<ul class="nav_list">
    <li><a href="index.php" title="首页">首页</a></li>
    <li><a href="news.php" title="新闻">新闻</a></li>
    <li><a href="product.php" title="产品">产品</a></li>
    <li><a href="customer.php" title="客户">客户</a></li>
    <li><a href="news.php" title="新闻">新闻</a></li>
</ul>
```

与有序列表类似，无序列表标记 UL 也允许开发者通过 type 属性来定义列表项目的符号类型，但是在实际开发中，建议开发者通过 CSS 样式表来实现此类属性的定义，在此将不再赘述。

7.4 表格结构

表格是 Web 页中的一种特殊数据显示形式，其通常由标题、表头、正文和脚注组成，可以显示分行和分列的大量数据单元。HTML 5 的表格与 XHTML 1.0 表格基本相同，都由表格标记及其多种复杂的子集标记组成时，每个标记都承载着不同的功能。

7.4.1 表格标记

表格标记 TABLE 是 HTML/XHTML 中最复杂的结构标记之一，其支持大量的子元素标记，同时该标记本身也包含相当多的属性，用于定义内容的显示方式以及数据的显示效果等。

表格标记支持的子元素标记类型相当丰富，包括表格标题标记 CAPTION、表头标记 THEAD、脚注标记 TFOOT、表体标记 TBODY 以及表格列组标记 COLGROUP、表格行标记 TR 等。

HTML 5 结构语言允许开发者定义表格标记 TABLE 的以下几种属性，如表 7-4 所示。

表 7-4　表格标记 TABLE 的属性

属　　性	属 性 值	作　　　用
border	整数像素值	定义表格边框线的宽度
cellpadding	整数像素值	定义单元格边缘与其内容之间的间距大小
	百分比	
cellspacing	整数像素值	定义单元格之间的间距大小
	百分比	
frame	vold	不显示外边框
	above	显示上方的外边框
	below	显示下方的外边框
	hsides	显示上方和下方的外边框
	lhs	显示左侧和右侧的外边框
	rhs	显示左侧的外边框
	vsides	显示右侧的外边框
	box	显示所有四周的外边框
	border	显示所有四周的外边框
rules	none	不显示内框线
	groups	显示位于行和列组之间的内框线
	rows	显示行之间的内框线
	cols	显示列之间的内框线
	all	显示所有内框线
summary	文本	定义表格的摘要信息
width	整数像素值	定义表格的宽度
	百分比	定义表格相对于父元素的宽度百分比

　　早期的 Web 页面往往使用表格来实现页面布局，实际上这是一种错误的方法，表格这一内容的本身语义作用是显示基于行列的数据，而非作为框架来定义元素的位置。

7.4.2　表格的基本结构

　　基本结构的表格是 Web 文档中最常见的表格形式，其由表格行以及其中的各种单元组成，在此类表格中，只允许开发者为表格标记 TABLE 内嵌一种元素，即表格行标记 TR。在表格行标记 TR 中，允许开发者嵌入两种元素，即单元格标记 TD 以及标题单元格标记 TH。

1. 表格的行

　　行是表格中横向的单元格排列集合。在表格的行中，若干单元格会按照指定的高度位置横向排列。行以表格行标记 TR 表示，在表格中，包含单元格最多的表格行标记决定表格的列数。表格行必须包含至少一个表格的单元格才有意义。不包含单元格的表格行在 Web 浏览器中将被隐藏。

　　HTML 5 虽然允许开发者通过 align 属性和 valign 属性分别定义该行内单元格的水平对齐方式和垂直对齐方式。但通常情况下，绝大多数开发者都会使用 CSS 样式表来操作这些显示方式。

在下面的代码中，定义了一个包含四个单元格的表格行，代码如下。

```
<tr>
    <td>春</td>
    <td>夏</td>
    <td>秋</td>
    <td>冬</td>
</tr>
```

如果表格包含了多个表格行且行之间不存在跨行跨列的情况，则各表格行之间的单元格数都应相等。

2. 表格的单元格

单元格是表格中最基本的显示单位，其存储了表格中每一条具体的数据。表格支持两种类型的单元格，即标题单元格和普通单元格。

标题单元格由标题单元格标记 TH 表示，用于定义标题类型的单元格，在 Web 浏览器中，标题单元格内的文本往往以粗体显示，一些 Web 浏览器还会将其水平居中对齐处理；普通单元格由单元格标记 TD 表示，用于定义存储普通数据的单元格。

在下面的代码中，简单定义了一个横向带表头单元格的数据行，代码如下。

```
<tr align="center">
    <th>季节</th>
    <td>春</td>
    <td>夏</td>
    <td>秋</td>
    <td>冬</td>
</tr>
```

3. 单元格的跨行

HTML 5 的表格允许单元格跨行，即某个单元格纵跨若干相邻的表格行。在制作此类表格单元格时，需要设置单元格的纵跨行数。标题单元格标记 TH 和单元格标记 TD 都支持纵跨属性 rowspan，该属性的属性值为大于 1 的整数，表示单元格纵跨的行数。

在下面的代码中，就定义了两个表格行，这两个表格行共用一个标题单元格，代码如下。

```
<tr>
    <th rowspan="2">季节</th>
    <td>春</td>
    <td>夏</td>
</tr>
<tr>
    <td>秋</td>
    <td>冬</td>
</tr>
```

需要注意的是，在上面的代码中，第一行的第一个单元格纵跨了两行，因此第二行只需要包含两个单元格即可。

4. 单元格的跨列

跨列的情况与跨行类似，是指一个单元格横跨若干相邻的表格列。在制作此类表格单元格时，需要设置单元格的横跨列数。标题单元格标记 TH 和单元格标记 TD 都支持横跨属性 colspan，该属性的属性值也同为大于 1 的整数，表示单元格横跨的列数。

在下面的代码中，就定义了三个表格行，其中第一行的数据横跨两列，作为第二行和第三行数据共同的标题，代码如下。

```
<tr>
    <th colspan="2">季节</th>
</tr>
<tr>
    <td>春</td>
    <td>夏</td>
</tr>
<tr>
    <td>秋</td>
    <td>冬</td>
</tr>
```

7.4.3 表格的完整结构

完整的表格结构是指包含标题、表头、脚注、主体等 4 个部分的表格，其意义在于允许开发者在表格内部直接定义表格的标题，并将表格内容划分为表头（显示表格标题）、脚注（显示表格底部汇总部分）和表格主体（显示表格中的一般数据）等部分。

在定义完整表格时，开发者还可以定义表格的列组，即将表格中的列分为若干相邻列组成的组，以实现分类定义。

HTML 5 继承了 XHTML 表格的所有标记，允许开发者通过表格标题标记 CAPTION 定义表格的标题；通过表头标记 THEAD 定义表格的标题；通过脚注标记 TFOOT 定义表格的脚注；通过表体标记 TBODY 定义表格中的普通数据；通过列组集合标记 COLGROUP 建立表格的列组集合；通过列组标记 COL 定义列组集合中的列组。

需要注意的是，表格的表头标记 THEAD、脚注标记 TFOOT 以及表体标记 TBODY 等三个标记必须一并使用，且顺序必须为先定义表头，再定义脚注，最后定义表体。

在下面的代码中，就应用了除列组外表格的子元素标记，以定义了一个完整的表格，代码如下。

```
<table>
    <caption>Calendar</caption>
    <thead>
        <tr>
            <th>Mon.</th>
```

```
                <th>Tues.</th>
                <th>Wed.</th>
                <th>Thur.</th>
                <th>Fri.</th>
                <th>Sat.</th>
                <th>Sun.</th>
            </tr>
        </thead>
        <tfoot>
            <tr>
                <th colspan="7">Aug. 2013</th>
            </tr>
        </tfoot>
        <tbody>
            <tr>
                <td>29</td>
                <td>30</td>
                <td>31</td>
                <td>1</td>
                <td>2</td>
                <td>3</td>
                <td>4</td>
            </tr>
            <!-- …… -->
        </tbody>
    </table>
```

在 Web 浏览器中，将自动地把表格中的各种标记按照指定的规范进行排列，然后显示出来，如图 7-3 所示。

7.5　HTML 多媒体

基本文本结构和表格结构，通常情况下只能表现文本内容。HTML 5 实际上是一种具有丰富多媒体表现能力的结构语言，其可以与图像、音频、视频等多种多媒体元素，将其在 Web 浏览器中显示出来。

7.5.1　图像

HTML 5 与 XHTML 一样通过图像标记 IMG 为 Web 页添加插图元素，将外部的图像插入到当前 Web 页中。图像标记 IMG 的作用是在 Web 页面区域的指定位置链接一个外链

Calendar						
Mon.	**Tues.**	**Wed.**	**Thur.**	**Fri.**	**Sat.**	**Sun.**
29	30	31	1	2	3	4
5	6	7	8	9	10	11
12	13	14	15	16	17	18
19	20	21	22	23	24	25
26	27	28	29	30	31	1
Aug. 2013						

图 7-3　完整表格的结构效果

图像，以嵌入的方式显示。图像标记 IMG 并不会把外部的图像保存到当前的外部网络中，只会通过外部的链接读取这一图像。一旦外部图像源失效，则图像标记 IMG 链接的图像也将随之无法显示。

根据 HTML 的规范，所有的图像标记 IMG 都必须包含图像的描述文本。在下面的代码中，就使用了图像标记 IMG 来为 Web 页添加了一幅插图，代码如下。

```
<img src="http://www.baidu.com/img/bdlogo.gif" alt="百度一下，你就知道" />
```

在 Web 浏览器中，即可查看到加载此图像的 Web 页面，如图 7-4 所示。

所有主流 Web 浏览器都支持图像标记 IMG，但是对图像标记 IMG 链接的图像格式支持则有所区别。几乎所有的 Web 浏览器都支持 JPEG、GIF、PNG 以及 BMP 等四种格式的图像，但是在 IE6 及以下版本的 IE 浏览器中，对 PNG 仅仅是有限支持，即仅支持不包含 Alpha 通道的 16 位色 PNG 图像，或包含 Alpha 通道的 8 位色 PNG 图像，不支持包含 Alpha 通道的 16 位色及以上色位的 PNG 图像。

图 7-4 图像在网页中的显示

在 IE7 浏览器中，虽然支持了包含 Alpha 通道的 16 位色及以上色位的 PNG 图像，但是使用这些图像会导致页面加载效率急剧下降。直至 IE8 浏览器，微软才真正解决了 PNG 图像的显示问题。

另外，在页面中采用 BMP 图像会极大地降低页面打开的效率，导致用户需要下载大量数据才能显示。

图像标记 IMG 支持多种类型的属性，用于定义图像的各种参考信息、路径等，如表 7-5 所示。

表 7-5 图像标记 IMG 的属性

属　　性	属　性　值	作　　用
alt	文本	图像的描述信息
src	URL	图像资源本身的 URL 地址，当其值为空时图像会被显示为占位符
height	像素值	定义图像的高度
	百分比	定义图像相对其父元素的高度
ismap	URL	定义图像由服务器端映射的 URL 地址
longdesc	URL	定义图像导入的 Web 文档描述页面 URL 地址
usemap	URL	定义图像由客户端映射的 URL 地址
width	像素值	定义图像的宽度
	百分比	定义图像相对其父元素的宽度

图像标记 IMG 还有一种用法，即作为未来插入图像的预先占位，被称作图像占位符。当图像标记 IMG 的 src 属性值为空时，则其就会被显示为占位符。

7.5.2　音频

HTML 4.01 和 XHTML 1.0 均不支持直接在网页文档中引用音频，因此在这些结构文档中，开发者通常需要使用对象标记 OBJECT 来实现音频资源的嵌入。在 HTML 5 中，直接提供了音频标记 AUDIO 以播放声音媒体，该标记的出现使得多媒体网页的开发更为简便。

开发者可以直接使用音频标记 AUDIO 将音频文件加载到当前网页文档中，并定义无支持文本内容，代码如下。

```
<audio src="intro.mp3">
    您的 Web 浏览器不支持 HTML 5 结构语言，请升级 Web 浏览器。
</audio>
```

音频标记 AUDIO 是一种具有较强自定义功能的标记，开发者可以直接通过其属性来定义播放音频的方式，如表 7-6 所示。

表 7-6　音频标记 AUDIO 的属性

属　　性	属　性　值	作　　用
autoplay	autoplay	定义该音频在加载完毕后直接播放
controls	controls	在网页文档中显示控制该音频播放的控件
loop	loop	定义该音频循环播放
muted	muted	定义该音频播放时静音
preload	preload	定义该音频在页面加载时进行预加载，当定义了 autoplay 属性时本属性将被忽略
src	URL	定义音频的 URL 地址

虽然在音乐行业存在多种常见的音频格式，但目前被 HTML 5 标准允许使用的音频主要包括三种，即 Ogg 音频、MP3 音频和 Wav 音频。常见的各种 Web 浏览器对这三种音频的支持是有所区别的，如表 7-7 所示。

表 7-7　常见 Web 浏览器对 HTML5 音频的支持

浏览器　音频	IE 9.0+	Firefox3.5+	Opera 10.5+	Safari 3.0+
Ogg 音频	—	支持	支持	—
MP3 音频	支持	—	—	支持
Wav 音频	—	支持	支持	支持

在实际开发多媒体网页时，建议开发者为音频准备双版本，即 Ogg 版本和 MP3 版本，通过 JavaScript 判断 Web 浏览器然后再决定播放哪个版本。

7.5.3　视频

与音频类似，HTML 4.01 和 XHTML 1.0 也不支持开发者在网页文档中直接嵌入任何视频，因此开发者们通常需要使用第三方控件（诸如 Flash Player、Windows Media Player）来实现视频的播放。

HTML 5 直接提供了视频标记 VIDEO 来帮助开发者直接为网页文档引入外部视频，其使用方式与音频标记 AUDIO 十分类似，代码如下。

```
<video src="movie.mp4" controls="controls">
</video>
```

视频标记 VIDEO 也提供了多种属性，允许开发者直接定义视频的播放状态和控制状态，如表 7-8 所示。

表 7-8 视频标记 VIDEO 的属性

属　　性	属　性　值	作　　用
autoplay	autoplay	定义该视频在加载完毕后直接播放
controls	controls	在网页文档中显示控制该视频播放的控件
height	像素值	定义该视频播放控件的高度
loop	loop	定义该视频循环播放
preload	preload	定义该视频在页面加载时进行预加载，当定义了 autoplay 属性时本属性将被忽略
src	URL	定义视频的 URL 地址
width	像素值	定义该视频播放他控件的高度

视频标记 VIDEO 支持源数据标记 SOURCE 作为子元素，以为该视频播放控件定义一个列表，以按照顺序播放视频列表，该标记支持两种属性，如表 7-9 所示。

表 7-9 源数据标记 SOURCE 的属性

属性	属值	作　　用
src	URL	定义源视频的 URL 地址
type	MIME 类型	定义源视频的 MIME 类型，诸如 "video/ogg"、"video/mp4"、"video/webm" 等

例如，通过源数据标记 SOURCE 定义一个播放列表，分别播放 movie1.mp4、movie2.mp4 等视频文件，代码如下。

```
<video width="320" height="240" controls="controls">
    <source src="movie1.mp4" type="video/mp4">
    <source src="movie2.mp4" type="video/mp4">
</video>
```

视频标记 VIDEO 也支持三种类型的视频格式，即 OGG 视频、MPEG4 视频以及 WebM 视频等。但是并非所有 Web 浏览器都支持这三种视频格式，经过测试，常见的几种 Web 浏览器对三种视频的支持性如表 7-10 所示。

表 7-10 常见 Web 浏览器对 HTML 5 视频的支持

浏览器 视频	IE 9.0+	Firefox 4.0+	Opera 10.6+	Safari 3.0+
Ogg 视频	—	支持	支持	—
MP4 视频	支持	—	—	支持
WebM 视频	—	支持	支持	—

在实际开发多媒体网页时，建议开发者为视频文件也准备双版本，即 Ogg 版本和 MP4 版本，通过 JavaScript 判断 Web 浏览器然后再决定播放哪个版本。

7.6　课堂练习：制作诗词欣赏页

在制作诗词页面中，用户对文本内容可以进行一些格式设置，如标题、段落等。并且，用户在录入文本时，需要插入特殊字符，如图 7-5 所示。

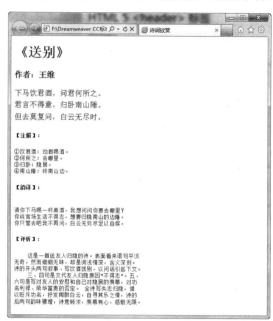

图 7-5　诗词页

操作步骤：

1　执行【文件】|【新建】命令，弹出【新建文档】对话框。在该对话框中，用户可以选择【空白页】选项，并在【页面类型】列表中选择 HTML 选项，单击【创建】按钮，如图 7-6 所示。

图 7-6　新建文档

2　在【代码】视图中，将光标定位于 \<body\> 标签之后，并按【回车】键。然后，执行【插入】|【结构】|【页眉】命令，如图 7-7 所示。

3　在弹出的【插入 Header】对话框中，单击【确定】按钮。此时，在代码中将插入 \<header\>\</header\> 标签，如图 7-8 所示。

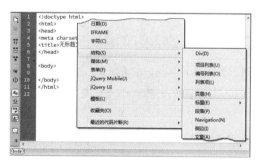

图 7-7　插入页眉

图 7-8　插入页眉标签

4 再执行【插入】|【结构】|【标题】|【标题 1】命令，并插入<h1></h1>标签，如图 7-9 所示。

图 7-9　插入标题名

5 在<h1>标签中，用户可以输入诗词的名称，如"《送别》"，如图 7-10 所示。

图 7-10　插入标题内容

6 在<h1>标签之后，再插入<h3></h3>标题标签，并输入诗词的作者信息，如图 7-11 所示。

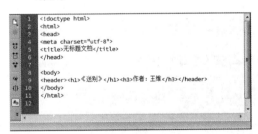

图 7-11　输入作者信息

7 将光标置于</h3>标签之后，并执行【插入】|【结构】|【文章】命令，如图 7-12 所示。

8 在弹出的【插入 Article】对话框中，单击【确定】按钮，即可在文档中添加该标签，如图 7-13 所示。

9 将光标置于<article></article>标签中，并

执行【格式】|【段落格式】|【已编排格式】命令，如图 7-14 所示。

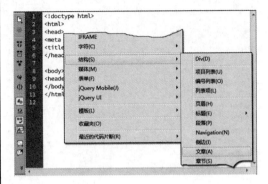

图 7-12　插入文章结构

图 7-13　插入文章结构

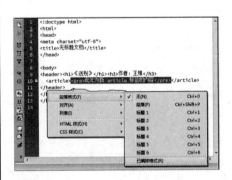

图 7-14　添加格式

10 在<pre></pre>标签中，录入诗词的内容，如图 7-15 所示。

11 在</pre>标签后面再执行【插入】|【结构】|【章节】命令，并插入<section></section>标签，如图 7-16 所示。

12 在<section> </section>标签中，再插入文

本内容，如图 7-17 所示。

13 再在</section>标签后面添加其他章节内容，并输入文本，如图 7-18 所示。

14 修改<title></title>标签中的网页标题名称，如图 7-19 所示。

15 执行【文件】|【保存】命令，将当前的文档进行存储，如图 7-20 所示。

16 在弹出的【另存为】对话框中，用户可以修改【文件名】为"sl.html"，并单击【保存】按钮，如图 7-21 所示。

7.7　课堂练习：班级管理制度

班级管理制度页面中，主要以文本为主。因此，如果用户要想看起来网页比较美观，需要对网页中的文本进行格式化设置，如图 7-22 所示。

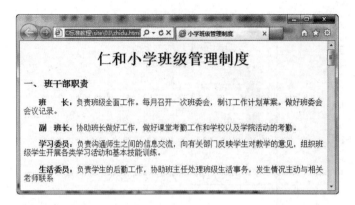

图 7-22　管理制度页面

操作步骤：

1 在文本编辑器中，将编写好的"管理制度"内容直接复制到网页编辑器中，如图 7-23 所示。

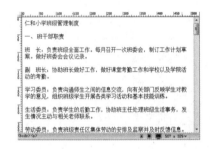

图 7-23　粘贴文本

2 选择全部文本内容，并执行【插入】|【Div】命令。即可将文本包含在一个<div></div>标签中，如图 7-24 所示。

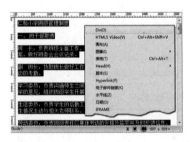

图 7-24　添加标签

3 选择标题名称，并执行【格式】|【段落格式】|【标题 1】命令，如图 7-25 所示。

4 再选择标题，并执行【格式】|【对齐】|【右中对齐】命令，即可设置标题为居中显示，如图 7-26 所示。

图 7-25　设置标题

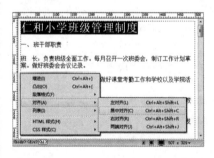

图 7-26　设置居中显示

5 选择标题以下的内容，并执行【插入】|【结构】|【文章】命令，即可在文档中所选内容外添加<article></article>标签，如图 7-27 所示。

6 选择"一、班干部职责"下面的文本内容，并执行【插入】|【结构】|【章节】命令，如图 7-28 所示。

7 选择"一、 班干部职责"文本内容，并执行【格式】|【段落格式】|【标题 3】命令，如图 7-29 所示。

图 7-27　插入文章结构

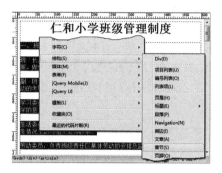

图 7-28　插入章节标签

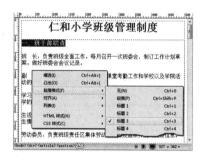

图 7-29　设置标题格式

8　在分别选择该节内容中,每段内容中"冒号"(:)之前的文本,并在【属性】检查器中单击【加粗】按钮,如图 7-30 所示。

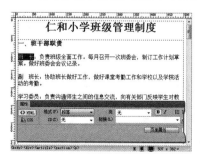

图 7-30　文本加粗

9　同理,分别选择"二、学生课堂常规"、"三、班级环境管理制度"等内容,分别设置为章节内容,并设置节标题为"标题 3",如图 7-31 所示。

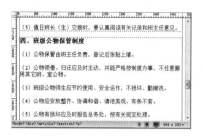

图 7-31　设置章节内容

10　在【CSS 设计器】面板中,单击【源】标签栏后面的【添加 CSS 源】下拉按钮➕,执行【创建新的 CSS 文件】命令,如图 7-32 所示。

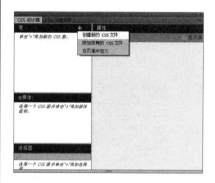

图 7-32　创建 CSS 样式

11　在弹出的【创建新的 CSS 文件】对话框中,单击【浏览】按钮,并在弹出的【将样式表文件另存为】对话框中,选择已经创建的样式文件,单击【保存】按钮,如图 7-33 所示。

图 7-33　链接外部文件

12 在【选择器】标签栏中，单击【添加选择器】按钮➕，并输入 p 标签选择器。然后，在【属性】标签栏中，单击【添加 CSS 属性】按钮➕，并输入属性与参数内容，如图 7-34 所示。

图 7-34 添加选择器

13 选择最后落款内容，并设置文本右对齐方式显示，如选择"仁和小学一年级二班办委会"段落，并执行【格式】|【对齐】|【右对齐】命令，如图 7-35 所示。

图 7-35 设置对齐方式

14 再选择落款中其他文本段落，并设置文本右对齐方式显示，如图 7-36 所示。

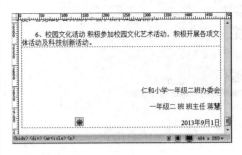

图 7-36 设置对齐方式

15 保存当前的文档，如执行【文件】|【保存】命令，并在弹出的【另存为】对话框中，修改文件名称，单击【保存】按钮，如图 7-37 所示。

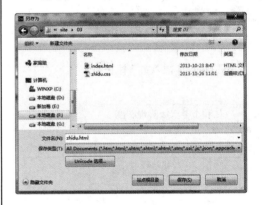

图 7-37 保存文档

7.8 思考与练习

一、填空题

1. 传统的 HTML 和 XHTML 为保持向下兼容性，定义了＿＿＿＿、＿＿＿＿和＿＿＿＿等三种文档模式。

2. HTML 5 提供了一系列语义化的结构标记，包括＿＿＿＿、＿＿＿＿、＿＿＿＿、＿＿＿＿、＿＿＿＿、＿＿＿＿等。

3. HTML 5 结构语言提供了＿＿＿＿和＿＿＿＿，用于帮助开发者通过 JavaScript 脚本语言快速在终端用户的本地计算机中存储永久数据和基于会话的临时数据，提高存储效率并降低信息泄露的风险。

4. 在定义网页中各种路径的基准路径时，可使用＿＿＿＿。

5. 在连接外部样式表时，可使用＿＿＿＿。

6. ＿＿＿＿、＿＿＿＿和＿＿＿＿等三种标记可将表格分为三个部分。

二、选择题

1. 在加载外部脚本时，需要使用以下哪种标记？＿＿＿＿

　　A．外链标记 LINK

　　B．样式标记 STYLE

C. 脚本标记 SCRIPT

D. 文档主体标记 BODY

2. 在构建文档主体结构时，无法使用的标记是哪种？ _____

A. 标题标记 TITLE

B. 文章标记 ARTICLE

C. 页眉标记 HEADER

D. 页脚标记 FOOTER

3. HTML 5 支持几种文章标题？ _____

A. 4 种

B. 5 种

C. 6 种

D. 9 种

4. 完整的表格结构通常由几个部分组成？
_____

A. 3 个

B. 4 个

C. 5 个

D. 6 个

5. 以下哪种标记用于构件表格行？ _____

A. TD

B. TH

C. TBODY

D. TR

6. 以下哪种音频为 IE9.0 及更高版本的 IE 浏览器支持？ _____

A. OGG

B. MP3

C. MP4

D. Wav

三、简答题

1. 传统的 HTML、XHTML 与 HTML5 之间有什么区别？

2. 简述 HTML 5 的新特性

3. 为什么要使用 HTML 5 来开发网页？

4. HTML 5 文档的主体结构都包含哪些元素？

5. HTML 5 中的有序列表和无序列表都有哪些区别？

6. 都有哪些 Web 浏览器支持 MP4 视频？

第8章

使用样式表

传统的 Web 站点和 Web 应用往往采用旧的 HTML 内置标记来实现页面的排版，再通过对表格单元格的拆分、合并、修改单元格的宽度和高度实现布局。然而这种网页排版以及布局方式的维护性较差，页面代码也往往比较混乱和复杂，很难被搜索引擎快速检索。

基于以上背景，现代的 Web 开发引入了 CSS 样式表技术来辅助网页文档的排版和布局，以提高网页文档的维护性和样式代码的重用性，实现网页结构与表现的松耦合。

CSS 样式表从最初发布至今已历经三代，如今最新的 CSS 3.0 已经逐渐得到了广泛的应用。本章将重点介绍 CSS 样式表的使用方法，以及使用 Dreamweaver CC 来快速为网页文档部署样式表的方法。

本章学习要点：

➢ CSS 基础知识
➢ CSS 选择器
➢ Dreamweaver 中的 CSS 设计器

8.1　CSS 技术概述

应用 CSS 样式表可以将网站的内容和显示效果分离开来，结构即结构，表现即表现，通过降低结构和表现之间的依赖性，来提高整体 Web 代码维护的效率。同时，也便于网站内容更快地改版和形成新的界面效果。

8.1.1　CSS 基础知识

CSS 样式表是一种数据列表，也是由对象级别的数据结构堆积而来的文本数据。在网站项目中，开发者可以使用三种类型的 CSS 样式表来与网页文档建立关联，形成一个界面整体。

1. 外部样式表

外部样式表是指在 Web 文档外部书写的样式表，其需要将 CSS 样式表的代码书写到外部独立的扩展名为 CSS 的样式表文件中，然后再通过 HTML 5 结构语言提供的 LINK 标记将样式表文件导入到 Web 文档中生效。

在使用外部样式表时，需要首先编写 CSS 样式表文件，该文件分为两个部分，一部分为编码声明，另一部分则是样式代码。

其中，编码声明的作用是向 Web 浏览器提供该 CSS 样式表文件所采用的语言编码，如下所示。

```
@charset 'Code' ;
```

在上面的伪代码中，关键字"Code"表示当前 CSS 样式表文件的基本语言编码，其可以是 utf-8、utf-16、gbk、gb2312 等。在此需要注意的是，编码声明必须书写在 CSS 样式表文档的第一行，且之前不能有任何其他内容，否则在一些兼容性较差的 Web 浏览器（例如 Google 的 Chrome 等）将无法正常识别该 CSS 文档。

选择 CSS 编码声明是非常重要的，通常情况下建议选择 utf-8 编码，以提高在不同语言版本的 Web 浏览器中样式代码的通用型。另外，在此不提倡在 CSS 代码中书写中文（CSS 的注释除外），在一些非中文版本的 Web 浏览器中，很可能会无法识别这些中文字符。

在编码声明之后，开发者即可直接书写 CSS 的注释和普通代码，例如，在下面的代码中，就展示了一个简单 CSS 文件的内容。

```
@charset 'utf-8' ;
body {
    margin : 0px ;
    padding : 0px ;
}
```

在完成 CSS 文件的编写之后，开发者即可通过 HTML 5 的外链标记 LINK，将其与网页文档建立链接关系。

外部样式表的优点在于其将各种 CSS 样式代码存储在外部，与 Web 文档本身隔离，因此可以提高样式代码和结构代码的独立性，增强样式代码的复用性，实现一段样式代码应用于多个 Web 页。在复杂的大型 Web 项目开发中，多数样式代码都以外部样式表的方式存在。

外部样式表的执行优先级较低，会被内部样式表和内联样式表覆盖。另外，由于其往往和多个 Web 页关联，因此在开发和调试时很可能对其做出的任何修改都将影响所有相关的 Web 页。

2. 内部样式表

内部样式表是基于 Web 文档自身的一种样式表存储形式，其特点是与 HTML 结构代码结合十分紧密，优先级高于外部样式表，低于内部样式表。

在使用内部样式表时，需要应用 HTML 5 结构语言的样式标记 STYLE 建立一个闭合标记，然后再将 CSS 样式表代码书写到该闭合标记内，代码如下。

```
<head>
    <style type="text/css">
        h1 {color:red}
        p {color:blue}
    </style>
</head>
```

相比外部样式表，内部样式表的优点是加载效率更高，不需要多占用一个 HTTP 连接下载线程，其缺点是样式表代码的复用性较差，只能应用于当前的 Web 文档，而不能为站点内其他 Web 文档引用。

如果开发者仅仅需要编写单独的网页文档，则完全可以使用内部样式标记来存放 CSS 样式表，而如果是为整个站点的所有 Web 页面编写样式，则推荐采用外部样式表的方式存放 CSS 样式表。

3．内联样式表

内联样式也是一种 CSS 样式的类型，其与外部样式和内部样式相比，优先级更高，更灵活，可以和 HTML 5 的各种标记直接紧密结合，为 Web 元素直接提供定义 CSS 样式的接口。当然，其缺点也同样明显，就是需要针对每一个 HTML 5 结构标记编写 CSS 代码，代码的复用性更差，修改和维护也更为复杂。

在使用内联样式表时，开发者需要采用 HTML 5 结构标记的 style 属性，该属性的属性值通常为一个长字符串，可以包含所有描述该标记的 CSS 样式表代码。例如，定义一个文本段落的样式，代码如下。

```
<p style="color : #fff ; font-family : SimSun , Arial ; font-size : 12px ;
line-height : 18px ; text-indent : 2em ;">
    先帝创业未半而中道崩殂，今天下三分，益州疲弊，此诚危急存亡之秋也。然侍卫之臣不懈于内，忠志之士忘身于外者，盖追先帝之殊遇，欲报之于陛下也。诚宜开张圣听，以光先帝遗德，恢弘志士之气，不宜妄自菲薄，引喻失义，以塞忠谏之路也。
    <p>
```

在实际开发中，内联样式由于其复用性差、维护性比之两种样式表的复杂度更高，故不推荐使用。

● 8.1.2　CSS 语法

CSS 样式表的代码是样式规则的集合，其可以包含一条或多条样式规则，由这些样式规则来定义网页文档中各种元素的显示效果。除此之外，CSS 样式表还可以包含注释，用于帮助开发者禁用某一段代码，或者为某些代码提供文字说明。

1．基本语法

CSS 样式表由若干样式规则组成，每一条样式规则可以定义一个网页元素，或一系列具备共同特性的网页元素的具体显示效果。典型的样式规则由选择器以及一条或多条样式声明组成，如下所示。

```
Selector {
    Property: Value
}
```

在上面的伪代码中，关键字"Selector"表示该样式规则的选择规则，其可以是一个CSS选择器，或若干CSS选择器组成的选择方法。

在大括号内的代码为一些属性规则，其由若干条属性以及对应的属性值组成，每一条属性规则之间都应以分号";"隔开。其中，关键字"Property"表示样式规则的各条属性；关键字"Value"表示各属性的属性值。

例如，定义一级标题的样式，设置所有网页文档一级标题为粗体，代码如下。

```
h1 {
    font-weight : bold ;
}
```

2．注释

与其他编程语言类似，CSS样式表也支持注释功能，可以帮助开发者禁用某一段代码，或者为某些代码提供文字说明。CSS提供两种注释方式，一种是基于单行内容的行注释，另一种则是基于连续多行内容的块注释。

（1）行注释

行注释的作用是将当前行的局部内容注释，禁止Web浏览器对这些内容进行解析。CSS的行注释需要使用到双反斜杠"//"将内容标记起来，例如，在下面的代码中，第一行内容就已被行注释，如下所示。

```
// 定义页面主体内容的间距
body {
    margin : 0px ;
}
```

行注释不仅可以用于注释整行内容，也可以临时注释某一行内由某个字符起始直至行尾的所有内容。例如，在下面的代码中，就将代码块内第二句CSS样式代码提升至前一行行尾并实现了注释，如下所示。

```
//定义页面主体内容的间距
body {
    margin : 0px ; //margin-left : 20px ; margin-top : 10px ;
    padding : 20px ;
}
```

行注释适合为代码块提供语义类型的说明内容，例如注释某一段CSS代码在整个Web页中的功能和作用等。在使用行注释时，请尽量注意用简短而精确的文本实现代码的注释，以降低样式表文件或网页文档的文件尺寸。

（2）块注释

块注释的作用是提供一个开始标记和结束标记，并强制将标记内包含的若干代码或文本注释起来，禁止 Web 浏览器解析和执行。块注释比行注释更加自由灵活，其起始标记为连写的反斜杠"/"和星号"*"，结束标记为连写的星号"*"和反斜杠"/"。

例如，在下面的代码中，就使用了块注释来禁止 Web 浏览器解析一些 CSS 样式语句，如下所示。

```
body {
    margin-left : 20px ;
    /* margin-top : 10px ;
    padding : 20px ; */
}
```

块注释既可以注释若干行代码，也可以注释一行代码中的局部内容，实现行注释的功能。例如，在下面的代码中，就使用了块注释注释了局部行的内容，如下所示。

```
p {
    margin : 0px 5px ;
    padding : 0px ;
    text-indent : 2em ;
    font-size : 12px ;
    font-family : SimSun , Arial ;
    /* font-weight : normal ; */
    color : #000 ;
    line-height : 18px ;
}
```

块注释适合将若干行代码快速禁用，也适合为局部的代码添加详细的多行注释内容。在使用块注释时，在此同样推荐遵循行字符数 80 的限制，以最大限度保障各种开发工具下的浏览性能。

8.1.3　CSS 3 新增功能

CSS 2.1 样式表主要注重的是将原 HTML 4.01 以及 XHTML 1.0 中用于表现显示效果的标记和对应属性移植到 CSS 样式表中，因此其更注重基本的排版以及网页的布局效果，这也是 CSS 样式表最基础的功能。

随着 CSS 样式表的发展，如今最新版本的 CSS 3.0 已经完全脱离了过去旧版本样式表面向网页排版与布局的桎梏，逐渐转向更丰富的 Web 表现能力方面，力争为开发者提供更简洁的界面开发方式，完善向终端用户提供的显示效果。相比 CSS 2.1，CSS 3.0 注重增强以下几个方面。

1．选择器

CSS 2.1 提供了有限的 5 种选择器，包括类选择器、ID 选择器、标记选择器、伪类选择器以及伪对象选择器等，而 CSS 3.0 拓展了多种新的选择器，包括扩展属性选择器、扩展伪对象选择器以及扩展伪类选择器等，帮助开发者以更简洁的方式来追踪和获取网页元素，定义其样式等。

2．布局效果

原生的 CSS 2.1 允许开发者为网页中的各种块状元素定义矩形的轮廓，设置纯色背景或原尺寸图像的背景。在 CSS 3.0 中，首次允许开发者为网页中的块状元素定义圆角矩形的轮廓、在轮廓外指定距离再次扩展一个新的轮廓。

除此之外，CSS3.0 还允许自行定义背景图像的尺寸、对背景图像进行裁切等，以及定义轮廓的投影、以图像作为边框等丰富的布局效果功能。

3．文本与字体

在 CSS2.1 时代，开发者必须使用所谓"Web 安全"字体，即绝大多数终端用户都会安装在本地计算机上的字体，以防止设计的网页文档在用户终端无法正常显示。

CSS 3.0 支持开发者使用@font-face 规则，允许开发者在网站中存储字体文件，并通过指定的规则定义该字体在样式规则中的变量名称，并将其应用到网页文档中。另外，CSS 3.0 还允许开发者为字体定义阴影，以及强制换行、分列等，增强文本内容的表现能力。

4．基本二维/三维支持

早期的 CSS 2.0 基于平面布局，同时仅限网页元素以固定的二维方向显示。CSS 3.0 完整预置了二维转换和三维转换技术支持，允许开发者定义网页元素的二维以及三维旋转、分布等属性，实现网页元素的二维倾斜以及三维转动等特效。

5．动画

传统的 CSS 样式表只能定义静态内容，所有动态的网页效果往往只能通过脚本语言的计时函数来控制实现。在 CSS 3.0 中首次实现了动画 API 的支持，允许开发者不借助任何脚本工具即实现动画效果，丰富网页元素的表现方式，降低开发网页程序的成本。

8.2　选择 Web 元素

普通 HTML 5 代码构成的 Web 元素仅能显示页面的内容，因此需要开发者通过 CSS 样式表定义这些 Web 元素的显示效果，增强 Web 元素的表现能力。在定义 Web 元素的显示效果时，首先就需要建立 CSS 样式规则与 Web 元素的关联，这就需要使用到 CSS 的选择器以及选择方法。

8.2.1　基本选择器

CSS 的基本选择器包括普通选择器和伪选择器等两大类，其中，普通选择器用于实现 HTML 标记的精确选择，其包括标记选择器、类选择器、ID 选择器以及属性选择器等；伪选择器用于对这些 HTML 标记进行进一步的状态筛选，其包括伪类选择器和伪对象选择器等两种。

1. 标记选择器

标记选择器是基于 HTML 标记衍生而来的 CSS 选择器，其与 Web 页中的某一种 HTML 标记紧密关联，定义这些标记的 CSS 样式，其使用方法如下所示。

```
TagName {
    Statements ;
}
```

在上面的伪代码中，TagName 关键字表示 HTML 标记的名称，Statements 关键字表示定义的 CSS 代码。在下面的代码中，就采用了标记选择器来定义 Web 页中 HTML 标记以及超链接标记 A 的样式，代码如下。

```
html {
}

a {
}
```

2. 类选择器

类选择器是基于 HTML 标记的 class 属性值产生的 CSS 选择器，其与 Web 页中所有 class 属性值相等的 Web 元素紧密关联，定义这些标记的 CSS 样式。其使用方法如下所示。

```
.ClassName {
    Statements ;
}
```

在上面的伪代码中，ClassName 关键字表示对应 HTML 标记的 class 属性值，Statements 关键字表示定义的 CSS 代码。类选择器的选择器之前必须添加英文句点"."以将其和其他选择器区分开来。带有英文句点"."前缀也是类选择器的唯一标识。例如，在 Web 页中存在以下代码，如下所示。

```
<p class="front_color_red">这里的字体以红色显示</p>
<p class="front_color_green">这里的字体以绿色显示</p>
<p class="front_color_red">这里的字体仍然以红色来显示</p>
```

在编写针对以上代码的 CSS 样式时，即可采用类选择器的方式将这些文本的前景色区分开来，代码如下。

```
.front_color_red {
    color : #f00 ;
}
.front_color_green {
    color : #0f0 ;
```

网页设计与网站建设（CC 中文版）标准教程

```
    }
```

　　类选择器是 CSS 选择器中使用最灵活的选择器，其特性决定了样式代码和 HTML
标记中的 class 属性可以通过复合的拆分组合，实现 CSS 样式的碎片化，以最简洁的代
码实现复杂的样式。

　　例如，以下代码中每一个标记仅包含一个 class 属性值，代码如下。

```
    <p class="front_color_red_background_color_gray">这里的字体以红色显示，背景
为灰色</p>
    <p class="front_color_green_background_color_gray">这里的字体以绿色显示，
背景为灰色</p>
    <p class="front_color_red_background_color_white">这里的字体以红色显示，背
景为白色</p>
    <p class="front_color_green_background_color_white">这里的字体以绿色显示，
背景为灰色</p>
```

　　在编写针对以上代码的 CSS 样式时，只能针对每一个标记编写完整的针对该标记的
样式，如下所示。

```
    .front_color_red_background_color_gray {
        color : #f00 ;
        background-color : #eee ;
    }
    .front_color_green_background_color_gray {
        color : #0f0 ;
        background-color : #eee ;
    }
    .front_color_red_background_color_white {
        color : #f00 ;
        background-color : #fff ;
    }
    .front_color_green_background_color_white {
        color : #0f0 ;
        background-color : #fff ;
    }
```

　　上面的代码中，每条 CSS 代码都必须包含两种属性，这种写法效率较低，同时也比
较繁冗。在实际开发中，完全可以采用碎片化的方式编写 HTML 代码，为其赋予多个 class
属性，然后针对每一个 class 属性编写更简洁的 CSS 代码，如下所示。

```
    <p class="front_color_red background_color_gray">这里的字体以红色显示，背景
为灰色</p>
    <p class="front_color_green background_color_gray">这里的字体以绿色显示，
背景为灰色</p>
    <p class="front_color_red background_color_white">这里的字体以红色显示，背
景为白色</p>
    <p class="front_color_green background_color_white">这里的字体以绿色显示，
```

背景为灰色</p>

在编写针对以上代码的 CSS 样式时，则可以只编写单条定义前景色或背景色的样式代码，如下所示。

```
.front_color_red {
    color : #f00 ;
}
.front_color_green {
    color : #0f0 ;
}
.background_color_gray {
    background-color : #eee ;
}
.background_color_white {
    background-color : #fff ;
}
```

碎片化的 CSS 样式代码更加简洁，其选择器和代码含义的关联也更加直接，因此在开发过程中，推荐采用这种方式以提高代码的效率。

3. ID 选择器

ID 选择器是基于 HTML 标记的 id 属性值产生的 CSS 选择器。在 HTML 标准中，一个 Web 页内所有 HTML 标记的 id 属性值是不能重复的，即一个 HTML 标记的 id 属性值如果为 "a"，则其他任何 HTML 标记的 id 属性值都不能再是 "a"。基于此特点，CSS 的 ID 选择器可以为 Web 页中某一个唯一的元素定义 CSS 样式。ID 选择器的使用方法如下所示。

```
#ID {
    Statements ;
}
```

在上面的伪代码中，ID 关键字表示对应 HTML 标记的 id 属性，Statements 关键字表示定义的 CSS 语句。ID 选择器的选择器之前必须添加井号 "#" 以将其和其他选择器区分开来。带有井号 "#" 前缀也是 ID 选择器的唯一标识。例如，在一个 Web 页中，包含以下模块，代码如下。

```
<div id="dialog">
    <div id="dialog_title">
    </div>
</div>
```

使用 CSS 的 ID 选择器，可以方便地为这些模块定义针对性的 CSS 样式，如下所示。

```
#dialog {
}
#dialog_title {
```

网页设计与网站建设（CC 中文版）标准教程

```
    }
```

4. 属性选择器

属性选择器是指根据 HTML 标记的属性以及属性值等来对其进行筛选的选择器。CSS 提供了 4 种基本的属性选择器，如表 8-1 所示。

表 8-1　CSS 属性选择器

属性选择器	使用方法	作　用
属性选择	[Attribute]	筛选包含指定 Attribute 属性的 HTML 标记
属性值选择	[Attribute=Value]	筛选包含指定 Attribute 属性且其属性值为 Value 的 HTML 标记
属性单词检索	[Attribute~=Value]	筛选包含指定 Attribute 属性且属性值包含 Value 单词的 HTML 标记
属性值单词起始筛选	[Attribute|=Value]	筛选包含指定 Attribute 属性且属性值以 Value 值为起始单词的 HTML 标记

需要注意的是，在这 4 种属性选择器中，后两种选择方式并不能以简单的模式匹配，仅能匹配连接符 "-" 分隔的单词，例如，某个元素的 class 属性为 "testelement"，如果用属性值单词检索 "[class=element]" 或 "[class=test]" 来进行匹配，是不能匹配成功的。当且仅当该元素的 class 属性为 "test-element" 时，属性值单词检索（[Attribute~=Value]）以及属性值单词起始筛选（[Attribute|=Value]）才能够使用。

CSS2.1 的属性选择这种局限性直接导致了其应用十分繁冗，开发者根本无法真正地对 DOM 节点的属性进行有效的快速筛选匹配，因此属性选择器的应用并不多见。

5. 伪类选择器

伪类选择器是一种典型的伪选择器，其必须和标记选择器、类选择器或 ID 选择器结合使用，用于定义这些选择器所指定 HTML 标记的一些特殊显示状态。

CSS 提供五种基本伪类选择器，分别对应 HTML 标记（主要是超链接标记 A）的五种状态，如表 8-2 所示。

表 8-2　CSS 伪类选择器

伪类选择器	作　用	应 用 对 象
:hover	定义标记在鼠标悬停状态下的效果	所有显示对象的 HTML 标记
:link	定义标记为超链接状态下的效果	超链接标记 A
:focus	定义标记在获取焦点后的效果	超链接标记 A
:visited	定义标记为超链接且已被访问过时的效果	超链接标记 A
:active	定义标记在选定状态下的效果	超链接标记 A

通常情况下，伪类选择器需要和其他选择器配合使用，作为后缀追加到其他选择器之后，其使用方法如下所示。

```
Selector:Pseudo-Selector {
    Statements ;
}
```

在上面的伪代码中，关键字"Selector"表示普通的选择器，其可以是标记选择器、类选择器或 ID 选择器；关键字"Pseudo-Selector"表示伪类选择器，关键字"Statements"表示定义该选择器的 CSS 语句。

所有伪选择器都必须添加英文冒号":"以和其他选择器分隔。例如，定义一个页面中所有的超链接状态样式，可以将标记选择器与伪类选择器配合使用，代码如下。

```
a:hover {
}
a:link {
}
a:visited {
}
a:active {
}
a:focus {
}
```

在早期的 Web 浏览器中，伪类选择器仅能对超链接标记 A 发生作用，但现代的 Web 浏览器已经不再对伪类选择器进行限制，因此，绝大多数 Web 显示对象的 HTML 标记都可以使用":hover"的伪类选择器定义鼠标悬停样式。另外，所有 IE 浏览器均不支持":focus"伪类选择器。

6．伪对象选择器

伪对象选择器也是一种伪选择器，其与伪类选择器的区别在于，伪类选择器用于根据对象的状态定义其样式效果，而伪对象选择器则用于根据对象内部的局部元素定义其样式效果。

CSS 提供了 6 种基本的伪对象选择器，其作用如表 8-3 所示。

表 8-3　CSS 基本伪对象选择器

伪对象选择器	作　　用	伪对象选择器	作　　用
:first-letter	定义文本的第一个字符样式	:before	定义对象之前内容的样式
:first-line	定义文本的首行样式	:after	定义对象之后内容的样式
:first-child	选择元素的第一个子元素	:lang(language)	选择指定 lang 属性的子元素

伪对象选择器的使用方式与伪类选择器基本一致，在此将不再赘述。

8.2.2　扩展选择器

基本选择器实际上是 CSS 3.0 从原 CSS 2.1 中继承而来的选择器，在实际开发中，绝大多数选择需求实际上已经可以通过基本选择器来解决。但是为了提高开发效率，使选择器的选择元素功能更加灵活，CSS 3.0 又扩展了一些更丰富的选择功能。

1．扩展伪对象选择器

扩展伪对象选择器是 CSS 3.0 对伪对象选择器的拓展，其新增了 13 种全新的伪对象选择器，以方便开发者用更精简的选择器来选择复杂层级关系的网页元素，这些伪对象选择器的示例及作用如表 8-4 所示。

表 8-4 CSS 扩展伪对象选择器

伪 对 象	示 例	作 用
:first-of-type	p:first-of-type	选择属于其父元素的首个 \<p\> 元素的每个 \<p\> 元素
:last-of-type	p:last-of-type	选择属于其父元素的最后 \<p\> 元素的每个 \<p\> 元素
:only-of-type	p:only-of-type	选择属于其父元素唯一的 \<p\> 元素的每个 \<p\> 元素
:only-child	p:only-child	选择属于其父元素的唯一子元素的每个 \<p\> 元素
:nth-child(n)	p:nth-child(2)	选择属于其父元素的第二个子元素的每个 \<p\> 元素
:nth-last-child(n)	p:nth-last-child(2)	同上，从最后一个子元素开始计数
:nth-of-type(n)	p:nth-of-type(2)	选择属于其父元素第二个 \<p\> 元素的每个 \<p\> 元素
:nth-last-of-type(n)	p:nth-last-of-type(2)	同上，但是从最后一个子元素开始计数
:last-child	p:last-child	选择属于其父元素最后一个子元素每个 \<p\> 元素
:root	:root	选择文档的根元素
:empty	p:empty	选择没有子元素的每个 \<p\> 元素（包括文本节点）
:target	#news:target	选择当前活动的#news 元素
:not(selector)	:not(p)	选择除\<p\>元素以外其他所有元素

扩展伪对象选择器需要解决的就是当网页元素以复杂的相互嵌套关系存储时如何精确定位这些元素以对其进行处理的问题，尤其在一些复杂的网页文档（如包含树状菜单时），使用扩展伪对象选择器可以使 CSS 样式表代码更为精简。

很多 JavaScript 脚本语言框架都通过扩展伪对象选择器帮助开发者处理 DOM 元素的嵌套关系。了解扩展伪对象选择器，也可以帮助开发者更好地使用这些框架。

2．扩展属性选择器

基本的属性选择器在属性值的检索方面具有诸多的限制，这些限制使得开发者在使用这些选择器来对属性值进行检索时较难使用。为了解决这一问题，CSS 3.0 提供了扩展属性选择，帮助开发者更加自由地对属性值进行检索匹配，如表 8-5 所示。

表 8-5 CSS 扩展属性选择器

属性选择	伪 代 码	作 用
属性值起始选择	[Attribute^=Value]	筛选包含 Attribute 属性且属性值以 Value 为起始的标记
属性值末尾选择	[Attribute$=Value]	筛选包含 Attribute 属性且属性值以 Value 为末尾的标记
属性值检索	[Attribute*=Value]	筛选包含 Attribute 属性且属性值包含 Value 的标记

相比 CSS2.1 的属性选择，CSS3.0 的属性选择在使用上更加简单和便捷，因此在此强烈推荐开发者对属性值进行匹配筛选时，使用 CSS3 的属性选择。

3．扩展伪类选择器

基本的 CSS 选择器在早期的 Web 浏览器（例如 IE8.0 之前版本的 IE 浏览器）中只能针对超链接进行鼠标状态的筛选，随着更新版本的 Web 浏览器出现，基础的伪类选择器也逐渐能用于网页中的其他元素。

但是仅能对鼠标操作的状态进行筛选并不能满足开发者的复杂需求，基于此，

CSS 3.0 提供了扩展伪类选择器，允许开发者对网页中的表单控件状态进行筛选，增强 CSS 的筛选功能，这些伪类选择器的使用方法如表 8-6 所示。

表 8-6　CSS 扩展伪类选择器

伪　类	伪　代　码	作　　用
:enabled	Input:enabled	选择每个被启用的<input>元素
:disabled	Input:disabled	选择每个被禁用的<input>元素
:checked	Input:checked	选择每个被选中的<input>元素
::selection	::selection	选择被用户选区的元素部分（多用于文本区域标记 TEXTAREA 的内容）

扩展伪类选择器多用于表单控件的筛选，在开发复杂交互的网页时，使用这些选择器大有裨益。

8.2.3　选择方法

选择方法是指将多种选择器结合使用，共同来对 HTML 网页元素进行选择，以实现精确的样式匹配。CSS 共提供了 4 种选择方法，即分组选择、派生选择、全局匹配和追溯选择。

1．分组选择

分组选择方法是指当多个 HTML 元素需要定义相同的 CSS 样式时，对这些 CSS 样式进行合并而产生的一种复合选择方法。其特点在于允许用一组 CSS 样式规则定义多个不同类型、多种标记或多个符合指定 ID 的 HTML 对象。

在使用分组选择方法时，需要将若干 CSS 选择器合并为一个符合选择器，被合并的 CSS 选择器之间用英文逗号 "," 隔开，如下所示。

```
Selector1 , Selector2 , Selector3 {
    Statements ;
}
```

在上面的伪代码中，Selector1、Selector2 和 Selector3 等关键字用于表示分组选择的三种选择器或选择器与伪类选择器的组合，Statements 关键字表示描述的 CSS 代码。例如，同时定义 Web 页中的 6 种标题标记的 CSS 样式，设置其前景色为红色，代码如下所示。

```
h1 , h2 , h3 , h4 , h5 , h6 {
    color : #f00 ;
}
```

上面的代码中，CSS 复合选择器由 6 种标记选择器组成，每个标记选择器之间都使用了逗号 "," 作为分隔符。在将这段 CSS 代码添加到 Web 页之后，所有一级标题标记 H1、二级标题标记 H2、三级标题标记 H3、四级标题标记 H4、五级标题标记 H5 和六级标题标记 H6 都将被应用该样式。

2. 派生选择

派生选择方法是一种依照 HTML 元素的嵌套关系来定义的选择方法，其特点是可以精确地定义指定位置 HTML 元素的 CSS 样式。在使用派生选择方法时，需要了解被定义的 HTML 元素的精确嵌套结构，通过 XHTML 元素的嵌套结构来决定派生选择的选择器序列，其使用方法如下所示。

```
Selector1 Selector2 Selector3 {
    Statements ;
}
```

在上面的伪代码中，Selector1、Selector2 和 Selector3 等关键字用于表示派生选择的三种选择器或选择器与伪类选择器的组合，Statements 关键字表示描述的 CSS 代码。如果确定三种选择器或选择器与伪类选择器的组合嵌套结构为 Selector1 包含 Selector2，Selector2 包含 Selector3，则这种派生的关系即被 Web 浏览器判定为有效。

例如，在下面的代码中，存在两个超链接标记 A，其分别嵌套于不同的 HTML 结构中，如下所示。

```
<header>
    <ul class="top_nav_list">
        <li class="top_nav_element">
            <a href="about.php" title="关于我们">关于我们</a>
        </li>
        <!-- …… -->
    </ul>
</header>
<nav>
    <ul class="nav_list">
        <li class="nav_element">
            <a href="index.php" title="网站首页">网站首页</a>
        </li>
        <!-- …… -->
    </ul>
</nav>
```

在上面的代码中包含了两个不同的超链接标记 A，这两个超链接标记 A 分别被嵌套于不同的无序列表标记 UL 中。如果直接使用标记选择器定义其样式，则两个超链接标记 A 都将被应用样式，如需要分别定义这两个超链接标记 A 的样式，就必须使用派生选择器，如下所示。

```
header .top_nav_list .top_nav_element a {
    color : #f00 ;
}
nav .nav_list .nav_element a{
    color : #0f0 ;
}
```

派生选择的特点是根据 HTML 元素所在 Web 页的代码结构，依次排列其父元素对应的选择器，每个选择器之间以空格隔开。使用派生选择，可以方便地定义位于不同位置的 Web 元素的样式。

3．全局匹配

全局匹配是指在 CSS 选择方法中，使用全局匹配符号"*"来匹配指定层级下的任意 HTML 标记，包括这些 HTML 标记的子标记等。全局匹配可以快速地将某个层级下所有的 HTML 标记迅速筛选出来，然后再供开发者为其定义统一的样式。

例如，需要匹配整个 Web 文档中的所有标记，设置其最小高度为 0，开发者可以直接为全局匹配符号"*"定义 CSS 样式，代码如下。

```
* {
    min-height : 0 ;
}
```

在将上面的代码添加到 CSS 样式表后，开发者即可定义整个 Web 文档内所有的 HTML 标记的最小高度。

全局匹配的优点在于其使用简单，只需很少的代码即可定义大量 Web 元素的样式，其缺点也同样突出，由于其一次性操作的 Web 元素较多，因此可能会降低整个页面的渲染速度。同时，对整个页面中所有 Web 元素统一定义样式的意义往往也并不大（全局渲染灰度除外）。因此，多数开发者往往将其余派生选择方法结合使用，对局部的 Web 元素进行订制，在开发效率和渲染速度之间取得一个平衡。

例如，Web 文档中存在一个定义列表 UL，该列表中存放有若干定义词条 DT 和定义解释 DD，代码如下。

```
<dl class="library" id="library">
    <dt>jQuery</dt>
    <dd><!-- ……--></dd>
    <dt>YUI Library</dt>
    <dd><!-- ……--></dd>
</dl>
```

如果开发者需要设置所有定义词条 DT 和定义解释 DD 的样式，即可通过全局匹配符号"*"与派生选择方法结合使用，代码如下。

```
#library * {
    //……
}
```

4．追溯选择

追溯选择方法是 CSS 3.0 新增的选择方法，其允许开发者使用追溯的方式对标记进行筛选，其使用方法如下所示。

```
Selector1 ~ Selector2
```

在上面的伪代码中，Selector1 关键字表示位于某个父元素下的前位元素；Selectora2 关键字表示位于同一父元素下的后位元素，追溯选择方法的作用就是在同一个父元素下，判断当 Selector2 元素之前包含 Selector1 元素，即判断该筛选有效。

8.3 属性和属性值

CSS 的属性和属性值直接用于定义指定选择规则的样式，以规定网页元素的显示方式。正是由属性和属性值，共同构成了 CSS 样式表的属性规则。

8.3.1 属性的写法

属性规则包括属性以及属性值等两个部分。在 CSS 样式表中，所有属性都是由 W3C 预置好的一些关键词，其通常会与制定的 HTML 5 结构标记相关联，以定义这些 HTML 5 结构某一方面的样式。

属性值是对属性的描述和定义，其内容和格式与属性的类型息息相关。CSS 属性和 CSS 属性值以冒号 ":" 隔开。单句的 CSS 语句写法如下所示。

```
Property : Value ;
```

在上面的伪代码中，Property 关键字表示 CSS 的属性，Value 关键字则表示对应属性的属性值。一些特殊的 CSS 属性往往可以包含多个 CSS 属性值，此时，这些属性值通常以空格隔开，如下所示。

```
Property : Value1 Value2 Value3 ;
```

在上面的伪代码中，Property 关键字表示 CSS 的属性，Value1、Value2 和 Value3 等关键字表示该属性的多个属性值。

当一个 CSS 选择器或选择器的组合只对应一条 CSS 属性时，末尾的英文分号 ";" 可以被省略掉。而如果该 CSS 选择器或选择器的组合对应多条 CSS 属性时，则除了最后一条外，其他的 CSS 属性与属性值语句末尾的英文分号 ";" 都不可省略，如下所示。

```
Property1 : Value1 ;
Property2 : Value2 ;
Property3 : Value3
```

在上面的伪代码中，Property1、Property2 和 Property3 等关键字表示三个 CSS 属性，Value1、Value2 和 Value3 等关键字表示之前三个 CSS 属性对应的属性值。

例如，定义一个 Web 元素的文本前景色为红色，其属性为 color，属性值可为 red，代码如下所示。

```
color : red ;
```

如果需要定义某个 Web 元素的边框线为黑色一像素实线，则可以使用多个属性值的方式定义，如下所示。

```
border : 1px solid #000 ;
```

而在定义某个 Web 元素的文本前景色为红色的同时定义其背景色为黑色，代码如下所示。

```
color : red ;
background-color : black ;
```

8.3.2 属性值的类型

属性值定义了 CSS 规则的具体效果程度，例如 HTML 元素各种属性的具体尺寸、颜色、显示方式等，都属于属性值定义的范畴。通常来讲，CSS 的基本属性值分为几种，包括颜色值、长度值、URL，以及英文关键字等。

1. 颜色值

颜色值通常用于描述各种 XHTML 对象的文本前景色和背景色，CSS 支持四种表示颜色的方式，即十六进制数字、颜色英文名称、百分比数字函数和十进制数字函数等。

（1）十六进制数字值

十六进制数字取色法是在网页中最常用的取色方法，其格式如下所示。

```
color:#RRGGBB;
```

RR、GG 和 BB 都是两位的十六进制数字。RR 代表对象颜色中红色的深度，GG 代表对象颜色中绿色的深度，而 BB 则代表对象颜色中蓝色的深度。通过描述这 3 种颜色（3 原色），即可组合出目前可在显示器中显示的所有 1600 多万种颜色。例如，白色即"#ffffff"，红色即"#ff0000"，黑色即"#000000"。

当表示每种原色的两位十六进制数字相同时，可将其缩写为一位。例如，颜色"#ff6677"可缩写为"#f67"。

（2）英文名称单词值

颜色的英文名称也是一种较为直观的颜色表示方法，通常情况下，开发者可以使用 17 种颜色名称来表示各种基本的颜色，如表 8-7 所示。

表 8–7　常用颜色及其英文名称和十六进制值

颜色名	十六进制值	英文名称	颜色名	十六进制值	英文名称
黑色	#000000	black	白色	#ffffff	white
红色	#ff0000	red	黄色	#ffff00	yellow
浅绿	#00ff00	lime	天蓝	#00ffff	aqua
蓝色	#0000ff	blue	品红	#ff00ff	fuchsia
深灰	#808080	gray	银灰	#c0c0c0	silver
深红	#800000	maroon	褐黄	#808000	olive
深绿	#008000	green	靛青	#008080	teal
深蓝	#000080	navy	深紫	#800080	purple
透明	-	transparent			

除以上 17 种颜色外，微软公司的 IE 系列 Web 浏览器还另外支持对 140 余种颜色以

英文名称的方式表示。在使用颜色的英文名称来表述颜色时需要注意，不同的 Web 浏览器在识别这些名称时，解析的结果可能有所区别。一些早期的 Web 浏览器会以不正确的方式解析颜色，因此，在此并不推荐大范围使用英文名称表示颜色。

（3）百分比函数

百分比数字函数也是一种常见的颜色表示方式。其原理是将色彩的深度以百分比的形式来表示，其使用方法如下所示。

```
color:rgb(100%,100%,100%);
```

在百分比颜色表示方式中，第一个值为红色，第二个值为绿色，第三个值为蓝色。色彩的百分比越大，则其色彩深度越大。

（4）十进制数字函数

十进制数字表示法其原理和百分比表示法相同，都是通过描述数字的大小来控制颜色的深度。其书写格式也与百分比表示法类似，如下所示。

```
color:rgb(255,255,255);
```

十进制数字表示法表示颜色的数值范围为 0～255，数值越大，则该颜色的色深也就越大。

2．长度值

长度值主要用于衡量网页元素样式中的各种与距离、空间相关的属性，定义这些属性中的距离因素。CSS 的长度值主要包括两种，即绝对长度值和相对长度值。

（1）绝对长度值

绝对长度值是指在设计中使用的衡量物体在实际环境中长度、面积、大小等的单位。通常情况下其很少在网页中使用，常用于实体印刷中。但是在一些特殊的场合，使用绝对单位是非常必要的。CSS 支持以下几种绝对长度单位，如表 8-8 所示。

表 8-8 CSS 绝对长度单位

英 文 名 称	中 文 名 称	说　　明
in	英寸	在设计中使用最广泛的长度单位
cm	厘米	在生活中使用最广泛的长度单位
mm	毫米	在研究领域使用较广泛的长度单位
pt	磅	在印刷领域使用非常广泛，也称点，其在 CSS 中的应用主要用于表示字体的大小
pc	派卡	在印刷领域经常使用，1 派卡等于 12 磅，所以也称 12 点活字

（2）相对长度值

相对长度值与绝对长度值相比，其在 Web 开发中应用更加广泛，会受到 Web 应用输出的显示屏幕影响，包括屏幕分辨率、屏幕可视区域、浏览器设置和相关元素的大小等多种因素。CSS 支持以下几种相对长度单位，如下所示。

❑ em

em 单位表示字体对象的行高。其能够根据字体的大小属性值来确定大小。例如，当设置字体为 12px 时，1 个 em 就等于 12px。如果网页中未确定字体大小值，则 em 的单位高度根据浏览器默认的字体大小来确定。在 IE 浏览器中，默认正文文本的字体高度为 16px。

❑ **ex**

ex 是衡量小写字母在网页中的大小的单位。其通常根据所使用的字体中小写字母 x 的高度作为参考，在实际使用中，浏览器将通过 em 的值除以 2 得到 ex 值。

❑ **px**

px，就是像素，显示器屏幕中最小的基本单位。px 是网页和平面设计中最常见的单位，其取值是根据显示器的分辨率来设计的。

❑ **百分比**

百分比也是一个相对单位值，其必须通过另一个值来计算，通常用于衡量对象的长度或宽度。在网页中，使用百分比的对象通常取值的对象是其父对象。

3．URL 值

URL（Uniform Resource Locator，统一资源定位符）用于描述 Internet 上网页文档和其他资源的物理地址，其本身有两种形式，即绝对 URL 和相对 URL 等。

（1）绝对 URL

绝对 URL 是 URL 的完整书写形式，即包含完整地协议、授权、服务器、端口、路径、文件名、参数、值以及锚记的 URL 地址，其书写方式如下所示。

```
Protocol://Authorization@Server:Port/Path/Document?Argument=Value#Anchor
```

在上面的伪代码中表示了完整的绝对 URL 书写方式，其中各关键字的意义如表 8-9 所示。

▦ **表 8-9** 绝对 URL 的构成

关　键　字	作　　用
Protocol	URL 的协议，常用的协议诸如 HTTP、HTTPs、FTP、File 等，分别用于超文本传输、安全的超文本传输、文件传输以及本地文件引用等。在网站项目中最常用的是 HTTP 以及 HTTPs 等
Authorization	URL 访问的鉴权，该鉴权在 FTP 等需要鉴权的协议中比较常用，书写方式为 User:Password，即用户名+ ":" +密码
Server	服务器的地址，其可以是服务器的 IP 地址，也可以是服务器的域，包括局域或广域等，也可以是广域中的子域
Port	端口号。TCP/IP 协议规定其协议下所有主机都包含 65535 个端口，其端口号为 "0-65534"。一些特殊端口通常会被指定的协议默认占用，例如 FTP 协议默认占用 21 号端口，HTTP 协议默认占用 80 端口等。如果协议使用了默认端口，则无须在 URL 中书写端口号，否则必须书写端口号
Path	表示文档在服务器共享目录下的存储路径
Document	文档的名称和扩展名
Argument	查询文档内容时执行动态语句的参数
Value	查询文档内容时执行动态语句的参数值
Anchor	文档内的锚记

任何在互联网上发布的文档，其绝对 URL 都是在整个互联网上唯一的。绝对 URL 表示不依赖任何存储关系的调用文档的方法。在引用非本地或非当前主机的内容时必须

使用绝对 URL。

（2）相对 URL

相对 URL 是绝对 URL 的简化形式，用于表现在指定文件层级关系内的文件位置，其通常只包含路径和文件名等组成结构。相对 URL 的特点是比较简短，适合引用本地或当前主机内部的内容。

4．整数值

一些特殊的属性允许开发者以无单位的自然数定义属性的变化幅度，例如之后要介绍到的 font-weight 属性等。需要注意的是，自然数的属性值不应包含任何单位，绝大多数使用长度值作为属性值的属性都允许使用不带单位的数字"0"。

5．字符串值

字符串属性值的作用是用来形容一些特殊的数据内容，其内容由开发者自行编写和定义。在使用字符串属性值时，需要在值的两侧添加引号"""。最常见的字符串值就是文本内容的字体，例如，定义文本以宋体的方式显示，代码如下。

```
font-family : 'SimSun' ;
```

6．英文关键字

除以上几种属性值外，CSS 还支持采用英文单词关键字作为属性值，定义一些必须以文字描述的 CSS 属性，这些属性值通常与 CSS 属性紧密相关，被限定于指定属性内应用。例如，定义网页元素背景的重复性，就需要使用到 4 个关键字，即 repeat、repeat-x、repeat-y 以及 no-repeat 等，如下所示。

```
background-repeat : no-repeat ;
```

8.4　样式表的优先级

优先级是计算机开发的一个术语，其规定了计算机程序处理数据时的处理顺序。CSS 样式表是一种行解析的编程语言，Web 浏览器在解析 CSS 样式表时，以自上而下的顺序逐行判读，根据行的顺序将 CSS 样式表所描述的效果应用到 Web 页的 HTML 对象上。

8.4.1　选择的优先级

在默认的状态下，CSS 样式表越新（在代码文件中处于较为靠后的位置），则其优先级越高，反之，则优先级较低。这种优先级排序被称为默认优先级。除此之外，不同类型的选择器其在 Web 浏览器中的处理优先级是有所区别的。Web 浏览器在解析这些选择器时，还会依照选择器的覆盖选择范围对样式代码的优先级进行修正。通常情况下，选择器覆盖选择范围越广，则其优先级越低。

在 4 种基本的真选择器中，根据其覆盖 HTML 元素的范围，可以确定一个基本的优先级公式，如下所示。

标记选择器<类选择器<ID 选择器<属性选择器

如果一个 HTML 标记拥有多个 class 属性值，符合多个类选择器的 CSS 样式匹配，则 Web 浏览器将以加载的最后一个类选择器样式为准。

例如，在下面的代码中，HTML 的超链接标记 A 既包含有 id 属性，同时也包含多个 class 属性，代码如下。

```
<a href="http://www.baidu.com" title="百度一下，你就知道" id="baidu_link"
class="nav_link hyper_link">百度</a>
```

针对上面的代码，可以编写四条 CSS 样式规则，代码如下。

```
#baidu_link {
    color : #000 ;
}
.nav_link {
    color : #0f0 ;
}
.hyper_link {
    color : #00f ;
}
a {
    color : #f00 ;
}
```

在上面的代码中，ID 选择器"#baidu_link"的样式规则优先级最高，因此无论如何调整这四条 CSS 样式规则的顺序，超链接标记 A 最终显示的都是黑色（#000）。如果删除了 ID 选择器"#baidu_link"的样式规则，则类选择器".nav_link"和".hyper_link"中以最后一条的样式效果为准，超链接标记 A 默认显示为蓝色。仅有当 ID 选择器"#baidu_link"、类选择器".nav_link"和".hyper_link"都被删除的情况下，超链接 A 才会显示为红色。

8.4.2　属性的优先级

与 CSS 的选择类似，属性也同样具有优先级的概念，Web 浏览器在解析一条 CSS 样式规则时，同样会根据属性的顺序或提权来决定优先级的顺序。

在默认状态下，在同一个 CSS 样式规则中，属性的代码越新，则其优先级越高，反之则越低，这种优先级为默认优先级。例如，在下面的代码中，对文本前景色进行了多次描述，代码如下。

```
color : #f00 ;
color : #0f0 ;
color : #00f ;
```

在上面的代码中，Web 浏览器会依照默认的优先级逐行解析，并将最下方一行的同
属性数据作为应用到 Web 元素中的基准样式。如果需要人工对这一优先级进行干预，可
以使用重点操作符"!important"对某一条属性进行临时提权，代码如下所示。

```
color : #f00 ;
color : #0f0!important ;
color : #00f ;
```

在上面的代码中，共计依次书写了三条属性和属性值组成的样式语句，按照默认的
优先级规则，真正应用到 Web 元素的样式应为第三条语句，但是由于第二条样式语句拥
有重点操作符"!important"，因此 Web 浏览器会以这条样式语句为最终应用的基准。

在使用重点操作符"!important"时需要注意的是，重点操作符"!important"必须直
接跟随属性值书写，位于分号";"之前。一个语句只能添加一个重点操作符"!important"，
如若干属性都添加了重点操作符"!important"，则添加重点操作符"!important"的语句
之间仍然以默认优先级解析。

另外，重点操作符"!important"属于 CSS2.1 新增的功能，因此早期的 IE 浏览器
（Internet Explorer 6.0 及之前版本的 IE 浏览器）不支持此功能。

8.5 使用 CSS 设计器

在之前的小节中，已经详细介绍了 CSS 3.0 的一些基本使用方法，包括 CSS 的基本
语法、选择器、选择方法、属性和属性值等元素的使用等。了解了这些知识之后，开发
者实际上已经可以直接编写 CSS 样式代码，将其应用到网页文档中。

Dreamweaver CC 的特色就是为开发者提供可视化的方式来编辑网页，因此针对 CSS
样式表，Dreamweaver 提供了【CSS 设计器】面板，通过可视化的方式帮助开发者进行
网页的设计。

8.5.1 使用【CSS 设计器】面板

【CSS 设计器】面板是 Dreamweaver CC 为
开发者提供的最重要的可视化交互工具之一，
其作用是帮助开发者快速编辑 CSS 样式表，并
模拟显示网页元素的布局效果。

在 Dreamweaver 中执行【窗口】|【CSS 设
计器】命令，即可将【CSS 设计器】面板置于
显示状态，该面板将显示网页文档中所有已定
义的 CSS 样式表规则，如图 8-1 所示。

1.【CSS 设计器】面板界面

【CSS 设计器】面板主要分为四个窗格区
块，如下所示。

图 8-1　CSS 设计器面板

（1）源

【源】窗格的作用是显示当前网页文档中所有已经加载或关联的外部 CSS 样式表、内部 CSS 样式表，同时提供快捷的方式，允许开发者为网页文档新增样式表，或删除已经关联的样式表等。

（2）@媒体

HTML 中的外链标记 LINK 和样式标记 STYLE 都允许开发者定义 media 属性，用于决定样式表在不同客户端平台下的应用状况（媒体类型）。【@媒体】窗格的作用就是根据开发者在【源】窗格中选择的样式表源文件或内部样式表，显示这些样式表所应用的媒体类型，并允许开发者在此面板中更改这些样式表所应用的媒体类型。

（3）选择器

该窗格将会根据开发者在【源】窗格中选择的样式表源文件或内部样式表，显示这些样式表中所有的选择器和选择方法。开发者可以在此窗格中为指定的样式表和媒体文件添加、编辑和删除选择器规则和对应的属性规则。

（4）属性

根据开发者在【选择器】窗格中所选择的选择器或选择方法，显示对应的属性设置以及一些预览信息，诸如盒模型等。开发者可以在此窗格中编辑指定选择规则下的属性以及属性值。

2．【CSS 设计器】与网页文档

【CSS 设计器】是与上下文相关的。这意味着，对于任何给定的上下文或选定的页面元素，用户都可以查看关联的选择器和属性，如图 8-2 所示。

图 8-2　网页元素与 CSS 设计器

并且，在【CSS 设计器】中选中某选择器时，关联的源和媒体查询将在各自的窗格中高亮显示，如图 8-3 所示。

提　示

选中某个页面元素时，在【选择器】窗格中将选中【已计算】选项。单击一个选择器可查看关联的源、媒体查询或属性。若要查看所有选择器，可以在【源】窗格中选择【所有源】选项。若要查看不属于所选【源】中的任何媒体查询的选择器，需要在【@媒体】窗格中选择【全局】选项。

图 8-3 代码与设计器

8.5.2 创建和附加样式表

在【CSS 设计器】面板中，用户可以创建 CSS 文件、附加 CSS 文件，以及在页面中定义 CSS 样式等。

1．创建新文件

在【CSS 设计器】面板的【源】窗格中，单击【添加 CSS 源】按钮，然后在弹出的列表中，执行【创建新的 CSS 文件】命令，如图 8-4 所示。

根据用户执行的选项，将弹出【创建新的 CSS 文件】对话框，并且【添加为】默认选择为【链接】选项，如图 8-5 所示。

图 8-4 创建 CSS 文件   图 8-5 创建新的 CSS 文件

在该对话框中，开发者可以快速为网页文档链接一个外部样式表，也可以将外部样式表文件导入到当前网页文档，使之成为内部样式表，其作用如表 8-10 所示。

在决定了 CSS 样式表的存放方式以及所应用的媒体查询条件之后，开发者即可单击【确定】按钮，为网页文档绑定 CSS 样式表或将外部的 CSS 样式表引入到当前网页文档中。

第 8 章 使用样式表

271

表 8–10 创建 CSS 文件的各种属性

属　　性			作　　用
文件 URL			链接或导入的外部 CSS 样式表文件 URL
添加为	链接		以链接的方式将外部 CSS 样式表与当前网页文档关联，在开发者选定的位置创建 CSS 文件
	导入		将外部样式表的所有代码导入到当前网页文档，生成内部样式表
有条件使用（可选）			显示或隐藏【创建新的 CSS 文件】高级选项（即样式表所应用的条件）
条件	media		为样式表添加媒体声明，定义其可作用的设备类型，具体类型请参考之前相关小节外链标记 LINK 的 media 属性
	orientation	landscape	页面旋转设置，定义禁止输出设备页面可见区域高度大于或等于宽度（即禁止竖屏显示）
		portrait	允许输出设备中页面可见区域的高度大于或等于宽度（即允许竖屏显示）
	min-width		定义样式表在指定最小页面宽度情况下可用
	max-width		定义样式表在指定最大页面宽度情况下可用
	width		定义样式表在指定页面宽度情况下可用
	min-height		定义样式表在指定最小页面高度情况下可用
	max-height		定义样式表在指定最大页面高度情况下可用
	height		定义样式表在指定页面高度情况下可用
	min-resolution		定义样式表在指定最小页面分辨率情况下可用
	max-resolution		定义样式表在指定最大页面分辨率情况下可用
	resolution		定义样式表在指定页面分辨率情况下可用
	min-device-aspect-ratio		定义样式表在指定最小设备显示屏宽高比情况下可用
	max-device-aspect-ratio		定义样式表在指定最大设备显示屏宽高比情况下可用
	device-aspect-ratio		定义样式表在指定设备显示屏宽高比情况下可用
	min-aspect-ratio		定义样式表在指定最小页面显示区域宽高比情况下可用
	max-aspect-ratio		定义样式表在指定最大页面显示区域宽高比情况下可用
	aspect-ratio		定义样式表在指定页面显示区域宽高比情况下可用
	min-device-width		定义样式表在指定最小设备宽度情况下可用
	max-device-width		定义样式表在指定最大设备宽度情况下可用
	device-width		定义样式表在指定设备宽度情况下可用
	min-device-height		定义样式表在指定最小设备高度情况下可用
	max-device-height		定义样式表在指定最大设备高度情况下可用
	device-height		定义样式表在指定设备高度情况下可用
代码			显示开发者选择的样式表应用条件

2．附加 CSS 文件

附加 CSS 文件可以将现有的 CSS 文件附加到当前网页文档，其方法与创建新 CSS 文档类似，在【CSS 设计器】面板的【源】窗格中，单击【添加 CSS 源】按钮➕，然后即可执行【附加现有的 CSS 文件】命令，如图 8-6 所示。

此时，Dreamweaver 将弹出【使用现有的 CSS 文件】对话框，该对话框的界面与【创建新的 CSS 文件】对话框内容大体类似，如图 8-7 所示。

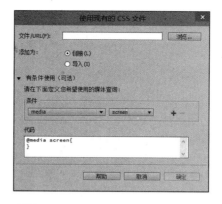

图 8-6 附加现有的 CSS 文件　　　　**图 8-7** 使用现有的 CSS 文件

该对话框与【创建新的 CSS 文件】对话框最大的区别在于【浏览】按钮 浏览… 的功能不同。在【创建新的 CSS 文件】对话框中，选择其【浏览】按钮 浏览… 的作用是选择指定的路径，创建一个 CSS 样式表文件；而在【使用现有的 CSS 文件】对话框中，选择【浏览】按钮 浏览… 的作用是选择指定路径位置下已经创建好的 CSS 文件，将其导入或绑定到当前网页文档。

8.5.3 定义媒体应用类型

在创建或引入 CSS 文件时，开发者可以通过【创建新的 CSS 文件】以及【使用现有的 CSS 文件】对话框，定义这些 CSS 文件的媒体应用类型。在引入或绑定 CSS 文件之后，开发者仍然可以通过 Dreamweaver CC 的【CSS 设计器】面板内的【@媒体】窗格，修改这些 CSS 文件的媒体应用类型。

在修改媒体应用类型时，开发者应先在【CSS 设计器】面板的【源】窗格中选择指定的 CSS 样式表源，然后再在【@媒体】窗格中进行修改或编辑操作。例如，添加一个媒体应用类型，可单击【@媒体】窗格中的【添加媒体查询】按钮 ，如图 8-8 所示。

然后即可在弹出的【定义媒体查询】对话框中选择条件类型，并定义该条件类型下的具体条件内容。例如，设置条件类型为 "resolution"，定义条件内容为 "72dpi"，如图 8-9 所示。

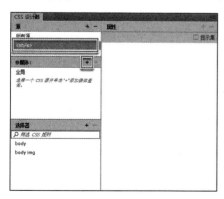

图 8-8 添加媒体查询　　　　**图 8-9** 设置媒体应用类型的条件

将鼠标光标移动到该条件内容的右侧，此时，右侧将显示【添加条件】按钮➕，单击此按钮，然后即可保存此条件，将此条件与其他条件合并使用，如图 8-10 所示。

图 8-10 创建媒体应用类型的条件

在完成所有条件的编辑之后，单击【确定】按钮即可将媒体应用类型应用到样式表中。

提 示

目前对多个条件只支持"And"运算。如果通过代码添加媒体查询条件，则只会将受支持的条件填入"定义媒体查询"对话框中。然而，该对话框中的"代码"文本框会完整地显示代码（包括不支持的条件）。

8.5.4 设置 CSS 规则

在完成样式规则源以及媒体应用类型的设置之后，即可在【CSS 设计器】面板的【选择器】窗格和【属性】窗格定义具体的 CSS 规则，以可视化的方式来决定网页元素的显示效果。

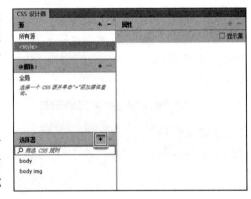

图 8-11 添加选择器

1. 定义选择器

在【CSS 设计器】面板的【选择器】窗格中，单击【添加选择器】按钮➕。根据在文档中选择的元素，【CSS 设计器】会智能确定并提示使用相关选择器，如图 8-11 所示。

然后，即可在【选择器】窗格下方新增的输入框中输入选择规则，诸如选择器，或选择方法等，按下回车之后，即可完成选择规则的创建，如图 8-12 所示。

【选择器】窗格不仅可以创建 CSS 的选择规则，还支持开发者对已有的选择规则进行搜索和编辑，方法如下。

- ❑ 若要搜索特定选择器，使用窗格顶部的搜索框。
- ❑ 若要重命名选择器，单击该选择器，然后输入所需的名称。
- ❑ 若要重新整理选择器，将选择器拖至所需位置。
- ❑ 若要将选择器从一个源移至另一个源，可以将该选择器拖至【源】窗格中所需的源上。
- ❑ 若要复制所选源中的选择器，可以右击该选择器，然后执行【复制】命令。
- ❑ 若要复制选择器并将其添加到媒体查询中，如右击该选择器，将鼠标悬停在【复制到媒体查询中】上，然后选择该媒体查询。

提 示

只有选定的选择器的源包含媒体应用条件时，"复制到媒体查询中"选项才可用。在【CSS 设计器】中，Dreamweaver 禁止从一个源将选择器复制到另一个源的媒体应用条件中。

2．定义属性

CSS 样式表的属性类型包含许多种，在 Dreamweaver CC 的【CSS 设计器】面板中，大体将其分为 5 个类型，即布局、文本、边框、背景以及其他等。在默认状态下，Dreamweaver CC 的【CSS 设计器】会显示选择器的"布局"CSS 属性，如图 8-13 所示。

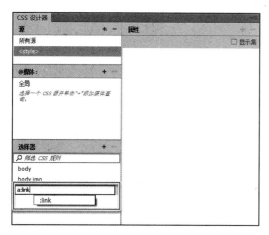

图 8-12 创建选择规则

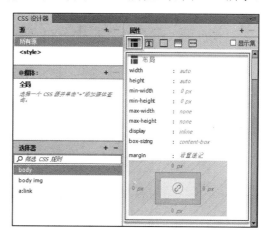

图 8-13 CSS 的布局属性

开发者可以在【属性】窗格内的选项卡组中单击【文本】按钮、【边框】按钮、【背景】按钮以及【自定义】按钮等，在更新的界面中分别以可视化的方式定义网页元素对应类型的 CSS 属性。

8.6 课堂练习：景点介绍页

在编写网页时，需要使用到 XHTML 的列表技术制作导航条，并使用定义列表和标题标签实现文本的排版。然后，再通过 CSS 样式表，来定义文档中的标签样式，如图 8-14 所示。

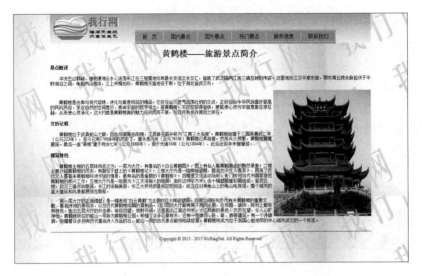

图 8-14 景点介绍页

操作步骤：

1 在 Dreamweaver 中，创建一个空白文档。然后，在【文档】栏的【标题】文本框中输入"景点介绍页"文本，最后保存 HTML 文档，如图 8-15 所示。

图 8-15 设置网页标题

2 将光标置于"body"代码标签内，插入 3 个 id 分别为"header"、"content"和"footer"的 div 标签，用来布局整个页面，代码如下所示。

```
<body>
<div id="header"> </div>
<div id="content"></div>
<div id="footer"></div>
</body>
```

3 将光标置于 id 为 header 的 div 标签内，插入 id 分别为 "logo" 和 "nav" 的两个 div 标签，代码如下所示。

```
<div id="header">
  <div id="logo"></div>
  <div id="nav"></div>
</div>
```

4 在 id 为 logo 的 div 标签内插入 logo 图像。然后在 id 为 nav 的 div 标签内插入项目列表，代码如下所示。

```
<div id="header">
  <div id="logo"><img src="images/
logo.jpg" /></div>
  <div id="nav">
    <ul>
      <li></li>
      <!--……-->
      <li></li>
    </ul>
  </div>
</div>
```

5 然后，在 li 标签内输入列表项内容，并为列表项添加链接，href 指向链接页地址，代码如下所示。

```
<div id="nav">
    <ul>
        <li><a  href="index.html">
首页</a></li>
        <!--……-->
        <li><a href="contact.html">
联系我们</a></li>
```

```
            </ul>
        </div>
```

6 执行【文件】|【新建】命令，在弹出的【新建文档】对话框中，【页面类型】选择 CSS，单击【创建】按钮，创建 CSS 文件，并执行保存命令将该文件保存至项目所在目录的 styles 文件夹内。

7 在网页页面中，将光标置于 head 标签内，使用 link 标签链接刚刚创建 CSS 文件，代码如下所示。

```
<link  href="styles/index.css"
rel="stylesheet" type="text/css" />
```

8 在 CSS 文件内，使用标签选择器定义 body 标签的样式。其中，定义整个页面边距、显示方式、背景颜色、页面宽度等属性，代码如下所示。

```
body {
    margin:0px auto;
    background-color:#e3e3e3;
    font-size:12px;
    width:900px;
    background-image:url(../
    images/bg.jpg) !important;
}
```

9 使用 id 选择器定义 id 为 header 和 logo 的 div 标签的样式。定义 header 的上边距、高度；logo 的显示方式、宽度、高度、浮动方式等属性，代码如下所示。

```
#header {
    height:80px;
    background-image:url(../
    images/tbg.jpg);
}
#header #logo {
    display:block;
    width:200px;
    height:70px;
    float:left;
}
```

10 定义 id 为 nav 的 div 标签的 CSS 样式。定义显示方式、宽度、高度、浮动方式、边距

等属性，代码如下所示。

```
#header #nav {
    display:block;
    width:570px;
    height:35px;
    float:left;
    margin-top:30px;
    margin-left:40px;
    font-size:14px;
    font-family:"宋体";
}
```

11 然后，定义 id 为 nav 的 div 中的项目列表标签的 CSS 样式，包括整个项目列表、列表项。定义项目列表浮动方式、内边距、宽度等属性，定义列表项的显示方式，代码如下所示。

```
#header #nav ul {
    float:left;
    padding: 0px;
    list-style: none;
    background-image:url(../
    images/navbjtemp.jpg);
}
#header #nav ul li {
    display: inline;
}
```

12 定义列表项中链接和鼠标经过链接的 CSS 样式。定义链接的浮动方式、内边距、文本对齐方式、文本类型等属性；定义鼠标经过链接时的文本颜色，代码如下所示。

```
#header #nav ul li a {
    float: left;
    padding: 11px 20px;
    text-align: center;
    text-decoration: none;
    color:#000;
    background-image:url(../
    images/navim.png);
    background-repeat:no-
    repeat;
    background-position:center
    right;
}
#header #nav li a:hover {
    color:#FFF;
}
```

13 将光标置于 id 为 content 的 div 标签内，插入一级标题标签 h1，并在 h1 标签内输入标题文本，代码如下所示。

```
<div id="content">
    <h1>黄鹤楼——旅游景点简介</h1>
</div>
```

14 再向 id 为 content 的 div 标签内插入定义列表，在 dt 标签内插入四级标题 h4，并向 dl 标签内插入段落和图像，还可以用同样的方法向定义列表中插入多个定义术语和定义，代码如下所示。

```
<dl>
    <dt>
        <h4>景点概述</h4>
    </dt>
    <dd>
        <p>冲决巴山……位于湖北省武汉市。</p>
        <img src="images/hhl.jpg" alt=""/>
        <p>黄鹤楼是古典……与日月共长
```

存原因之所在。</p>
```
    </dd>
    <!--………-->
</dl>
```

15 将光标置于 id 为 footer 的 div 标签内，插入段落，段落内容为该网页的版权信息，代码如下所示。

```
<div id="footer">
    <p>Copyright &copy; 1998 - 2011 WoXingNet. All Rights Reserved</p>
</div>
```

16 定义 id 为 footer 的 div 标签的 CSS 样式。定义文本颜色、字体大小和文本对齐方式等属性，代码如下所示。

```
#footer {
    color:#666;
    font-size:12px;
    text-align:center;
}
```

8.7 课堂练习：文章页面

　　网页中大量的文章都是由一个个的段落组合到一起的，本练习通过定义段落属性、文本属性来制作时尚网页页面，如图 8-16 所示。

图 8-16　添加文章内容

操作步骤：

1 打开素材页面 "index.html"，将光标置于 ID 为 leftmain 的 Div 层中，单击【插入 Div 标签】按钮，如图 8-17 所示。

○ 图 8-17 ▸ 插入<div>标签

2 创建 ID 为 title 的 Div 层，并设置其 CSS 样式属性，如背景颜色、边框颜色、高度等，如图 8-18 所示。

○ 图 8-18 ▸ 设置 CSS 样式

3 在 ID 为 title 的 Div 层中输入文本，然后选择文本，在【属性】检查器中设置文本【链接】为 "javascript:void(null);"，如图 8-19 所示。

○ 图 8-19 ▸ 添加文本及链接

4 再单击【插入 Div 标签】按钮，创建 ID 为 homeTitle 的 Div 层，并设置其 CSS 样式属性。将光标置于 ID 为 homeTitle 的 Div 层中，分别创建 ID 为 htitle、publish、mark 的 Div 层，并定义其 CSS 样式属性，如图 8-20 所示。

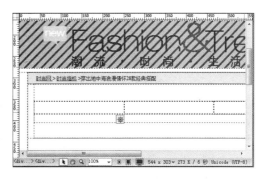

○ 图 8-20 ▸ 添加其他 Div 层

5 将光标置于 ID 为 htitle 的 Div 层中，输入文本。再将光标置于 ID 为 publish 的 Div 层中，分别嵌套 ID 为 zz、times、pl 的 Div 层，并设置其 CSS 样式属性。其中，ID 为 times、pl 的两个 Div 层 CSS 样式属性设置相同。然后在这三个 Div 层及 ID 为 mark 的 Div 层中输入相应的文本，如图 8-21 所示。

○ 图 8-21 ▸ 添加文本及样式

6 在 CSS 样式中分别创建类名称为 font2、font3 的样式，然后选择文本，在【属性】检查器中，设置【类】。然后，单击【插入 Div 标签】按钮，创建 ID 为 mainHome 的 Div 层，并设置其 CSS 样式属性，如图 8-22 所示。

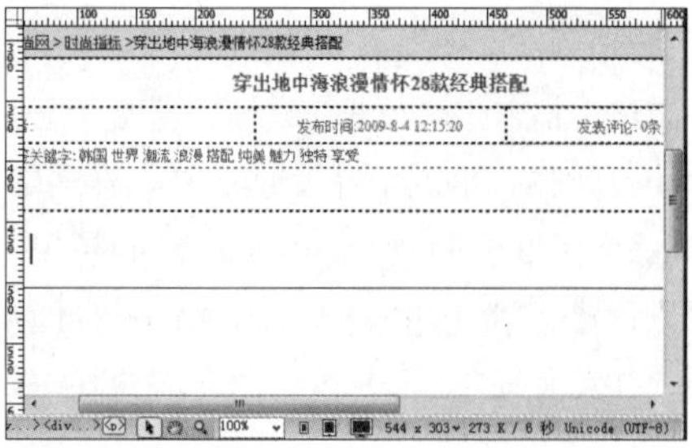

图 8-22 添加 Div 层

[7] 将光标置于 ID 为 mainHome 的 Div 层中，输入文本，一共分为 4 个段落。在标签栏选

择 P 标签，在 CSS 样式中定义其行高、文本缩进等 CSS 样式属性，如图 8-23 所示。

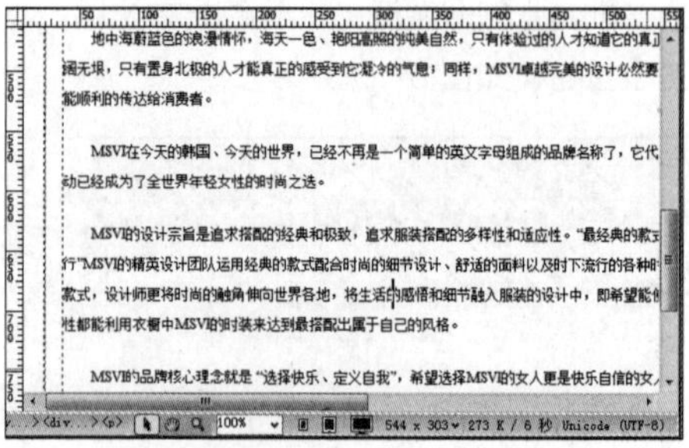

图 8-23 添加并设置文本样式

8.8 思考与练习

一、填空题

1. 在网站项目中，开发者可以使用三种类型的 CSS 样式表与网页文档建立关联，即_____、_____和_____。

2. CSS 样式表分为两个部分，即_____、_____。

3. CSS 样式表的每一条样式规则都由_____和_____组成。

4. CSS 样式表的选择器中，_____的优先级最高，其次为_____，再次为_____，最低者为_____。

5. Dreamweaver 的【CSS 设计器】面板分为_____、_____、_____以及_____等 4 个区块。

二、选择题

1. 外部 CSS 样式表需要通过 HTML 5 的_____标记导入网页文档中。
   A. 样式标记 STYLE
   B. 脚本标记 SCRIPT
   C. 超链接标记 A
   D. 外链标记 LINK

2. 内部 CSS 样式表需要通过 HTML5 的_____标记来存放样式代码。
   A. 样式标记 STYLE
   B. 脚本标记 SCRIPT
   C. 超链接标记 A
   D. 外链标记 LINK

3. 在定义网页元素在鼠标滑过时的状态时，需要使用到_____伪类选择器。
   A. :hover
   B. :link
   C. :focus
   D. :visited

4. 在设置指定层级关系下的子元素时，可以使用_____来选择此元素。
   A. 分组选择
   B. 派生选择
   C. 全局匹配
   D. 追溯选择

5. 以下哪种类型的数据无法表示 CSS 样式表中的颜色？
   A. 十六进制数字
   B. 十进制数字
   C. 英文名称单词
   D. 百分比函数

6. 使用_____可以提升属性的优先级。
   A. 重点操作符
   B. 提权符号
   C. 大括号
   D. 小括号

三、简答题

1. 简述 CSS 的语法规则。
2. CSS3 的新增功能都有哪些？
3. CSS3 的属性选择器都有哪些优点？
4. CSS 属性的值都有哪些类型？
5. 如何改变选择器的优先级？

第 9 章

使用表单

网页最重要的功能就是与终端用户进行交互，获取终端用户输入或操作产生的各种数据，将其传递到服务器端应用程序中，由服务器端程序处理或存储。

HTML 5 在 XHTML 基础上继承了所有原始表单交互组件，同时对这些交互组件进行了拓展，增加了一些全新的富交互内容组件，通过这些新交互组件来提升用户的交互体验。

本章将详细介绍各种 XHTML 原始表单交互组件和 HTML 5 新增的富交互内容组件，并介绍如何通过 Dreamweaver CC 将其应用到网页文档中。

本章学习要点：

➢ 表单概述
➢ 表单容器组件
➢ 标签和数据集
➢ 输入组件
➢ 菜单列表组件
➢ 按钮组件
➢ 文本区域组件

9.1 表单组件概述

当用户在 Web 浏览器中显示的 Web 表单中输入信息，然后单击提交按钮时，这些信息将被发送到服务器，服务器中的服务器端脚本或应用程序会对这些信息进行处理。服务器向用户（或客户端）发回所处理的信息或基于该表单内容执行某些其他操作，以此进行响应。

表单是一种特殊的网页标记。使用这些网页标记，开发者可以向终端用户提供各种类型的交互操作目标，以快速捕获用户的一些特殊交互操作，诸如鼠标单击、鼠标滚轮滑动、鼠标选择、键盘输入等，在终端用户单击表单的【提交】按钮之后，Web 浏览器会将这些交互操作所产生的数据提交给服务器，由服务器来进行处理，诸如存储到数据库，以及通过刷新页面反馈给终端用户，或通过 Ajax 技术直接反馈给终端用户等。

以上这种业务处理机制是所有基于服务器端应用程序的动态网页的基本业务流程，如图 9-1 所示。

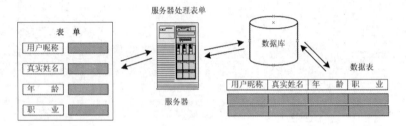

图 9-1　动态网页的基本业务流程

表单组件捕获的用户操作数据可以提交给多种服务器端应用程序，诸如 ASP、PHP、ASP.NET、JSP 等。在互联网中，绝大多数网站都通过表单技术来与终端用户进行人机数据交互。了解表单技术，有助于开发者实现完整地动态交互网站。

9.2　使用表单容器

表单容器又被称作表单域，其本身在网页文档中并不会直接显示出来，而是作为一种容器，用于存储一系列通过同一个提交按钮提交数据的表单组件。

在一个表单容器中，通常只能存放一个【提交】按钮和一个【重置】按钮，以及若干交互表单组件，当终端用户操作这些交互表单组件之后，单击【提交】按钮即可将这些数据提交，而单击【重置】按钮之后可将这些交互表单组件初始化为页面加载时的初始状态。

在传统的 HTTP Post 或 HTTP Get 表单提交方法体系下，表单容器的作用是不可替代的，所有数据的交互提交都必须依赖表单容器进行。仅有当开发者采用异步交互方式（Ajax）提交数据时，才可以通过 JavaScript 以虚拟表单容器的方式来提交数据。

9.2.1　插入表单容器

在 Dreamweaver 中，开发者可以通过【插入】面板来插入表单容器。在"设计"视图下开启【插入】面板，选择【表单】选项卡，然后即可单击【表单】按钮 表单 ，插入表单容器，如图 9-2 所示。

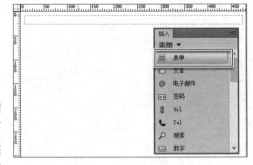

图 9-2　插入表单容器

在"设计"视图下，Dreamweaver CC 默认以红色虚线来显示表单容器，将其与普通网页元素区分开来。

开发者除了可以在"设计"视图通过【插入】面板来插入表单外，也可以通过"代码"视图直接使用 HTML 结构语言的表单容器标记 FORM 定义一个表单，代码如下。

```
<form action="http://www.test.com/login" method="post">
</form>
```

HTML 5 的表单容器标记 FORM 与其他 HTML 5 标记类似，都具有一些属性以定义表单的属性，如表 9-1 所示。

表 9-1　HTML 5 表单容器标记 FORM 的属性

属　　性	值	作　　用
accept-charset	字符集列表	定义服务器端应用程序可处理的表单字符集
action	URL	定义表单提交数据的服务器端对应接口程序 URL
autocomplete	on	启用表单的自动完成功能
	off	禁用表单的自动完成功能
enctype	application/x-www-form-ulrencoded	默认值，在发送表单之前编码所有字符
	multipart/form-data	不对字符编码（请勿在需要使用文件上传组件时定义此属性）
	text/plain	将空格转换为加号"+"，但不对特殊字符编码
method	get	使用 HTTP Get 方法传递数据
	post	使用 HTTP Post 方法传递数据
name	字符串	定义表单的名称
novalidate	novalidate	使用此属性后，提交表单之间 Web 浏览器不会对数据进行验证
target	_blank	以新窗口的方式打开反馈的 URL
	_self	在打开反馈的 URL 时，定义将文档加载到包含该链接的父框架集或窗口中。如果目标框架不是嵌套的，则文档将加载到整个浏览器窗口中
	_parent	在打开反馈的 URL 时，定义在当前的窗口中打开文档
	_top	在打开反馈的 URL 时，定义将文档加载到整个浏览器窗口中，并删除所有框架
	字符串	在打开反馈的 URL 时，定义将文档加载到浏览器窗口内指定 id 的框架内

在 HTML 5 结构语言中，开发者在定义表单容器标记 FORM 时，必须定义一个 action 属性，以定义提交数据的目标，同时也必须定义一个 method 属性，定义提交数据的方法。

在了解了以上各种表单容器标记 FORM 的属性之后，开发者即可自行编写表单容器 FORM 的代码，也可以方便地通过 Dreamweaver CC 提供的表单容器【属性】检查器来设置表单的属性，如图 9-3 所示。

9.2.2　HTTP 数据交互方法

上一小节中介绍了 HTML 5 的表单容器标记 FORM，该标记具备一个 method 属性以定义提交数据所采用的 HTTP 方法，主要包括两种，即 HTTP POST 方法和 HTTP GET 方法。这两种方法也是所有客户端和服务器端之间传输数据的基本方法。

1．HTTP POST 方法

Post 方法的作用是向指定的服务器端资源提交要被处理的数据，其可以向服务器端发送一个存储多种类型信息的对象，通过该对象中的属性来实现数据的传递。如果开发者使用 Web 浏览器的开发者工具来抓取 Post 方法向服务器端传输的数据，那么大概可以捕获到的报文如下所示。

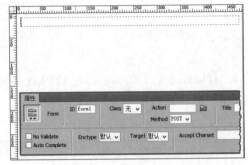

图 9-3　设置表单容器标记的属性

```
POST Path HTTP/1.1
Host: HostName
Key1=Value1&Key2=Value2……
```

在上面的伪代码中，Path 关键字表示 Post 方法请求的具体路径；HostName 关键字表示请求的主机域名或 IP 地址；Key1、Key2 等关键字表示传输的键名；Value1、Value2 等关键字表示传输的键名对应的值。

例如，向本地主机 127.0.0.1 下的 Test/test.php 地址传输两个值，分别为用户的账户名 account，其值为 SeraChain，密码 password，其值为 123456，那么其传递的值应如下所示。

```
POST /Test/test.php HTTP/1.1
Host: 127.0.0.1
account=SeraChain&password:123456
```

Post 方法本身具有以下几种特性：
- Post 方法的请求不会被缓存
- Post 方法的请求也不会被保留到 Web 浏览器的历史记录中
- Post 方法的请求生成的页面不能被收藏到 Web 浏览器的收藏夹中
- Post 方法的请求对数据的长度没有要求

因此，如果开发者的服务器无法使用缓存文件，或需要用户上传某些指定类型的文件，再或者需要发送包含位置类型字符的数据时，必须使用 Post 方法来传递数据。Post 方法更适合处理一些向服务器提交的重要类型数据，其传递数据的方式更加可靠和安全。

Post 方法支持多种类型的编码，诸如 application/x-www-form-urlencoded、multipart/form-data、text/plain 等类型的编码都可以被应用到 POST 方法中（通过表单容器标记 FORM 的 enctype 属性），可以传递字符串，也可以传递二进制数据。

2．HTTP GET 方法

Get 方法的作用是从指定的服务器资源请求数据，其可以较快的速度从服务器获取简单的数据，通过一个简单的键/值字符串来传递数据，实现前后端数据交互。Get 方法必须通过 URL 来传递或请求数据，使用 Get 方法将获取到字符串格式的数据，如下所示。

```
Path?Key1=Value1&Key2=Value2……
```

在上面的伪代码中，Path 关键字表示请求的服务器中指定的路径；Key1、Key2 关键字表示请求的键；Value1、Value2 关键字表示请求的值。

例如，以 Get 方法的方式向本地主机 127.0.0.1 下的 Test/test.php 地址传输两个值，分别为用户的账户名 account，其值为 SeraChain，密码 password，其值为 123456，那么其传递的值应如下所示。

```
Test/test.php?account=SeraChain&password=123456
```

Get 方法本身具有以下几种特性：
❑ 相对 Post 方法而言，Get 方法的速度稍快
❑ Get 方法的请求可以被缓存
❑ Get 方法的请求会被保留到 Web 浏览器的历史记录中
❑ Get 方法的请求生成的页面可以被收藏到 Web 浏览器的收藏夹中
❑ 由于 Get 方法传输的数据都会被以明文的方式显示在 URL 中，因此 Get 方法不适合在处理一些敏感数据时使用（诸如用户的密码等）
❑ Get 方法具有长度的限制，通常情况下净支持不超过 2048 个字符的数据传递

Get 方法更适合从 Web 服务器中取回一些非敏感类型的数据，以较快的速度来将这些数据加载到 Web 页中。如果需要向服务器提交一些复杂而敏感的数据，则不应使用 Get 方法。

Get 方法仅支持 application/x-www-form-urlencoded 类型的编码（也一样通过表单容器标记 FORM 的 enctype 属性），只允许传输未编码和加密的普通字符串。

9.2.3 使用标签与数据集

在表单容器标记 FORM 内，如果开发者需要通过文本来描述某一个或某一些表单组件，或将若干表单组件以组的方式显示，则需要使用到表单的标签组件以及数据集组件。标签组件和数据集组件本身不承担数据前后端交互的任务，仅仅用于表单的显示效果。

1. 标签组件

表单标签组件的作用是显示一段文本，用于描述某一个或某一组表单组件。标签组件还可以将一些交互组件包裹起来，扩大交互组件的焦点区域，当用户鼠标单击标签组件时，标签组件可以将焦点自动转移到其包含的交互组件上。

HTML 5 通过标签标记 LABEL 来实现表单标签的功能，并存储标签组件的文本内容，在下面的代码中，就使用了标签组件包括两个单选按钮类型的输入组件，定义组件的名称，代码如下。

```
<label><input type="radio" name="gender" value="male" />男</label>
<label><input type="radio" name="gender" value="female" />女</label>
```

标签组件是最简单的交互组件，其除了可以包裹其他交互组件（例如输入组件、列表菜单组件和文本域组件等）之外，还可以在非包裹的状态下与这些交互组件关联，同样起到捕获用户鼠标焦点的功能，此时需要使用到标签标记的 for 属性。

标签标记的 for 属性其属性值通常为标签组件关联的其他交互组件的 id 属性值，例如，当一个文本域类型的输入组件 id 为 account，那么可以通过此 id 属性与标签组件建立关联，代码如下。

```
<label for="account">账户名称</label>
<input type="text" name="username" id="account" />
```

在 Dreamweaver 中，开发者可以直接在"代码"视图中以输入代码的方式制作标签组件，也可以在【插入】面板的"表单"选项卡内单击【标签】按钮 abc 标签 ，直接在"设计"视图中插入一个标签组件，并输入标签内容，如图 9-4 所示。

在标签组件的【属性】检查器中，开发者可以设置标签组件的"for"属性，具体设置方式在此将不再赘述。

2. 数据集组件

数据集组件又被称作域集，其作用是为各

图 9-4 插入标签组件

种交互组件分组、分列，对交互组件进行归纳整理。在一些复选框类型的输入组件集合中，使用数据集组件可以更清楚地反映复选框组的范围，使交互组件更加富有条理。

数据集组件由数据集标记 FIELDSET 和数据集标题标记 LEGEND 组成，其关系类似表格标记 TABLE 和表格标题标记 CAPTION，但是相比之下，数据集标题标记 LEGEND 在数据集标记 FIELDSET 中是必须的，不可或缺。

在下面的代码中，就定义了一个简单的数据集组件，通过数据集标题标记（LEGEND）显示数据集的名称，如下所示。

```
<fieldset>
    <legend>health information</legend>
    <label>height: <input type="text" /></label>
    <label>weight: <input type="text" /></label>
</fieldset>
```

数据集会显示出一个边框，将其包裹的内容环绕起来。在 Dreamweaver CC 中，开发者可以通过【插入】面板的【域集】按钮 域集 ，在弹出的【域集】对话框中输入【标签】名称，如图 9-5 所示。

单击【确定】按钮之后，即可将数据集插入到当前表单容器中，如图 9-6 所示。

图 9-5 输入域集的标签

图 9-6 插入后的数据集

9.3 输入组件

输入组件是 HTML 5 中最复杂的组件，其复杂性体现在其不仅包含 HTML 5 中最多的自定义属性，还体现在可以在 Web 浏览器中以多种形式显示和存在，具有强大的用户交互功能。

9.3.1 输入组件标记

在使用输入组件时，开发者需要通过 HTML 5 的输入组件标记 INPUT 定义组件的各种属性和功能。INPUT 标记是一个非闭合标记，其主要包括三类属性，即基本属性、表单容器属性和辅助输入属性。

1. 基本属性

输入组件标记的基本属性主要由 XHTML 1.0 继承而来，用于描述输入组件标记自身的各种状态和性能信息，如表 9-2 所示。

表 9-2 输入组件标记的基本属性

属　　　性	值	作　　　用
accept	MIME 类型	定义上传域的文件类型（仅当 type 属性值为 file 时有效）
alt	文本	定义图像域的替代文本（仅当 type 属性值为 image 时有效）
autocomplete	on	允许使用自动完成功能（仅当 type 属性值为 text 时有效）
	off	禁止使用自动完成功能（仅当 type 属性值为 text 时有效）
autofocus	autofocus	定义此输入组件在页面加载时自动获得焦点（每个页面中只能有一个输入组件具有此属性，该属性在 type 属性值为 hidden 时无效）
checked	checked	定义此输入组件在页面加载时默认处于选中状态（仅当 type 属性值为 checkbox 或 radio 时有效）
disabled	disabled	定义此输入组件默认处于被禁用状态（禁止被用户修改）
height	像素值	定义输入组件的像素高度（仅当 type 属性值为 image 时有效）
	百分比	定义输入组件相对其父元素的高度百分比（仅当 type 属性值为 image 时有效）
name	字符串	定义输入组件在提交数据时的名称

属　性	值	作　用
src	URL	定义图像域的图像 URL 地址（仅当 type 属性值为 image 时有效）
type	button	定义输入组件为普通按钮域
	checkbox	定义输入组件为复选框域
	color	定义输入组件为颜色拾取器（仅 Opera 和 Firefox 浏览器支持）
	date	定义输入组件为日期选择器（仅 Opera 和 Safari 浏览器支持）
	datetime	定义输入组件为日期时间选择器（仅 Opera 和 Safari 浏览器支持）
	datetime-local	定义输入组件为日期时间选择器（本地时间，仅 Opera 和 Safari 浏览器支持）
	email	定义输入组件为 Email 验证（PC 和 Mac 的 Safari 浏览器不支持）
	file	定义输入组件为文件域
	hidden	定义输入组件为隐藏域
	image	定义输入组件为图像域
	month	定义输入组件为月份验证（仅 Opera 和 Safari 浏览器支持）
	number	定义输入组件为数字验证
	password	定义输入组件为密码域
	radio	定义输入组件为单选按钮域
	range	定义输入组件为数据范围验证
	reset	定义输入组件为重置按钮域
	search	定义输入组件为搜索域（仅 Safari 浏览器支持）
	submit	定义输入组件为提交按钮域
	tel	定义输入组件为电话验证（美国电话，仅 Safari 浏览器支持）
	text	定义输入组件为文本域
	time	定义输入组件为时间验证（仅 Opera 和 Safari 浏览器支持）
	url	定义输入组件为 URL 验证（PC 和 Mac 的 Safari 浏览器不支持）
	week	定义输入组件为星期验证（仅 Opera 和 Safari 浏览器支持）
value	字符串	定义输入组件的域值（当 type 属性值为 button、reset 或 submit 时显示为按钮文本）
width	像素值	定义输入组件的像素宽度（仅当 type 属性值为 image 时有效）
	百分比	定义输入组件相对其父元素的宽度百分比（仅当 type 属性值为 image 时有效）

早期的 XHTML 结构语言只支持 button、checkbox、file、hidden、image、password、radio、reset、submit 和 text 等 10 种类型，在 HTML 5 中，新增了 13 种输入组件的类型，以满足更丰富的用户交互需求。但是由于 HTML 5 仍然处于草案状态，因此并非所有 Web 浏览器都能支持这些新的交互组件。目前 IE 浏览器就不支持任何 HTML 5 新交互组件，Firefox 浏览器对部分简单交互组件进行了有限的支持，只有 Opera 浏览器完整地支持了所有 HTML 5 新交互组件。

在实际开发中，开发者可以根据客户端群体的交互需求以及浏览器使用状况来决定是否采纳这些输入组件。

通过输入组件的基本属性，开发者可以定义输入组件的类型，然后再通过类型相关的属性来定义输入组件的操作或一些显示效果属性。通常情况下，在实现基本的表单交互时，使用输入组件的基本属性即可满足一般需求。

2．辅助输入属性

传统的 XHTML 1.0 结构语言虽然能够满足一般的用户交互，但是往往无法根据用户操作的状况做出及时反馈，当用户操作出现错误时，不能够及时提供给用户正确的操作方法。因此在使用传统 XHTML 1.0 结构语言开发网站时，开发者往往需要通过 JavaScript 脚本语言来编写单独的表单验证交互，以辅助用户的输入。

HTML 5 结构语言为了改善这一状况，其结合 XHTML 1.0 结构语言中的已有几种辅助输入属性，为输入组件标记 INPUT 新增了一批用于辅助用户输入、根据用户输入状况进行快速验证并反馈结果的属性，这些属性就是辅助输入属性。目前 HTML 5 结构语言支持的辅助输入属性如表 9-3 所示。

表 9-3 输入组件标记 INPUT 的辅助输入属性

属　性	值	作　用
max	数字	定义输入数字的最大值（仅当 type 属性值为 date、number、month、week、range 时有效）
	日期	定义输入日期的最大值（仅当 type 属性值为 datetime、datetime-local、time 时有效）
maxlength	数字	定义输入文本的最大长度
min	数字	定义输入数字的最小值（仅当 type 属性值为 date、number、month、week、range 时有效）
	日期	定义输入日期的最小值（仅当 type 属性值为 datetime、datetime-local、time 时有效）
multiple	multiple	允许输入组件包含一个以上的值
pattern	正则表达式字符串	定义输入字段的值模式和格式，必须为合法的正则表达式字符串
placeholder	文本	定义辅助用户填写输入字段时的提示
readonly	readonly	定义输入组件为只读状态
required	required	定义输入组件为必选状态
size	数字	定义输入字段的必须长度（仅当 type 属性值为 number 时有效）
step	数字	定义输入数字的数字间隔（仅当 type 属性值为 range 时有效）
list	数据列表标记 ID	引用包含输入字段的预定义选项数据列表（数据列表标记 DATALIST 的 id 属性）

在上表中，maxlength 属性、readonly 属性和 required 属性为 XHTML 1.0 结构语言已经引入的属性，而其他几种属性则为 HTML 5 引入的新属性。多数 HTML 5 引入的新属性必须结合 HTML 5 新增输入组件类型来使用。

3．表单属性

在传统的 HTTP 数据交互过程中，输入组件标记 INPUT 必须依赖表单容器组件来提交数据。在传统的 XHTML 1.0 结构语言中，所有表单容器组件下的输入组件必须通过表单容器组件的统一表单属性来提交数据。

这种状况限定了一个表单有一个提交按钮来提交数据，不能向多个 URL 地址以多种方式提交，在需要向服务器提交复杂数据（如文件上传）时，开发者往往不得不将整个表单都采用较慢的 HTTP POST 方法进行提交。

HTML 5 改善了这一状况，其允许输入组件自身定义表单属性，使 Web 浏览器在提交表单容器时，分别对表单容器组件下的提交进行处理，分别以多种方式来进行提交，提高提交效率。目前，HTML 5 的输入组件标记 INPUT 支持以下几种表单属性，如表 9-4 所示。

表 9-4　输入组件标记 INPUT 的表单属性

属　　性	值	作　　用
form	表单 ID	定义输入组件覆盖设置的一个或多个表单 id 属性值
formaction	URL	定义输入组件提交的 URL 地址（仅当输入组件 type 属性值为 submit 或 image 时使用）
formenctype	application/x-www-form-ulrencoded	默认值，在发送表单之前编码所有字符（仅当输入组件 type 属性值为 submit 或 image 时使用）
	multipart/form-data	不对字符编码（请勿在需要使用文件上传组件时定义此属性）（仅当输入组件 type 属性值为 submit 或 image 时使用）
	text/plain	将空格转换为加号 "+"，但不对特殊字符编码（仅当输入组件 type 属性值为 submit 或 image 时使用）
formmethod	get	使用 HTTP Get 方法传递数据（仅当输入组件 type 属性值为 submit 或 image 时使用）
	post	使用 HTTP Post 方法传递数据（仅当输入组件 type 属性值为 submit 或 image 时使用）
formnovalidate	formnovalidate	定义不对表单进行验证即进行提交（仅当输入组件 type 属性值为 submit 或 image 时使用）
formtaget	_blank	以新窗口的方式打开反馈的 URL（仅当输入组件 type 属性值为 submit 或 image 时使用）
	_self	在打开反馈的 URL 时，定义将文档加载到包含该链接的父框架集或窗口中。如果目标框架不是嵌套的，则文档将加载到整个浏览器窗口中（仅当输入组件 type 属性值为 submit 或 image 时使用）
	_parent	在打开反馈的 URL 时，定义在当前的窗口中打开文档（仅当输入组件 type 属性值为 submit 或 image 时使用）
	_top	在打开反馈的 URL 时，定义将文档加载到整个浏览器窗口中，并删除所有框架（仅当输入组件 type 属性值为 submit 或 image 时使用）
	字符串	在打开反馈的 URL 时，定义将文档加载到浏览器窗口内指定 id 的框架内（仅当输入组件 type 属性值为 submit 或 image 时使用）

使用输入组件的表单属性，开发者可以方便地为表单容器定义多个表单提交按钮，快速实现多重复合提交。

9.3.2　使用基本输入组件

HTML 5 的基本输入组件主要由 XHTML 1.0 继承而来，其主要包括 6 种，即文本域、密码域、隐藏域、单选域、复选域和文件域等，用于实现基本的用户交互功能。

1. 文本域

文本域的作用是捕获用户输入的一般文本内容，通常情况下其在 Web 浏览器中显示为单行，当文本内容超出文本域显示范围后不会发生换行作用。文本域是输入组件的一种，当输入组件标记 INPUT 的 type 属性值为 text 时，就显示为文本域状态。

在 Dreamweaver 中将鼠标光标置于表单容器组件内，然后即可在【插入】面板中单击【文本】按钮 □ 文本，生成一个文本域，如图 9-7 所示。

Dreamweaver CC 会自动为文本域添加一个标签组件，用于描述该文本域的作用，开发者可以直接修改此标签组件的文本内容，并在【属性】检查器中设置文本域的 name 属性，Dreamweaver 会自动将其与标签组件的 for 属性建立关联，如图 9-8 所示。

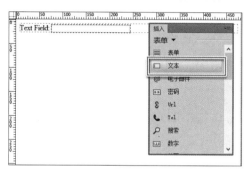

图 9-7　创建文本域

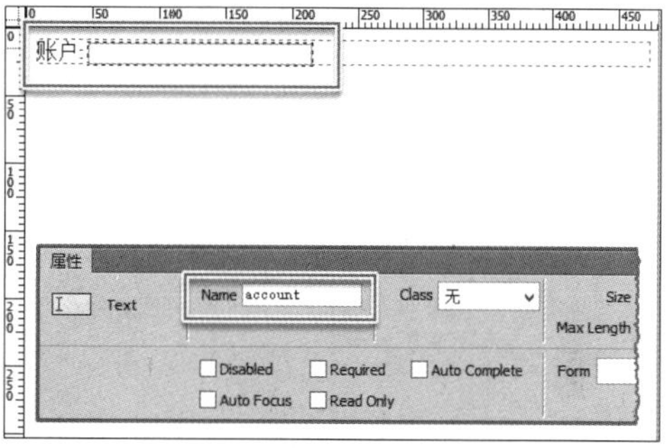

图 9-8　设置文本域的属性

2. 密码域

密码域在显示外观上与文本域几乎一致，其区别在于密码域中的内容会在浏览器中以密文的形式显示（早期的浏览器通常以星号 "*" 替代，如今通常由圆点 "●" 来替代）。密码域也是输入组件的一种，当输入组件标记 INPUT 的 type 属性值为 password 时，就显示为密码域状态。

为表单插入密码域的方式与插入文本类似，在【插入】面板中选择【表单】选项卡，然后即可单击【密码】按钮 ** 密码，在表单中插入密码域，如图 9-9 所示。

在【属性】检查器中设置密码域的 name 属性并修改密码域对应的标签组件之后，即可完成密码域的制作，如图 9-10 所示。

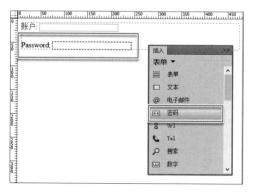

图 9-9　插入密码域

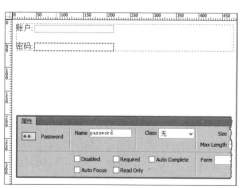

图 9-10　完成密码域制作

3. 隐藏域

隐藏域是一种不可见的交互控件，主要用于根据脚本获取用户操作的隐含信息进行提交操作，或在表单中提交一些不需要用户手动修改的数据。隐藏域也是输入组件的一种，当输入组件标记 INPUT 的 type 属性值为 hidden 时，就显示为隐藏域状态。

在"设计"视图下，开发者可以在【插入】面板的【表单】选项卡中单击【隐藏】按钮 □ 隐藏，即可插入隐藏域。默认情况下，隐藏域在"设计"视图中显示为一个图标，如图 9-11 所示。

隐藏域不能为终端用户直接提供交互功能，但是开发者可以直接为隐藏域定义 name 属性并决定隐藏域提交的值，也可以通过脚本语言来修改隐藏域的值，提交给服务器。

4. 单选域

单选域通常成组使用，显示为空心圆形标志，被鼠标单击选择后变为实心。如果多个单选域的 name 属性相同，则其会被识别为一个单选按钮组，当组内一个单选域被鼠标选中后，其他同组的单选域选择状态将被清除。

单选域也是输入组件的一种，当输入组件标记 INPUT 的 type 属性值为 radio 时，就显示为单选域状态。

Dreamweaver 提供了两种方式来插入单选域，一种是插入单独的一个单选域，另一种则是插入一组单选域。

在插入一个单独的单选域时，开发者可在【插入】面板中的【表单】选项卡内单击【单选按钮】按钮 ◉ 单选按钮，在"设计"视图中编辑单选按钮的名称，如图 9-12 所示。

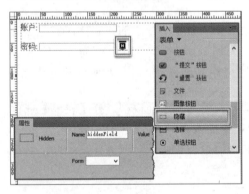

图 9-11 插入隐藏域

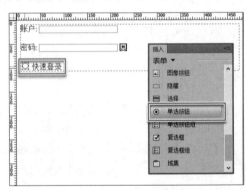

图 9-12 插入单选按钮

开发者可以依次插入多个单选按钮，在【属性】检查器中为这些单选按钮设置一个统一的【name】属性值，这些单选按钮就可以组的方式工作。当然，开发者也可以直接在【插入】面板中的【表单】选项卡内单击【单选按钮组】按钮 ▦ 单选按钮组，直接以组的方式插入单选按钮，如图 9-13 所示。

然后，即可在弹出的【单选按钮组】对话框中设置按钮组的属性，如图 9-14 所示。

在该对话框中，开发者可以批量添加单选按钮，并设置其属性，如表 9-5 所示。

开发者可在此对话框中直接设置各单选域的标签和值，单击【确定】按钮之后，即可将这些单选域以组的方式插入到网页文档中，如图 9-15 所示。

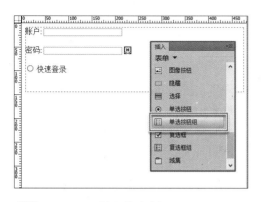

图 9-13　插入单选按钮组

图 9-14　单选按钮组设置

表 9-5　单选按钮组的属性

属 性		作 用
名称		定义单选按钮组中所有单选域的 name 属性
单选按钮	✚	在单选按钮组中添加一个单选域
	━	删除当前所选的单选域
	▲	将当前所选的单选域在整个单选按钮组中的顺序提升一位
	▼	将当前所选的单选域在整个单选按钮组中的顺序降低一位
	标签	单选域所相关的标签组件
	值	单选域的值（Value 属性）
布局，使用	换行符	以换行符来分隔所有单选域
	表格	建立一个表格，以表格单元格来分隔所有单选域

5. 复选域

复选域与单选域的区别在于，复选域以空心矩形的形式显示，当被鼠标单击选中后，其会变为实心。另外，若干复选域的集合中，允许终端用户同时选择其中多个项目。

复选域也是输入组件的一种，当输入组件标记 INPUT 的 type 属性值为 checkbox 时，就显示为复选域状态。

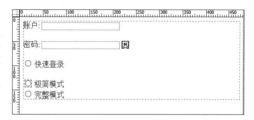

图 9-15　单选按钮组

在 Dreamweaver 中，开发者可以在【插入】面板的【表单】选项卡中单击【复选框】按钮 ☑ 复选框 ，然后向网页文档插入复选域，如图 9-16 所示。

与插入单选域类似，在插入复选域时，开发者也可以组的方式来插入复选域，即在【插入】面板的【表单】选项卡中单击【复选框组】按钮 复选框组 ，然后即可在弹出的【复选框组】对话框中设置复选域的属性，如图 9-17 所示。

该对话框的设置与【单选按钮组】对话框的设置大体类似，出于篇幅的限制，在此

图 9-16　插入复选域

将不再赘述。

6. 文件域

文件域又被称作上传域，显示为一个无法输入内容的文本域以及一个紧贴的浏览按钮。单击按钮后可以调用浏览器的打开文件窗口，选择所需的文件，将其路径插入到文本域中，帮助表单获取文件的路径，从而在提交表单时将文件上传到服务器中。

文件域也是输入组件的一种，当输入组件标记 INPUT 的 type 属性值为 file 时，就显示为文件域状态。

在 Dreamweaver 中，开发者可以通过【插入】面板【表单】选项卡内的【文件】按钮 📄 文件 ，然后即可为网页文档插入一个文件域，并修改文件域的标签组件，如图 9-18 所示。

图 9-17　复选框组对话框　　　　图 9-18　插入文件域

注　意

文件域的作用是向服务器上传文件，因此当表单容器组件内包含文件域时，如果希望文件域能够正常发挥作用，应设置表单容器组件的 enctype 属性值为 "application/x-www-form-ulrencoded"、method 属性值为 "post"，或者定义表单容器组件中的表单提交按钮的 formenctype 属性值为 "application/x-www-form-ulrencoded"、formmethod 属性值为 "post"，否则文件域将无法正常上传数据。

9.3.3　使用日期与时间输入组件

早期的 XHTML 结构语言并不能为开发者提供一些复杂的交互控件，诸如日期、时间的选择器等，需要开发者自行使用 JavaScript 脚本语言来编写。

HTML 5 结构语言改变了这一状况，其为输入组件添加了一系列用于表示日期和时间类型的组件，以帮助开发者快速调用和实现日期与时间的获取，其主要包括月份域、日期域、星期域、时间域、日期时间域、本地日期时间域等几种特殊的输入组件。

注　意

以上 6 种日期与时间输入组件在 PC 和 Mac 等计算机上仅被 Safari 和 Opera 等浏览器支持，IE 浏览器不支持任何日期与时间输入组件（所谓不支持，是指无法调出日期与时间的拾取器，也不能验证用户输入的结果，并非该输入组件在浏览器中无法显示。通常情况下此类输入组件在 IE 浏览器中被显示为普通的文本域）

1．月份域

月份域的作用是在输入组件中显示年份和月份的信息并提供相关的步进按钮，以辅助终端用户选择和输入年份与月份信息。在使用月份域时，需要开发者定义输入组件的 type 属性值为 month。开发者可以设置月份域的 min 属性和 max 属性的值，以限定月份域的选择范围。

在 Dreamweaver 中，开发者可以在【插入】面板【表单】选项卡中单击【月】按钮 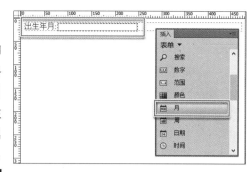，在"设计"视图中插入一个月份域，并设置月份域的标签组件值，如图 9-19 所示。

图 9-19 插入月份域

在插入月份域之后，开发者即可在【属性】检查器中设置月份域的各种属性，如图 9-20 所示。

图 9-20 月份域的属性

在月份域的【属性】检查器中，开发者可以方便地设置其各种基本属性以及辅助输入属性，如表 9-6 所示。

表 9-6 月份域的属性

属	性	作　　用
Name		定义月份域的名称（即其 name 属性）
Class		定义月份域的类值（即其 class 属性）以用于关联相关 CSS 样式表
Value	YYYY	定义月份域值中的年份
	MM	定义月份域值中的月份
Title		定义月份域的标题（即其 title 属性）
Disabled		选中该选项则该月份域将被禁止由用户直接编辑和选择（即设置其 disabled 属性值为 disabled）
Required		选中该选项则该月份域将被设置为必填（即设置其 required 属性值为 required）
Auto Complete		选中该选项则允许该月份域使用浏览器的自动完成功能（即设置其 autocomplete 属性值为 on）
Auto Focus		选中该选项则允许该月份域在页面加载时自动获取焦点（即设置其 autofocus 属性值为 autofocus）
Read Only		选中该选项则该月份域将被设置为只读（即设置其 readonly 属性值为 readonly）
Min	YYYY	设置该月份域允许的最小年份
	MM	设置该月份域允许的最小月份
Max	YYYY	设置该月份域允许的最大年份
	MM	设置该月份域允许的最打月份
Step		设置该月份域在用户修改年份或月份时每修改一次的步进单位。例如，设置其值为 2 时，仅允许用户以两年或两月的方式修改值
Form		设置该月份域所属的表单容器（需填入表单容器标记 FORM 的 id 属性值）
Tab Index		设置该月份域在页面的 Tab 按键顺序
List		设置该月份域所属的预加载列表（需填入数据列表标记 DATALIST 的 id 属性值）

在设置月份域的 List 属性时，需要预先在网页文档中建立一个数据列表标记 DATALIST，并设置该列表中的项目，以及列表的 id 属性，然后才能将其引用到月份域中。

在 Opera 浏览器中，开发者可以方便地预览已经创建的日期域，在该日期域中，已经预置了年份、月份的选择器，并允许用户单击右侧的下拉箭头，在弹出的日期选择器中选择指定的年份和月份，如图 9-21 所示。

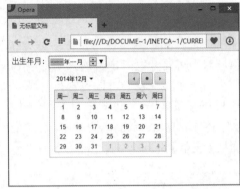

图 9-21　月份域

2. 日期域

日期域与月份域类似，都是 HTML 5 新增的通过调用 Web 浏览器的日期选择器来辅助终端用户选择和输入时间日期的组件。在使用日期域时，需要开发者定义输入组件的 type 属性值为 date。开发者可以设置日期域的 min 属性和 max 属性的值，以限定日期域的选择范围。

开发者可以在 Dreamweaver 的【插入】面板通过【表单】选项卡的【日期】按钮 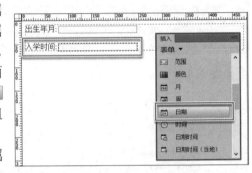 来插入日期域，并设置与日期域相关的标签组件，如图 9-22 所示。

日期域的【属性】检查器与月份域的【属性】检查器大体类似，唯一的区别是其 Value 属性、Max 属性以及 Min 属性等允许设置日期值，如图 9-23 所示。

图 9-22　日期域

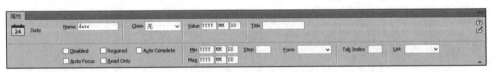

图 9-23　日期域的【属性】检查器

在为网页文档插入日期域之后，开发者可以同样通过 Opera 浏览器来预览日期域的效果，并操作日期选择器来选择日期，如图 9-24 所示。

3. 星期域

星期域也是 HTML 5 新增的输入组件类型，其特点是以某个年度的某个星期来表示一个时间范围。在使用星期域时，需要开发者定义输入组件的 type 属性值为 week。开发者同样可以设置星期域的 min 属性和 max 属性的值，以限定星期域的选择

图 9-24　日期域

范围。

在 Dreamweaver 中的【插入】面板【表单】选项卡内单击【周】按钮 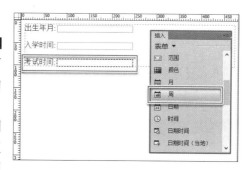，然后即可在网页文档中插入星期域，并设置该域相关的标签组件，如图 9-25 所示。

星期域的【属性】检查器与之前两种日期与时间输入组件的区别同样在于其值、最大值和最小值范围里需要设置的值为年份和星期数，如图 9-26 所示。

图 9-25　插入星期域

图 9-26　星期域的属性

在设置完星期域之后，开发者即可通过 Opera 浏览器来查看星期域的显示效果，并查看可选择的星期，如图 9-27 所示。

4．时间域

时间域的作用是辅助终端用户输入小时、分钟等时间信息，其也是 HTML 5 新增的输入组件类型，其特点是 type 属性值为 time。在 Dreamweaver 中【插入】面板【表单】选项卡中单击【时间】按钮 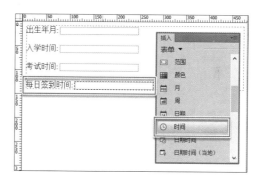，然后即可为网页文档插入时间域，如图 9-28 所示。

图 9-27　星期域

图 9-28　插入时间域

时间域的【属性】检查器允许开发者定义初始化的小时、分钟、秒等信息值，也允许开发者定义其最早的小时、分钟、秒信息以及最晚的小时和分钟、秒信息，如图 9-29 所示。

图 9-29　时间域的属性

在设置了时间域的属性之后，开发者同样可以通过 Opera 浏览器来预览该域的效果并对其进行操作。与之前三种域不同，时间域不提供日期时间拾取器，而是提供了一组步进按钮来设置时间信息，如图 9-30 所示。

5. 日期时间域

日期时间域是日期域和时间域的结合，用于辅助终端用户输入日期信息和时间信息。该域也是 HTML 5 新增的输入域类型，其 type 属性值为 datetime。

在 Dreamweaver 的【插入】面板【表单】选项卡中单击【日期时间】按钮 ，然后即可插入日期时间域，如图 9-31 所示。

图 9-30　时间域

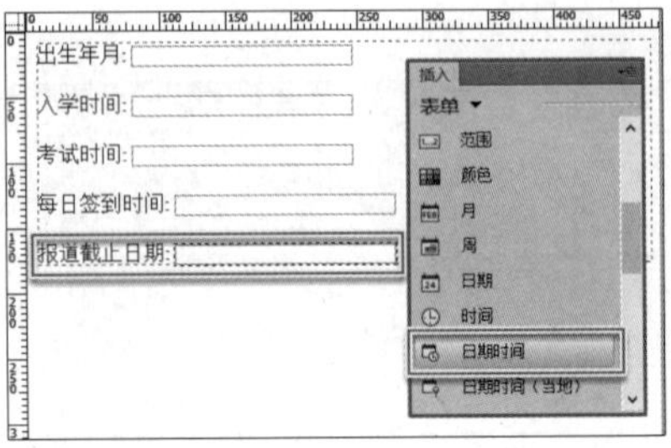

图 9-31　插入日期时间域

日期时间域的【属性】检查器形如其名，可定义初始的日期时间值也可以定义最小或最大日期时间值，如图 9-32 所示。

图 9-32　日期时间域的属性

与之前 4 种日期与时间的输入域不同，日期时间域仅被 Safari 浏览器支持，在 Safari 浏览器中，开发者可以通过一组步进按钮来调节日期与时间的信息，如图 9-33 所示。

6. 本地日期时间域

本地日期时间域与日期时间域的区别在于，日期时间域允许用户选择时区，而本地日期时间域只能根据终端用户所在的时区来选择时间与日期，其同为 HTML 5 新增的输入域类型，type 属性值为"datetime-local"。

在 Dreamweaver 中的【插入】面板【表单】选项卡中单击【日期时间（当地）】按钮 ，然后即可插入本地日期时间域，如图 9-34 所示。

图 9-33　日期时间域

图 9-34　插入本地日期时间域

本地日期时间域的【属性】检查器设置与日期时间域基本相同，如图 9-35 所示。

图 9-35 本地日期时间域的属性

本地日期时间域被 Opera 和 Safari 等浏览器支持，在 Opera 浏览器中，为该输入组件提供了日期拾取器和时间步进按钮组，如图 9-36 所示。

9.3.4 使用其他辅助输入组件

除了日期与时间的相关输入组件之外，HTML 5 还为开发者提供了一大批用于辅助终端用户输入特殊类型内容的输入组件，包括颜色域、电子邮件域、数字域、范围域、搜索域、电话号码域、URL 域等。

1. 颜色域

颜色域可以调用操作系统的颜色拾取器，帮助终端用户选择基于 RGB 色系的色彩，在 HTML 5 中，设置输入组件的 type 属性值为 color 即可将其转换为颜色域。

在 Dreamweaver 中的【插入】面板选择【表单】选项卡，单击【颜色】按钮 颜色 ，即可为网页文档插入颜色域，并设置其相关标签组件的文本内容，如图 9-37 所示。

颜色域与其他输入组件的【属性】检查器区别在于，其提供一个颜色拾取器按钮，允许开发者预先定义一个初始化的颜色，如图 9-38 所示。

图 9-36 本地日期时间域

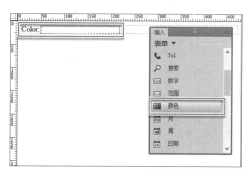

图 9-37 插入颜色域

图 9-38

颜色域被 Firefox 和 Opera 等 Web 浏览器直接支持，以 Opera 浏览器为例，用户可以直接单击颜色域的按钮，然后调用操作系统的颜色拾取器对话框来选择颜色，如图 9-39 所示。

2. 电子邮件域

电子邮件域的作用是验证终端用户输入的文本内容，当其为合法电子邮件地址值时允许其提交，否则弹出错误的提示信息。电子邮件域也是一种 HTML 5 新增的输入组件类型，其 type 属性值为 email。电子邮件域必须和提交表单的按钮结合使用，在提交表单按钮被鼠标单击时，Web 浏览器会自动验证电子邮件域中的文本内容是否符合验证条件，如符合，将直接提交表单，否则将弹出提示。

在 Dreamweaver 的【插入】面板【表单】选项卡中，开发者可以直接单击【电子邮件】按钮 @ 电子邮件 ，然后即可为网页文档插入电子邮件域，如图 9-40 所示。

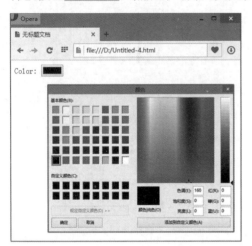

图 9-39　颜色域

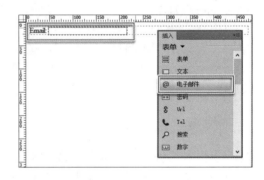

图 9-40　插入电子邮件域

电子邮件域的【属性】检查器允许开发者定义一些独特的电子邮件验证功能，如图 9-41 所示。

图 9-41　电子邮件域的属性

在电子邮件域的【属性】检查器中，除了可以定义输入组件的通用属性外，还允许开发者定义以下属性，如表 9-7 所示。

表 9-7　电子邮件域的特有属性

属　　性	作　　用
Size	定义允许用户输入的字符数量（即输入组件 INPUT 的 size 属性）
Place Holder	辅助用户输入的内容提示文本（即输入组件 INPUT 的 placeholder 属性）
Pattern	限制用户输入格式的正则表达式（即输入组件 INPUT 的 pattern 属性）

在插入电子邮件域之后，开发者还需要为表单容器插入一个提交按钮或提交域，以实现完整的表单提交功能。在添加了提交按钮或提交域之后，即可在 Web 浏览器中查看

电子邮件域的效果并测试验证功能，如图 9-42 所示。

提　示

电子邮件域目前为 IE、Firefox 和 Opera 浏览器所支持。在其他 Web 浏览器中电子邮件域被显示为普通的文本域。在支持电子邮件域的 Web 浏览器中，用户单击表单组件的提交按钮时，浏览器会在用户输入的格式错误时提供提示信息。

3. 数字域

数字域的作用是为终端用户提供一个输入指定整数数值的输入域，并为用户提供一组步进按钮以帮助用户调节输入的值幅度。数字域是 HTML 5 新增的输入组件类型，其 type 属性值为 number。

在 Dreamweaver 中的【插入】面板内【表单】选项卡中单击【数字】按钮，然后即可在网页文档中插入数字域，如图 9-43 所示。

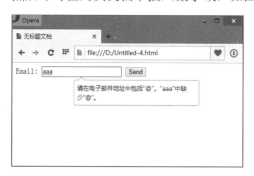

图 9-42　电子邮件域

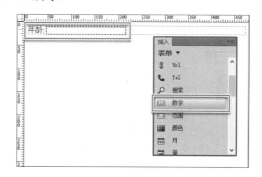

图 9-43　插入数字域

数字域的【属性】检查器设置与普通输入域大体类似，如图 9-44 所示。

图 9-44　数字域的属性

数字域是 HTML 5 新增的输入组件类型中被广泛支持的，几乎所有 Web 浏览器的较新版本都支持数字域。仍以 Opera 浏览器为例，在该浏览器中当用户鼠标滑过数字域时，浏览器会为数字域显示一组步进按钮，允许用户单击上行或下行步进按钮来增加或减少数字的值（具体减少的数量与数字域的 step 属性幅度有关），如图 9-45 所示。

4. 范围域

范围域的作用是显示一个可调节的滑块，并允许开发者定义一个值的范围以及幅度，然后辅助终端用户调节该滑块，确定指定范围内的值。范围域也是 HTML 5 新增的输入组件类型，常用于打分类的应用。

在 Dreamweaver 中的【插入】面板内选择【表单】选项卡，然后即可单击【范围】按钮，在网页文档中插入一个范围域，如图 9-46 所示。

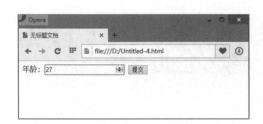

图 9-45 数字域

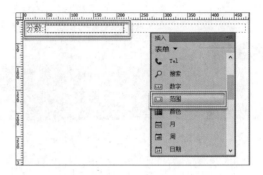

图 9-46 插入范围域

在使用范围域时，开发者应在【属性】检查器中定义其范围的最大值（Max）、最小值（Min）以及初始值（Value）和步进幅度（Step），然后范围域才能正常地工作。例如，设置范围域的最小值为 0，最大值为 5，初始值为 3，步进幅度为 1，如图 9-47 所示。

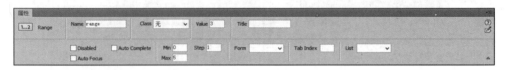

图 9-47 设置范围域属性

在实际的使用中，开发者可以通过一小段脚本来对范围域进行修改，使之能够将值输出到文本域中，更清楚地显示范围域的内容。例如，设置范围域的 id 属性值为"score_drag"，为其添加 onchange 属性，设置属性值为"writescore(this.value)"，然后再创建一个文本域，设置其属性，代码如下。

```
<input type="text" readonly="readonly" id="score_value" value="3">
```

然后，在网页的文档头标记 HEAD 中添加一段简单的 JavaScript 脚本，定义 writescore 函数，即时输出分值，代码如下。

```
<script type="text/javascript">
function writescore ( text ){
    document.getElementById('score_value').value=text;
}
</script>
```

然后，即可在浏览器中拖曳范围域，并查看范围域当前设置的值，如图 9-48 所示。

5. 搜索域

搜索域通常用于站点内搜索或引用外部指定的搜索引擎。在 HTML 5 中，搜索域类型的输入组件其 type 属性值为 search。在 Dreamweaver 中插入搜索域，可在【插入】面板【表单】选项卡中单击【搜索】按钮

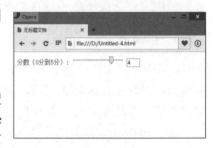

图 9-48 范围域

，如图 9-49 所示。

搜索域的使用方式以及在 Web 浏览器中的显示效果与普通文本域基本相同，HTML
5 添加此类型的输入组件更多地是基于语义化的 Web 分析而使用，以将其与普通输入组
件区分开来，其属性设置和浏览效果在此将不再赘述。

6. 电话号码域

电话号码域用于辅助终端用户输入美国电话号码格式的数据，在 HTML 5 中，电话
号码域类型的输入组件 type 属性值为 tel。在 Dreamweaver 中插入电话号码域，可在【插
入】面板【表单】选项卡中单击【Tel】按钮 ，然后即可插入一个电话号码域，
如图 9-50 所示。

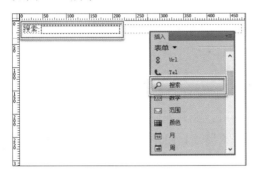

图 9-49 插入搜索域

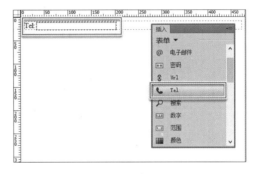

图 9-50 插入电话号码域

电话号码域的【属性】检查器与普通文本域基本相同，由于其仅支持用于验证美国
电话号码，同时也只被 iPhone 自带的 Safari 8 浏览器支持，因此在实际应用中很少有开
发者使用。通常只有专门针对 IOS 开发的基于 HTML 5 架构的应用程序使用这一类输入
组件。

7. URL 域

URL 域的作用是验证终端用户输入的 URL 地址，如终端用户输入的 URL 地址符合
URL 格式，则在提交表单容器时允许提交此域
的内容，否则弹出提示，并终止表单容器的提
交操作。URL 域是 HTML 5 为 URL 地址类数
据提供的一种特殊输入组件类型，其 type 属性
值为 url。

在 Dreamweaver 中的【插入】面板中选择
【表单】选项卡，然后即可单击【Url】按钮
，为网页文档插入一个 URL 域，如图
9-51 所示。

URL 域的【属性】检查器与普通的文本域

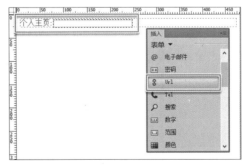

图 9-51 插入 URL 域

相同，该输入组件被除 Safari 以外其他所有主流 Web 浏览器支持，以 Opera 为例，结合
提交按钮，开发者可以方便地限定终端用户输入 URL 格式的内容，如图 9-52 所示。

9.4 列表菜单组件

列表菜单组件的作用是为终端用户提供一个列表框或弹出菜单，允许终端用户从中选择若干列表菜单项目。最终，在表单容器提交时，可将这些被用户选中的列表菜单项目值提交到服务器中。

HTML 5 提供了两种列表菜单组件，一种是用于选择的显式列表菜单组件，另一种则是隐式的辅助输入组件调用的数据列表组件。前一种可在 Dreamweaver 中直接以可视化的方式创建，而后一种则需要开发者以代码输入的方式来编写。

图 9-52　URL 域

9.4.1 显式列表菜单

显式列表菜单是 HTML 5 从 XHTML 1.0 结构语言中继承而来的一种组件，其通过列表菜单标记 SELECT、菜单项目标记 OPTION 和菜单项目组标记 OPTGROUP 定义。

在列表菜单中，列表菜单标记 SELECT 可以直接包含若干菜单项目标记 OPTION，也可以包含若干菜单项目组标记 OPTGROUP，每个菜单项目组标记 OPTGROUP 下再包含若干菜单项目标记 OPTION。

1. 列表菜单标记

列表菜单标记（SELECT）通过 size 属性定义其显示效果，当 size 属性被省略或其属性值为 1 时，列表菜单被 Web 浏览器显示为弹出式的下拉菜单，size 属性值为大于 1 的整数时，列表菜单被显示为多行的内嵌列表，通过滚动条上下拖曳显示菜单的完整内容。

HTML 5 结构语言允许开发者定义列表菜单标记 SELECT 的以下几种属性，如表 9-8 所示。

表 9-8　列表菜单标记 SELECT 的属性

属　　性	值	能　　够
autofocus	autofocus	定义此组件在页面加载时自动获得焦点（每个页面中只能有一个组件具有此属性，否则将只有第一个具有此属性的组件有效）
disabled	disabled	禁用该组件
form	表单的 ID	定义该组件所属的表单容器 id 属性值
multiple	multiple	允许终端用户同时选择该组件内多个项目
name	字符串	定义该组件的名称
required	required	定义该组件为必选项目
size	整数	定义该组件可直接显示的项目数，当其值为 1 时显示为下拉菜单，而当其值大于 1 时则被显示为列表框

在下面的代码中，就对两个内容一致的列表菜单定义了不同的 size 属性值，使其显

示效果截然不同，代码如下。

```
<fieldset>
    <legend>选择您喜欢的 JS 框架</legend>
    <select size="3">
        <option value="jquery">JQuery</option>
        <option value="extjs">ExtJs</option>
        <option value="yui">YUI</option>
        <option value="prototype">Prototype.js</option>
    </select>
</fieldset>
<fieldset>
    <legend>选择您喜欢的 JS 框架</legend>
    <select size="1">
        <option value="jquery">JQuery</option>
        <option value="extjs">ExtJs</option>
        <option value="yui">YUI</option>
        <option value="prototype">Prototype.js</option>
    </select>
</fieldset>
```

2. 菜单项的分组

菜单项目组标记（OPTGROUP）的作用是对菜单项进行分组，使菜单项的显示更加富有条理。除此之外，还可以对菜单项进行批量的禁用或提供描述。菜单项组标记仅能作为选择菜单标记（SELECT）的子集，以及菜单项目标记（OPTION）的父集存在。

在下面的代码中，就通过菜单项目组标记（OPTGROUP）定义了一个分组显示的列表菜单，代码如下。

```
<fieldset>
    <legend>Web 开发语言</legend>
    <select size="6">
        <optgroup label="前端开发">
            <option value ="javascript">JavaScript</option>
            <option value ="css">CSS</option>
            <option value ="xhtml">XHTML</option>
        </optgroup>
        <optgroup label="后端开发">
            <option value ="php">PHP</option>
            <option value ="asp">ASP</option>
        </optgroup>
    </select>
</fieldset>
```

通常情况下，Web 浏览器会对菜单项目分组的标题加粗顶格显示，并对被分组的菜单项目缩进显示。

3. 插入列表菜单

在 Dreamweaver 中，开发者可以在【插入】面板的【表单】选项卡内单击【选择】按钮 ▤ 选择 ，为网页文档插入列表菜单，如图 9-53 所示。

Dreamweaver 提供了可视化的方式辅助开发者定义列表菜单的属性，并管理列表菜单中的项目，如图 9-54 所示。

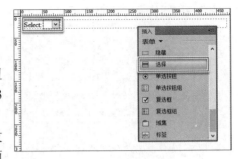

图 9-53 插入列表菜单

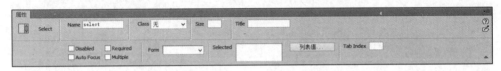

图 9-54 列表菜单的属性

在列表菜单的【属性】检查器中，提供了一个 Selected 属性，用于显示当前已经为列表菜单添加的列表项目，以及这些项目的初始化选择状态。开发者可以单击【列表值...】按钮 列表值... ，在弹出的【列表值】对话框中创建列表项目，如图 9-55 所示。

图 9-55 【列表值】对话框

9.4.2 数据列表组件

数据列表组件是 HTML 5 新增的菜单列表组件，其是一种隐藏的组件，并不会直接在 Web 浏览器中显示，而是作为数据源，供其他输入组件来调用。

在定义数据列表组件时，需要使用到数据列表标记 DATALIST。数据列表标记 DATALIST 的结构与列表菜单标记 SELECT 类似，都需要通过菜单项目标记 OPTION 来定义列表中的项目，但是不支持对项目进行分组。

例如，定义一个基本的数据列表组件，并创建一些软件名称的项目，代码如下。

```
<datalist id="adobe_soft">
    <option>Dreamweaver</option>
    <option>Photoshop</option>
    <option>Flash Professional</option>
    <option>Illustrator</option>
</datalist>
```

在定义了以上代码之后，开发者即可再定义一个基本的文本域输入组件，通过该输入组件调用此数据列表组件，代码如下。

```
<label>请选择您擅长的软件：</label>
<input type="text" id="select_soft" list="adobe_soft">
```

网页设计与网站建设（CC 中文版）标准教程

数据列表组件属于支持性较好的 HTML 5 结构标记之一，几乎所有主流 Web 浏览器的较新版本都支持此组件，允许开发者将其应用到输入组件中，如图 9-56 所示。

数据列表组件通常用于为输入组件提供输入的自动完成提示，在搜索类的网页中应用较为广泛。使用数据列表组件有助于开发者快速实现个性化的提示信息。

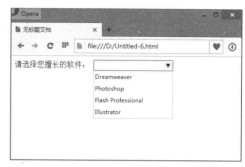

📀 **图 9-56** 数据列表效果

9.5 其他组件

除了以上介绍的几种组件外，开发者还可以通过 Dreamweaver 创建按钮组件、文本区域等组件。

9.5.1 按钮组件

按钮组件主要用于捕获终端用户鼠标单击操作，以实现提交、重置等表单容器行为，或以 JavaScript 脚本语言定义的一些自定义行为。HTML 5 结构语言允许开发者使用输入组件创建 4 种类型的输入按钮，分别为提交域、重置域、按钮域以及图像域。这 4 种类型的按钮都可以被 Dreamweaver 以可视化的方式创建。

1. 提交域

提交域又被称作提交按钮，其作用是捕获用户鼠标的单击操作，将指定的表单容器内所有表单组件采集的数据提交给服务器。HTML 5 结构语言定义当输入组件的 type 属性值为 submit 时，该输入组件就以提交域的方式显示和应用。

在 Dreamweaver 中，开发者可以单击【插入】面板内【表单】选项卡中的【"提交"按钮】按钮 ☑ "提交"按钮 ，为网页文档创建一个提交域，如图 9-57 所示。

📀 **图 9-57** 插入提交域

提交域的【属性】检查器包含了完整的按钮属性设置以及相关表单提交的表单属性，如图 9-58 所示。

📀 **图 9-58** 提交域的属性

开发者可以在【属性】检查器中修改其 Value 属性，以更改按钮中的显示文本。其他关于提交域的【属性】检查器中各表单属性的设置，开发者可参考之前相关小节内输入组件的表单属性内容，由于篇幅的限制，在此将不再赘述。

2. 重置域

重置域又被称作重置按钮，其作用是将指定表单内所有终端用户填写或更改的组件内容清除，将这些组件的内容和状态恢复为初始化页面时的内容和状态。HTML 5 结构语言定义当输入组件的 type 属性值为 reset 时，该输入组件就以重置域的方式显示和应用。

在 Dreamweaver 中，开发者可以通过【插入】面板内的【表单】选项卡中【"重置"按钮】按钮 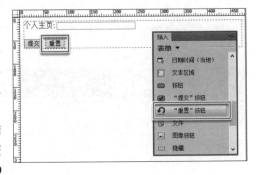 来创建重置域，如图 9-59 所示。

图 9-59　插入重置域

重置域的【属性】检查器较为简单，开发者可以通过其 Value 属性来设置重置域的按钮显示文本，如图 9-60 所示。

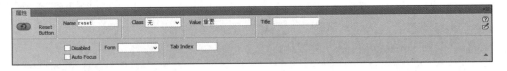

图 9-60　重置域的属性

3. 按钮域

按钮域的作用是捕获终端用户的鼠标单击操作，立即执行开发者自定义的交互行为，诸如调用一段脚本代码，或向服务器传递一些特殊的数据等。HTML 5 结构语言定义当输入组件的 type 属性值为 button 时，该输入组件就以按钮域的方式显示和应用。

在 Dreamweaver 中，开发者可以通过【插入】面板内的【表单】选项卡中【按钮】按钮 来为网页文档插入一个按钮域，如图 9-61 所示。

按钮域的【属性】检查器设置与重置域大体相同，在使用按钮域时，需要开发者通过代码来为其绑定相关的行为或事件，出于篇幅的限制，在此将不再赘述。

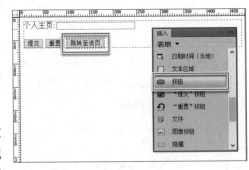

图 9-61　插入按钮域

4. 图像域

图像域又被称作图像按钮，其可以允许开发者将一幅图片插入网页文档中，并起到提交域的相同作用。在 HTML 5 结构语言中，当输入组件的 type 属性值为 image 时，该输入组件就以图像域的方式供开发者调用。

在 Dreamweaver 中，开发者可在【插入】面板的【表单】选项卡中单击【图像按钮】按钮 ，在弹出的对话框中从本地或站点中选择按钮图像之后，即可为网页文档插入图像域，如图 9-62 所示。

图像域与提交域在实际作用上相同，但其【属性】检查器要比提交域多一些与图像域相关

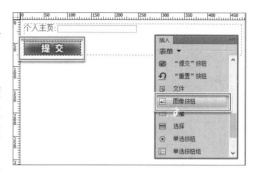

图 9-62 插入图像域

的内容，诸如图像的 URL（Src）、提示信息（Alt）、宽度（Width）、高度（Height）等，如图 9-63 所示。

图 9-63 图像域的属性

另外，开发者可在【属性】检查器中单击【编辑图像】按钮 编辑图像 ，调用对应的图像编辑程序（如 Adobe Photoshop、Adobe Fireworks 等）来直接编辑图像域的源图像。

9.5.2 文本区域组件

文本区域组件的作用是获取用户输入的大量文本内容，并将其提交到服务器中。相比输入组件中的文本域，文本区域组件可以由开发者通过 CSS 样式表来定义尺寸，以承载多行的文本内容。

1. 文本区域标记

文本区域标记 TEXTAREA 是一种 HTML 5 结构语言由 XHTML 结构语言继承而来的表单组件标记，其本身可以容纳几乎无限数量的文本内容。在默认情况下，文本区域标记内的文本在 Web 浏览器中以等宽字体来显示。

HTML 5 结构语言在 XHTML 结构语言基础上扩展了文本区域标记 TEXTAREA，允许开发者为其定义以下几种属性，如表 9-9 所示。

表 9-9 文本区域标记 TEXTAREA 的属性

属　　性	值	作　　用
autofocus	autofocus	定义此组件在页面加载时自动获得焦点（每个页面中只能有一个组件具有此属性，否则将只有第一个具有此属性的组件有效）
cols	整数	定义此组件可直接显示的列数（以字符宽度来衡量的组件宽度）
disabled	disabled	定义此组件默认处于被禁用状态（禁止被用户修改）
form	表单 ID	定义此组件具有绑定关系的表单容器的 id 属性值
maxlength	整数	定义输入文本的最大长度

属　　　性	值	作　　　用
name	字符串	定义此组件的名称
placeholder	文本	定义辅助用户填写输入内容时的提示
readonly	readonly	定义此组件处于只读状态
required	required	定义此组件处于只读状态
rows	整数	定义此组件可直接显示的行数（以字符行高来衡量的组件高度）
wrap	hard	默认值，定义此组件内的文本以不换行的方式提交（不提交换行符）
	soft	定义此组件内的文本以换行的方式提交（连同换行符一并提交）

在默认情况下，文本区域标记不限制输入的文本数量，也不会限制输入的行数。开发者可以通过其 cols 属性和 rows 属性直接定义文本区域标记能够直接显示的列数和行数，或通过 CSS 样式表定义文本区域标记精确的宽度和高度（推荐采用后一种方式，可以更精准地控制其尺寸，而与页面设置的字体尺寸和行高尺寸无关）。

在下面的代码中，就简单定义了一个包含默认值的文本字段标记，代码如下。

```
<textarea rows="3" cols="20">
请在此处输入您的简介。
</textarea>
```

需要注意的是，由于文本字段标记是通过其起始标记和结束标记之间的内联文本作为其提交服务器的数据内容，因此在将其数据提交服务器时，应随时注意去除数据两侧的多余空格。

2．使用文本区域

在 Dreamweaver 中，开发者可以在【插入】面板的【表单】选项卡中单击【文本区域】按钮 🔲 文本区域 ，在网页文档中创建一个文本区域，如图 9-64 所示。

图 9-64 插入文本区域

选中文本区域后，开发者即可在【属性】检查器中以可视化的方式设置文本区域的属性，如图 9-65 所示。

图 9-65 文本区域的属性

文本区域的【属性】检查器只不过将文本区域标记 TEXTAREA 的各种 HTML 属性以可视化的方式展示出来，开发者可以参考之前小节介绍的文本区域标记 TEXTAREA 各种属性，以在此处设置文本区域的属性。

9.6　课堂练习：制作用户登录页面

在了解 Dreamweaver 的表单和各种表单组件后，用户可以使用【插入】面板，在网页文档中插入表单组件，并通过 CSS 样式定义表单的显示属性。在本练习中，就将使用以上技巧，设计一个用户登录页面，如图 9-66 所示。

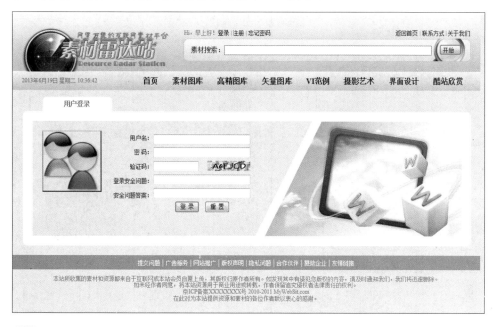

图 9-66 用户登录界面

操作步骤：

1 在 Dreamweaver 中，执行【文件】|【打开】命令，打的素材文件，将鼠标光标置于预留的列表项目区域中，如图 9-67 所示。

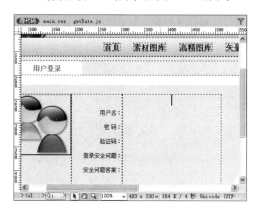

图 9-67 选中表单区域

2 执行【插入】|【表单】|【表单】命令，为选中的网页元素中插入一个表单，并在【属性】面板中设置其【ID】为 form1，【动作】为"javascrpt:void(null);"，如图 9-68 所示。

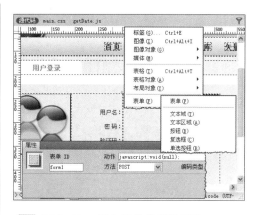

图 9-68 插入表单并设置属性

3 执行【插入】|【HTML】|【文本对象】|【段落】命令，在表单中插入段落。然后再执行【插入】|【表单】|【文本域】命令，在弹出的【插入标签辅助功能属性】对话框中设置 ID 为 userName，如图 9-69 所示。

4 按【回车】键，然后再插入一个 ID 为 userPassword 的文本域，并在【属性】面板中设置其为【密码】选项，如图 9-70 所示。

图 9-69 设置文本字段属性

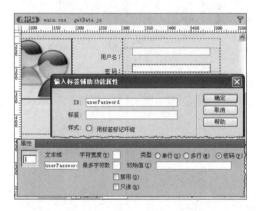

图 9-70 插入密码域

5 用同样的方式,依次插入 ID 为 checkCode、secureQuestion 和 secureAnswer 的文本域,作为填入验证码、登录安全问题和安全问题答案的文本域,如图 9-71 所示。

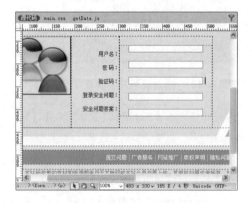

图 9-71 插入其他文本域

6 在 secureAnswer 文本域右侧按回车,再执行【插入】|【表单】|【按钮】命令,在弹

出的【插入标签辅助功能属性】对话框中设置 ID 为 login。然后,单击【确定】按钮,在【属性】面板中设置按钮的【值】为"登录",如图 9-72 所示。

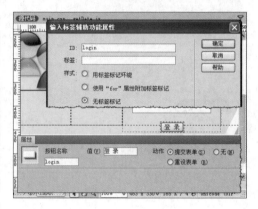

图 9-72 插入登录按钮

7 在【登录】按钮右侧按 Ctrl+Shift+空格键,插入一个全角空格,然后再插入一个 ID 为 reset 的按钮,设置其【值】为"重 置";【动作】为【重设表单】,即可完成表单的插入,如图 9-73 所示。

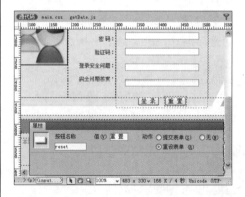

图 9-73 插入重置按钮

8 在表单中任意一个文本域或按钮右侧,单击鼠标光标,然后即可在【CSS】面板中单击【新建 CSS 规则】按钮,在弹出的【新建 CSS 规则】对话框中,单击【确定】按钮,创建 CSS 规则,如图 9-74 所示。

9 在弹出的【CSS 规则定义】对话框中,选择【方框】的列表项,对段落的样式进行设置,如图 9-75 所示。

图 9-74 创建 CSS 规则

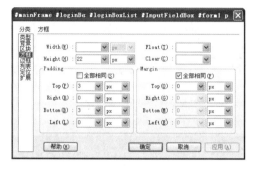

图 9-75 设置 CSS 样式

10 在【CSS】面板中单击【新建 CSS 规则】
按钮，在弹出的【新建 CSS 规则】对话
框中设置【选择器类型】为"复合内容"，
设置【选择器名称】为"#mainFrame
#loginBox #loginBoxList #InputFieldBox
#form2 .inputBox"，并单击【确定】，如图
9-76 所示。

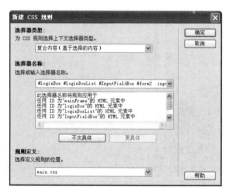

图 9-76 新建 CSS 规则

11 在弹出的【CSS 规则定义】对话框中选择【方

框】列表项目，然后设置【Width】为 200，
如图 9-77 所示。

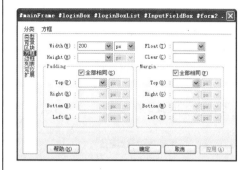

图 9-77 设置表单宽度

12 返回【设计视图】，分别选中 ID 为 userName,
userPassword, secureQuestion 和 secure-
Answer 的文本域，在【属性】面板中为其
应用类为 inputBox，如图 9-78 所示。

图 9-78 设置表单组件的类

13 选中 ID 为 checkCode 的文本域,在【CSS】
面板中单击【新建 CSS 规则】按钮，在
弹出的【新建 CSS 规则】对话框中设置【选
择器类型】为"复合内容"，设置【选择器
名称】为"#mainFrame #loginBox
#loginBoxList #InputFieldBox #form2 p
#checkCode"，并单击【确定】，如图 9-79
所示。

14 选择【区块】列表项目，设置【Display】
为 inline，然后选择【方框】列表项目，设
置【Width】为"90"，如图 9-80 所示。

图 9-79 设置选择器

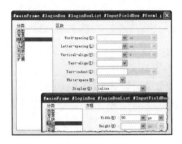

图 9-80 设置验证码表单样式

15 在名为 checkCode 的对话框右侧，按 Ctrl+Shift+空格键，插入 4 个全角空格。然后，在全角空格右侧插入验证码的图像，如图 9-81 所示。

图 9-81 插入验证码图像

9.7 课堂练习：用户注册页面

设计用户注册页面时，不仅需要使用文本字段和按钮等表单对象，还需要使用到项目列表等表格对象，可以供用户在页面中进行选择选项。同时，用户还需要使用文本域的组件，获取输入的大量文本，用于获取注册个人的信息，如图 9-82 所示。

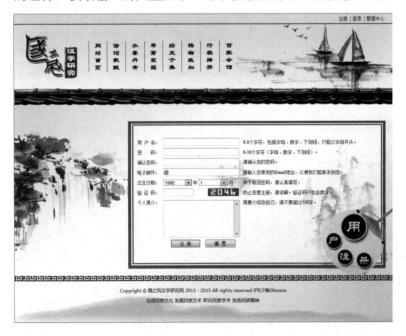

图 9-82 注册页面

操作步骤：

1 打开素材"index.html"页面，将光标置于 ID 为 registerBG 的 Div 层中，单击【插入】面板【常用】选项中的【插入 Div 标签】按钮，分别创建 ID 为 inputLabel、inputField、inputComment 的 Div 层，并设置其 CSS 样式属性，如图 9-83 所示。

图 9-83　插入 Div 层

2 将光标置于 ID 为 inputLabel 的 Div 层中，输入文本"用户名"。选择该文本，在【属性】检查器中设置【格式】为"段落"。然后按【回车】键换行，输入文本"密码"，按照相同的方法依次类推，如图 9-84 所示。

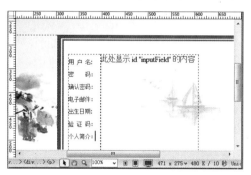

图 9-84　表单对象名称

3 将光标置于 ID 为 inputComment 的 Div 层中，输入文本。选择该文本，在【属性】检查器中设置【格式】为"段落"。然后按【回车】键换行，再输入文本，按照相同的方法依次类推，如图 9-85 所示。

4 将光标置于 ID 为 inputField 的 Div 层中，单击【插入】面板【表单】选项中的【表单】按钮，为其插入一个表单容器，如图 9-86 所示。选择表单容器，在【属性】检查器中设置其 ID 为 regist；【动作】为"javascript: void(null);"。

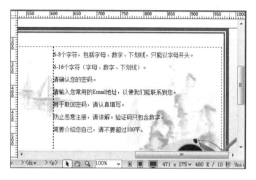

图 9-85　设置表格对象行距

图 9-86　插入表单

5 将光标置于表单中，单击【插入】面板【表单】选项中的【文本字段】按钮，在弹出的【输入标签辅助功能属性】对话框中设置 ID 为 userName，如图 9-87 所示。

图 9-87　插入表单对象

6　将光标置于文本字段对象后面，在【属性】检查器中，设置【格式】为"段落"，为文本字段应用段落，如图 9-88 所示。

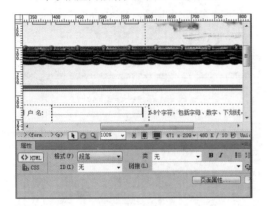

图 9-88　设置对象间距

7　在文本字段右侧按 Shift+Ctrl+Space 组合键，插入一个全角空格。按【回车】键换行，在新的行中插入一个【文本字段】，设置 ID 为 userPass 的文本域，并在【属性】检查器中设置其【类型】为"密码"。用同样的方法，插入 ID 为 rePass 的重复输入密码域，并设置域的类型，如图 9-89 所示。

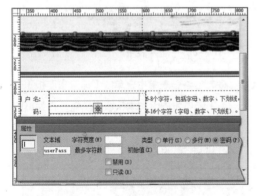

图 9-89　插入密码文本字段

8　在重复输入密码域的右侧插入全角空格，再按【回车】键换行，插入 ID 为 emailAddress 的文本域，在【属性】检查器中，设置【初始值】为"@"。在电子邮件域右侧插入全角空格，再按【回车】键换行，如图 9-90 所示。

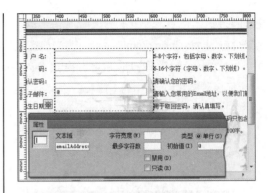

图 9-90　插入邮箱地址文本字段

9　单击【插入】面板【表单】选项中的【选择列表/菜单】按钮，插入【ID】为 bornYear 的列表菜单。选中列表菜单，在【属性】检查器中单击【列表值】按钮，在弹出的【列表值】对话框中输入年份列表的值，在列表菜单右侧输入一个"年"字，如图 9-91 所示。

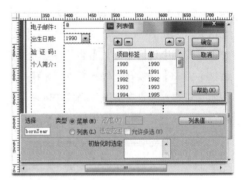

图 9-91　插入列表

10　用同样的方法插入一个 ID 为 bornMonth 的列表菜单。选择 ID 为 bornMonth 的列表菜单，在【属性】检查器中单击【列表值】按钮，在弹出的【列表值】对话框中输入月份以及月份的值等菜单内容，如图 9-92 所示。在列表菜单右侧输入一个"月"字，完成列表菜单的制作，并按【回车】换行。

11　在新的行中插入 ID 为 checkCode 的验证码文本域，如图 9-93 所示。

12　在 ID 为 checkCode 的文本域右侧插入一个全角空格，按【回车】键换行，插入一个文本字段,设置文本域的 ID 为 introduction。
然后,设置【字符宽度】为 0;【行数】为 6,
如图 9-94 所示。

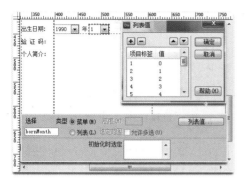

图 9-92 插入列表

图 9-93 插入验证码文本域

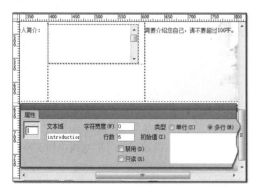

图 9-94 插入多行文本域

13 在文本区域右侧按【回车】键换行,单击【插
入】面板【表单】选项中的【按钮】选项,
如图 9-95 所示。

14 在表单中,插入 ID 为 regBtn 的按钮,并在
【属性】检查器中设置按钮的【值】为"注

册",在注册按钮右侧插入两个全角空格,
如图 9-96 所示。

图 9-95 插入按钮

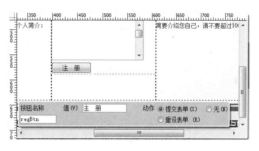

图 9-96 插入按钮

15 用同样的方式再插入一个 ID 为 resetBtn 的
按钮,在【属性】检查器中设置按钮的值为
"重置",【动作】为"重设表单",如图 9-97
所示。

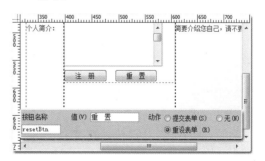

图 9-97 插入按钮

16 分别选中 ID 为 userName、userPass、
rePass、emailAddress 和 instruction 的
表单,在【属性】检查器中设置其类

为"widField"，将其宽度加大，如图 9-98
所示。

图 9-98　设置样式

17 分别选中 bornYear、bornMonth 以及 checkCode 等 3 个表单，在【属性】检查器中设置其类为 narrowField，将其宽度定义为 80px，如图 9-99 所示。

图 9-99　设置样式

18 在验证码的表单右侧插入 12 个全角空格，然后插入验证码的图像，如图 9-100 所示。

图 9-100　插入验证图像

9.8　思考与练习

一、填空题

1．表单是一种特殊的网页标记。使用这些网页标记，开发者可以向终端用户提供各种类型的交互操作目标，以快速捕获用户的一些特殊交互操作，诸如 ＿＿＿＿＿＿、＿＿＿＿＿＿、＿＿＿＿＿＿、＿＿＿＿＿＿等。

2．在传统的＿＿＿＿＿＿或＿＿＿＿＿＿表单提交方法体系下，所有数据的交互提交都必须依赖表单容器而进行。

3．HTML 5 通过＿＿＿＿＿＿来实现表单标签的功能，并存储标签组件的文本内容。

4．在为终端用户提供文件上传功能时，需要使用输入组件的＿＿＿＿＿＿。

5．为文本域等表单添加下拉的数据菜单，需要使用到＿＿＿＿＿＿。

6．输入组件提供了 4 种按钮类型，包括 ＿＿＿＿＿＿、＿＿＿＿＿＿、＿＿＿＿＿＿以

及 ＿＿＿＿＿＿。

二、选择题

1．以下哪种不属于 Post 方法的特性？ ＿＿＿＿＿＿

　　A．请求不会被缓存

　　B．请求会被保留到 Web 浏览器的历史记录中

　　C．请求生成的页面不能被收藏到 Web 浏览器的收藏夹中

　　D．请求对数据的长度没有要求

2．数据集的作用不包括？ ＿＿＿＿＿＿

　　A．为各种交互组件分组

　　B．为各种交互组件分列

　　C．对交互组件进行归纳整理

　　D．存储提交的数据

3．以下哪种表单组件无法提供数据提交功能？ ＿＿＿＿＿＿

A．提交域

B．提交按钮

C．图像域

D．按钮域

4．可提供拖曳滑块功能的输入组件是
_____？

    A．颜色域

    B．电子邮件域

    C．数字域

    D．范围域

5．电话号码域主要用来验证_____。

    A．包含区号的中国电话号码

    B．11位中国手机号码

    C．美国电话号码

    D．IP电话号码

6．在捕获终端用户的大量文本内容时，需
要使用到_____。

    A．文本区域组件

    B．输入组件的文本域

    C．输入组件的文件域

    D．输入组件的隐藏域

三、简答题

1．HTTP的数据提交方法主要包括哪几种？
其之间有什么区别？

2．数据集组件的作用是什么？

3．输入组件都有哪些类型？其作用都是
什么？

4．列表菜单标记的结构包含哪些内容？

5．输入组件的按钮组件都包含哪几种？其
都有什么作用？